'답'만 외우는

동력수상
레저기구

요트조종면허 필기 + 실기
**문제
은행** **700제**

시대에듀

2025 시대에듀 답만 외우는 동력수상레저기구
요트조종면허(필기 + 실기) 문제은행 700제

Always **with you**

사람의 인연은 길에서 우연하게 만나거나 함께 살아가는 것만을 의미하지는 않습니다.
책을 펴내는 출판사와 그 책을 읽는 독자의 만남도 소중한 인연입니다.
시대에듀는 항상 독자의 마음을 헤아리기 위해 노력하고 있습니다. 늘 독자와 함께하겠습니다.

머리말

본 도서는 해양경찰청의 공개문제를 기반으로 수험생들의 학습 효율을 높여 단시간에 이론을 습득하고 쉽게 시험을 준비할 수 있도록 만들어졌다. 해양경찰청 홈페이지에 공개된 동력수상레저기구 필기시험 공개문제 700제를 기반으로 최신 법령을 반영하였고, 문제에 정답을 표시하여 문제만 보고도 정답이 떠오르도록 하였다. 또한 공개문제에 적혀있는 기본 해설보다 상세한 해설을 수록하여 독자들이 문제를 풀며 관련 내용에 대해 쉽게 외우고 이해할 수 있도록 구성하였다.

특히 4과목의 경우 빠르게 바뀌는 해양·선박 관련 법령과 벌금 등을 최신화하여 수록하였다.

본 도서에 수록된 법령의 시행일은 다음과 같다.

- 수상레저안전법 24.01.26, 시행령 24.01.26, 시행규칙 24.02.05.
- 수상레저기구의 등록 및 검사에 관한 법률 23.06.11, 시행령 23.06.11, 시행규칙 23.07.06.
- 선박의 입항 및 출항 등에 관한 법률 24.10.22, 시행령 23.12.12, 시행규칙 24.11.13.
- 해사안전기본법 24.01.26, 시행령 24.02.15, 시행규칙 24.01.26.
- 해상교통안전법 24.07.26, 시행령 24.05.28, 시행규칙 24.07.26.
- 해양환경관리법 24.04.25, 시행령 24.10.22, 시행규칙 24.06.28.
- 전파법 24.07.24, 시행령 24.07.24, 시행규칙 24.02.19.

그 외 도서 발행일 기준 시행되고 있는 법령을 참고하였다.

그럼에도 불구하고 법령의 경우 도서가 출간된 이후에도 계속 개정될 수 있으므로 법제처의 해당 법령 신구대조표를 참고하는 것을 추천한다. 추가로 수험생들이 법령을 일일이 찾아봐야 하는 수고를 줄이기 위하여 법령의 명칭과 세부 조항을 최대한 표기하였다.

실기시험 필수 가이드에는 실제 실기시험의 절차와 코스에 따른 세부과정을 자세한 그림이나 사진, 채점기준표와 함께 수록하여 본 도서를 통해 필기시험뿐만 아니라 실기시험까지 준비할 수 있도록 하였다.

정보통신의 발달과 사회의 진보로 생활이 풍요로워짐에 따라 개인들은 이전의 세대보다 더욱 삶의 질을 추구하게 되었다. 이러한 사회의 흐름에 맞춰 수상레저산업은 가장 각광받는 분야 중 하나가 되었고, 앞으로도 계속 성장할 것으로 예측된다.

시대에듀의 본 도서를 선택하신 독자들이 동력수상레저기구를 멋지게 조종하는 모습을 상상하며 필기시험과 실기시험 모두 단번에 합격하시기를 기원한다.

편저자 일동

시험안내

⛵ 동력수상레저기구 일반조종면허시험이란?

수상에서 최대 출력이 5마력 이상의 동력수상레저기구를 조종하고자 할 때 필요한 국가자격면허증을
취득하기 위한 시험

⛵ 요트조종면허

동력수상레저기구 중 세일링요트로 등록된 것을 조종하려는 사람이 취득해야 하는 면허

⛵ 동력수상레저기구 종류

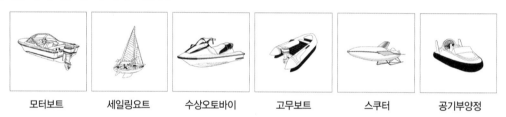

| 모터보트 | 세일링요트 | 수상오토바이 | 고무보트 | 스쿠터 | 공기부양정 |

⛵ 수상레저기구 종류

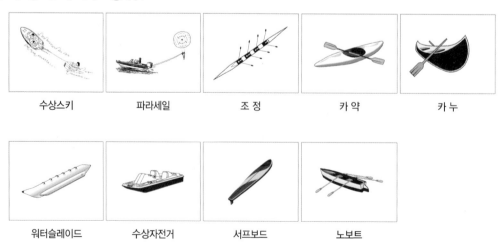

| 수상스키 | 파라세일 | 조 정 | 카 약 | 카 누 |

| 워터슬레이드 | 수상자전거 | 서프보드 | 노보트 |

⛵ 응시자격

구 분	내 용
필기시험	자격 제한 없음
실기시험	14세 이상인 사람(일반조종 1급의 경우에는 18세 이상인 사람)
결격사유	**수상레저안전법 제7조, 수상레저안전법 시행령 제5조** • 연령 : 14세 미만인 사람(일반조종 1급의 경우에는 18세 미만) • 정신질환 등 : 정신질환(치매, 조현병, 조현정동장애, 양극성 정동장애, 재발성 우울장애, 알코올 중독), 마약, 향정신성의약품 또는 대마 중독자로서 해당 분야의 전문의가 정상적으로 수상레저 활동을 할 수 없다고 인정하는 사람

⛵ 시험방법 및 시간

구 분	과목명	문항수	배 점	시험방법/시간
필기시험	요트활동 개요	5	10%	객관식 4지선다/ 50분
	요 트	10	20%	
	항해 및 범주	10	20%	
	법 규	25	50%	
실기시험	코스시험(조종능력 평가)			

⛵ 필기시험 과목

과 목	출제 범위
요트활동 개요	• 해양학 기초(조석, 해류, 파랑) • 해양기상학 기초(해양기상의 특성, 기상통보, 일기도 읽기)
요 트	• 선체와 의장 • 돛(범장) • 기 관 • 전기시설 및 설비 • 항해장비 • 안전장비 및 인명구조 • 생존술
항해 및 범주	• 항해계획과 항해(항해정보, 각종 항법) • 범 주 • 피 항 • 식량과 조리, 위생
법 규	• 수상레저안전법 • 수상레저기구의 등록 및 검사에 관한 법률 • 선박의 입항 및 출항 등에 관한 법률 • 해사안전기본법 및 해상교통안전법 • 해양환경관리법 • 전파법

※ 수상레저안전법 시행령(시행 2024.1.26.) 별표2 참고

시험안내

⛵ 시험일정

❶ 매년 2월 중순경에 발표되며 결빙기(1, 2월)를 제외하고 매달 지역별로 상이하게 시행됩니다.
❷ 자세한 시험일정은 해양경찰청 수상레저종합정보 홈페이지에서 확인하실 수 있습니다.

⛵ 필기시험 접수방법

구 분	내 용
구비서류	• 사진 1매(3.5cm × 4.5cm) • 주민등록증 또는 국가발행 신분증(사진 첨부된 것, 미발급자는 청소년증)
수수료	4,800원
대리접수	위임장, 응시자 및 대리인 신분증 지참 시 접수가능

※ 2022년 3월 2일부터 PC시험 인터넷 예약제 시행

⛵ 실기시험 접수방법

❶ 필기시험에 합격한 자 또는 필기시험을 면제받은 자가 실기시험에 응시하거나, 실기시험에 불합격하여 실기시험에 재응시하기 위해 접수하는 경우입니다.
❷ 필기시험에 합격한 날로부터 1년간 재접수가 가능합니다.
❸ 필기시험 합격 후 시험장에서 바로 접수할 수 있으며, 그렇지 않은 경우 인터넷으로 접수가 가능합니다.
❹ 응시일정 중 희망일자 및 장소를 선택할 수 있으나 선착순으로 접수됩니다.

구 분	내 용
구비서류	• 사진 1매(3.5cm × 4.5cm) • 주민등록증 또는 국가발행 신분증(사진 첨부된 것, 미발급자는 청소년증)
수수료	64,800원
대리접수	위임장, 응시자 및 대리인 신분증 지참 시 접수가능

※ 수수료는 시험일 기준 2일 전까지만 반환됩니다.
※ 세부 내용은 변경될 수 있으므로 해양경찰청 수상레저종합정보 홈페이지를 확인하시기 바랍니다.

⛵ 합격기준

구 분	합격기준
필기시험	70점 이상
실기시험	60점 이상

⛵ 요트조종면허 실기시험장

지 역	시험장	주 소
서 울	마포 조종면허시험장	서울특별시 마포구 마포나루길 256
강 원	춘천 조종면허시험장	강원도 춘천시 고산배터길 27-6
	삼척 요트조종면허시험장	강원도 삼척시 근덕면 덕산해변길 104
경 북	영덕 요트조종면허시험장	경북 영덕군 강구면 강영로 33
경 남	거제 요트조종면허시험장	경남 거제시 남부면 남부해안로 1035
	통영 요트조종면허시험장	경남 통영시 도남로 269-28
부 산	부산 영도 요트조종면허시험장	부산광역시 영도구 태종로 727
전 남	목포 요트조종면허시험장	전남 목포시 해양대학로 91
제 주	제주 도두 요트조종면허시험장	제주특별자치도 제주시 도두항서길 34

※ 시험장 명칭 및 위치는 변경될 수 있습니다.

⛵ 조종면허증발급

구 분	신규발급	갱신발급	재발급
조 건	• 요트조종에 합격하고 안전교육을 이수한 사람 • 해양경찰청이 지정한 면허시험 면제교육기관에서 교육을 이수한 사람	요트조종 갱신을 위한 안전교육을 이수한 사람	면허증을 재발급받으려는 사람
발급장소	해양경찰서(조종면허시험장에서 면허발급 신청 시 약 15일 소요)		
비 용	5,000원	4,000원	4,000원
구비서류	• 최종 합격한 응시표 • 신분증 • 최근 6개월 이내 촬영한 탈모상반신 컬러사진 (규격 3.5cm×4.5cm) 1매	• 신분증 • 면허증(분실한 경우는 제외) • 최근 6개월 이내 촬영한 탈모상반신 컬러사진 (규격 3.5cm×4.5cm) 1매 • 수상안전교육 수료증	• 신분증 • 면허증(분실한 경우는 제외) • 최근 6개월 이내 촬영한 탈모상반신 컬러사진 (규격 3.5cm×4.5cm) 1매
	대리신청 : 대리인 신분증, 위임장		

자격취득절차

시행공고

해양경찰청 수상레저종합정보 홈페이지
- 매년 2월 중순경 해양경찰청 수상레저종합정보(boat.kcg.go.kr)에 연간 자격시험 시행 공고가 발표됩니다.
- 시행 공고 확인 후 시험일정에 맞춰 학습계획을 세워봅니다.

필기시험 접수

인터넷 접수 가능, 대리접수 가능
- 응시일정 중 희망일자 및 장소를 선택할 수 있으나 선착순으로 접수됩니다.
- 글 읽기가 곤란한 사람이나 영어 희망자의 경우 특별 필기시험(구술 · 영어)을 접수할 수 있습니다.

필기시험

전국 조종면허시험장
- 필기시험은 매달 지역별로 실시됩니다.
- 시험장에는 준비물을 가지고 응시표에 기재된 시간 30분 전까지 입실하여야 합니다.
- 필기시험을 치른 후 채점이 진행되며 당일 합격 여부가 발표됩니다.

실기시험 접수

인터넷 접수 가능, 대리접수 가능
- 필기시험 합격 후 시험장에서 바로 접수할 수 있으며, 그렇지 않은 경우 인터넷으로 접수 가능합니다.
- 응시일정 중 희망일자 및 장소를 선택할 수 있으나 선착순으로 접수됩니다.

실기시험

전국 조종면허 시험장
- 실기시험 접수 시 지정된 응시일자 및 장소에서 실기시험을 실시합니다.
- 코스시험으로 60점 이상 득점 시 합격할 수 있습니다.

수상안전 교육

전국 위탁기관
- 조종면허를 받으려는 자는 해양경찰청장이 실시하는 수상안전교육을 3시간 받아야 합니다.
- 수상안전교육일정은 해양경찰청 수상레저종합정보(boat.kcg.go.kr)에서 확인하실 수 있습니다.

면허증 교부

해양경찰서
- 조종면허시험에 합격한 후 수상안전교육을 받은 사람은 면허증 발급에 필요한 서류를 첨부하여 교부신청서를 제출합니다.
- 조종면허시험 합격자는 조종면허증을 14일 이내 발급받을 수 있습니다.

동력수상레저기구 Q&A

Q 동력수상레저기구 일반조종면허시험 일정을 알고 싶어요.

A 해양경찰청 수상레저종합정보(boat.kcg.go.kr) 접속 ➡ '면허 취득, 면허 갱신' ➡ 면허시험 ➡ 시험일정조회

Q 동력수상레저기구 일반조종면허증에 가산점이 있나요?

A 1·2급 면허 모두 해양경찰청 소속 경찰공무원 면접시험 레저분야에서 1점의 가산점을 부여하고 있습니다. 공무원 채용에 관한 규정은 변경될 수 있습니다.

Q 동력수상레저기구 일반조종면허증도 갱신해야 하나요?

A 동력수상레저기구 조종면허증은 「수상레저안전법」 제9조 규정에 따라 갱신을 해야 합니다. 조종면허 발급일부터 기산하여 7년이 되는 날부터 6개월 이내에 전국 해양경찰서에 조종면허의 갱신 신청을 해야 합니다.

Q 수상안전교육은 무엇인가요?

A 조종면허를 받으려는 사람은 수상안전기본법 제8조에 따라 면허시험 응시원서를 접수한 후부터, 면허증을 갱신하려는 사람은 제12조에 따른 면허증 갱신 기간 이내에 각각 해양경찰청장이 실시하는 다음의 수상안전교육을 받아야 합니다.

수상안전에 관한 법령	수상레저기구의 사용과 관리에 관한 사항	그 밖에 수상안전을 위하여 필요한 사항

다만, 최초 면허시험 합격 전의 수상안전교육의 유효기간은 6개월로 하며, 대통령령으로 정하는 사람에 대해서는 안전교육을 면제할 수 있습니다.

Q 알아두면 도움이 되는 시험응시 유의사항을 알려주세요.

A • 시험일정 및 장소는 사정에 따라 변경될 수 있으니, 최종적으로 확인하여 착오가 없도록 유의하시기 바랍니다.
  • 시험장별 매회 응시인원이 제한되어 있어 희망일시에 접수가 불가능할 수 있습니다.
  • 인터넷 접수 및 자세한 시험에 관련된 정보는 해양경찰청 수상레저종합정보(boat.kcg.go.kr)를 참고하시기 바랍니다.

이 책의 구성과 특징

PART 01 필기편

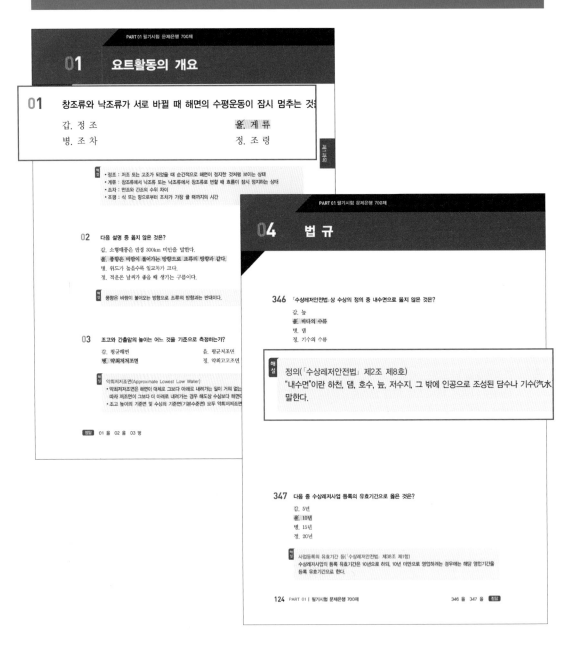

❶ 문제은행의 효율을 극대화하고자 정답과 문제를 한눈에 볼 수 있도록 구성하였습니다. 실제 시험에서 문제만 보고도 정답을 유추할 수 있습니다.

❷ 자세하고 정확한 해설을 통해 완벽한 이해가 가능합니다.

❸ 법령주소를 기재하여 직접 찾아보는 수고를 줄였습니다.

PART 02 실기편

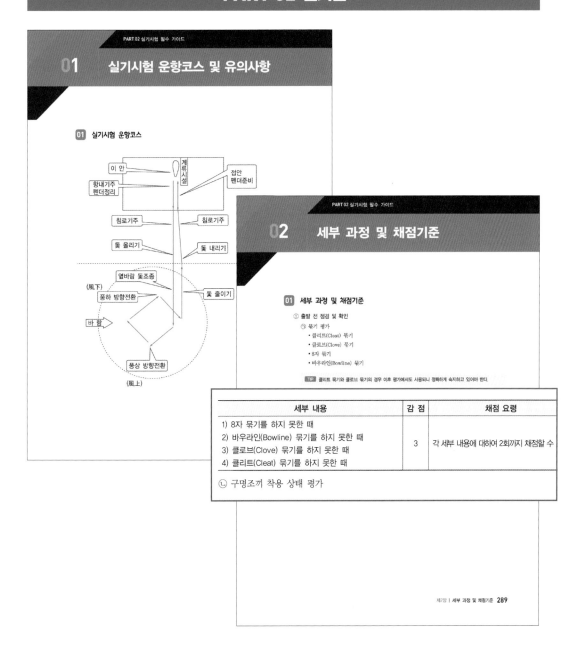

❶ 실기시험에서 반드시 알아야 하는 정보를 정리해 두었습니다.

❷ 채점기준을 참고하여 시험 시 집중하여야 하는 부분이 어디인지 알 수 있습니다.

이 책의 목차

PART

1

필기시험 문제은행 700제

 **시대
에듀**

01 요트활동의 개요

01 창조류와 낙조류가 서로 바뀔 때 해면의 수평운동이 잠시 멈추는 것을 무엇이라 하는가?

갑. 정 조   을. 계 류
병. 조 차   정. 조 령

> **해설**
> • 정조 : 저조 또는 고조가 되었을 때 순간적으로 해면이 정지한 것처럼 보이는 상태
> • 계류 : 창조류에서 낙조류 또는 낙조류에서 창조류로 변할 때 흐름이 잠시 정지하는 상태
> • 조차 : 만조와 간조의 수위 차이
> • 조령 : 삭 또는 망으로부터 조차가 가장 클 때까지의 시간

02 다음 설명 중 옳지 않은 것은?

갑. 소형태풍은 반경 300km 미만을 말한다.
을. 풍향은 바람이 불어가는 방향으로 조류의 방향과 같다.
병. 위도가 높을수록 일교차가 크다.
정. 적운은 날씨가 좋을 때 생기는 구름이다.

> **해설**
> 풍향은 바람이 불어오는 방향으로 조류의 방향과는 반대이다.

03 조고와 간출암의 높이는 어느 것을 기준으로 측정하는가?

갑. 평균해면   을. 평균저조면
병. 약최저저조면   정. 약최고고조면

> **해설**
> 약최저저조면(Approximate Lowest Low Water)
> • 약최저저조면은 해면이 대체로 그보다 아래로 내려가는 일이 거의 없는 수면을 뜻하나, 장소와 시기에 따라 저조면이 그보다 더 아래로 내려가는 경우 해도상 수심보다 해면이 낮아지므로 주의하여야 한다.
> • 조고 높이의 기준면 및 수심의 기준면(기본수준면) 모두 약최저저조면을 기준으로 설정된다.

04 저기압의 특징으로 옳지 않은 것은?

갑. 북반구에서 시계반대방향으로 바람이 중심으로 불어 들어간다.
올. 중심으로 갈수록 기압 경도가 낮아서 바람이 약하다.
병. 중심에서는 상승기류가 생겨 날씨가 나쁘다.
정. 온대 저기압, 열대 저기압 등이 있다.

> **해설** 중심으로 갈수록 기압 경도가 커져서 바람이 매우 강하다. 기압 경도는 동일 고도상에서 두 지점 사이의 기압의 차(경사 또는 기울기)를 의미한다.

05 기상이 나빠질 것을 미리 알 수 있는 방법으로 옳지 않은 것은?

갑. 뭉게구름이 나타날 때
을. 기온이 낮아질 때
병. 기압 내려갈 때
정. 급작스럽게 소나기가 때때로 닥쳐올 때

> **해설** 뭉게구름(적운)은 날씨가 좋을 때 생기는 구름이다.

06 조차에 대한 다음의 설명으로 가장 옳지 않은 것은?

갑. 조석현상을 일으키는 힘을 기조력이라 한다.
을. 서해안은 수심이 얕아 간만의 차가 매우 크다.
병. 남해안은 조차가 큰 편이고, 지역마다 물때에 차이가 있다.
정. 서해안에서 오전 6시쯤 만조였다면 약 6시간 후인 낮 12시쯤이 만조이다.

> **해설** 만조 후 6시간 후는 물이 빠지는 간조 시간대이며 약 12시간 뒤가 만조 시간이다.

07 조석현상에 대한 설명 중 옳은 것은?

갑. 달에 의한 기조력이 태양보다 크다.

을. 서해안, 남해안보다 동해안의 조차가 크다.

병. 간만의 차가 가장 커지는 시기가 소조이다.

정. 달의 인력에 의한 조석간만의 차는 얕은 바다일수록 적다.

 조석현상을 일으키는 힘을 기조력이라 하고, 달에 의한 기조력이 태양보다 크다.
- 을 : 동해안의 조차가 가장 작음
- 병 : 대조 때의 조차가 가장 큼
- 정 : 수심이 얕을수록 조차 큼

08 온대성 저기압의 오른쪽에 발생하며, 넓은 지역에 지속적인 약한 비가 내리는 전선으로 옳은 것은?

갑. 정체전선

을. 폐색전선

병. 한랭전선

정. 온난전선

- 정체전선 : 거의 이동하지 않고 일정한 자리에 머물러 있는 전선
- 폐색전선 : 한랭전선과 온난전선이 겹쳐진 전선
- 한랭전선 : 무거운 찬 공기가 가벼운 더운 공기 아래를 파고들 때 생기는 전선

09 조석현상에 대한 다음 설명 중 옳지 않은 것은?

갑. 소조와 조금은 같은 의미이다.

을. 대조란 간만의 차가 가장 커지는 시기이다.

병. 일반적으로 간만조의 영향은 6시간 단위로 반복된다.

정. 백중사리란 음력 7월 15일경 밀물수위가 가장 높아질 때로 저조 시에도 해수면은 항상 높다.

 백중사리는 음력 7월 15일 전후 3~4일 동안 조수간만의 차가 가장 큰 상태를 말한다. 따라서 저조 시 해수면은 매우 낮다.

제1과목

10 국지적인 좁은 범위의 안개이며, 밤에 지표면의 강한 복사냉각으로 발생되는 안개는?

갑. 이류무

을. 복사무

병. 전선무

정. 활승무

> 해설 복사무는 육상 안개의 대부분을 차지하며, 지표면에 접한 공기가 점차 냉각되어 노점온도에 이르러 안개가 발생한다.

11 풍랑경보 발효 시 파고의 높이로 옳은 것은?

갑. 5m 초과

을. 4m 초과

병. 3m 초과

정. 2m 초과

> 해설 해상에서 10분 동안의 평균 풍속이 21m/s 이상인 상태가 3시간 이상 지속되거나, 유의파고가 5m를 초과할 것으로 예상될 때 풍랑경보를 발표한다.

12 따뜻하고 습윤한 공기가 따뜻한 표면에서 찬 표면으로 이동 중 접촉으로 냉각되어 발생되는 안개는?

갑. 이류무

을. 복사무

병. 전선무

정. 활승무

> 해설 해무(이류무)는 2가지 원인에 의해 발생되는데, 따뜻하고 습윤한 공기가 따뜻한 표면에서 찬 표면으로 이동 중 접촉으로 냉각되어 발생되는 경우와 건조하고 찬 공기가 따뜻하고 습한 표면으로 이동하는 동안 표면으로부터 증발에 의한 수증기 포화로도 발생된다.

13 국제해상부표식에서 특수표지에 관한 설명으로 가장 옳지 않은 것은?

갑. 표지의 두표는 황색으로 된 1개의 X자 모양의 형상물이다.

을. 주위 전체가 가항수역인 암초, 침선 등의 장애물 위에 설치한다.

병. 표지의 색상은 황색이다.

정. 공사구역, 토사 채취장 등 특별한 시설이 있음을 표시한다.

> **해설** 특수표지는 공사 구역 등 특별한 시설이 있음을 나타내는 표지로 두표는 황색으로 된 X자 모양의 형상물이며, 표지 및 등화의 색상 역시 황색을 사용한다.

14 하루 동안 기압 변화에 대한 설명으로 옳지 않은 것은?

갑. 맑은 날보다 흐린 날에 일교차가 크다.

을. 위도가 낮을수록 일교차가 크다.

병. 동계보다 하계에 일교차가 크다.

정. 15~16시경에 최저가 된다.

> **해설** 흐린 날보다 맑은 날에 일교차가 더 크다. 또한 하계보다 동계에 일교차가 더 크다. 여름은 가장 일교차가 적은 계절이다. 문제의 오류로 보인다. 다만 시험장에서는 '갑'으로 표기할 경우 정답으로 인정된다.

15 우리나라 해도의 수심 기준면에 대한 설명으로 옳지 않은 것은?

갑. 표시된 수심은 약최저저조면이다.

을. 해도상 표기된 수심보다 해면이 낮아질 수 없다.

병. 약최저저조면은 조석표의 조고 높이의 기준면이기도 한다.

정. 약최저저조면은 해면이 대체로 그보다 아래로 내려가는 일이 거의 없는 수면을 뜻한다.

> **해설** 약최저저조면(Approximate Lowest Low Water)
> • 약최저저조면은 해면이 대체로 그보다 아래로 내려가는 일이 거의 없는 수면을 뜻하나, 장소와 시기에 따라 저조면이 그보다 더 아래로 내려가는 경우 해도상 수심보다 해면이 낮아지므로 주의해야 한다.
> • 조고 높이의 기준면 및 수심의 기준면(기본수준면) 모두 약최저저조면을 기준으로 설정된다.

16   풍랑경보가 발효되는 최대 해상 풍속(3시간 이상 지속)으로 옳은 것은?

갑. 14m/s 이상

을. 21m/s 이상

병. 26m/s 이상

정. 30m/s 이상

> **해설** 해상에서 10분 동안의 평균 풍속이 21m/s 이상인 상태가 3시간 이상 지속되거나, 유의파고가 5m를 초과할 것으로 예상될 때 풍랑경보를 발표한다.

17   고립장애표지에 대한 설명으로 가장 옳지 않은 것은?

갑. 주위 전체가 가항 수역인 암초, 침선 등의 장애물 위에 설치한다.

을. 표지의 두표는 2개의 흑색구를 수직으로 부착한다.

병. 표지의 색상은 흑색바탕에 한 개 또는 그 이상의 적색띠로 표시한다.

정. 수로의 좌우측 한계를 표시하기 위하여 설치한다.

> **해설** 수로의 좌우측 한계를 표시하기 위한 표지는 측방표지이다.
>
> 고립장애표지(Isolated Danger Marks)
> 암초나 침선 등 고립된 장애물 위에 설치하는 표지로 두표는 두 개의 흑구를 수직으로 부착하며, 색상은 검은색 바탕에 적색띠를 둘러 표시한다.

18   우리나라에서 선박이 입항할 때 기준으로 항로의 왼쪽 한계에 있는 측방표지의 색깔로 옳은 것은?

갑. 홍 색

을. 녹 색

병. 황 색

정. 백 색

> **해설** 국제항로표지협회(IALA)에서는 각국 부표식의 형식과 적용방법을 통일하여 적용하도록 하였으며, 전 세계를 A와 B 두 지역으로 구분하여 측방표지를 다르게 표시한다. 우리나라는 B방식(좌현 부표 녹색, 우현 부표 적색)을 따르고 있다.

19 백중사리에 대한 설명으로 가장 옳지 않은 것은?

갑. 백중사리는 음력 7월 15일(백중) 전후 3~4일간이다.

을. 간만의 차가 가장 작아 높은 해수면을 주의해야 한다.

병. 해수면이 가장 낮아져 육지와 도서가 연결되기도 한다.

정. 해수면이 가장 높아져 연안의 제방을 무너뜨리기도 한다.

> **해설** 백중사리는 간만의 차가 가장 큰 시기이다.

20 우리나라 기상청 특보 중 해양기상 특보에 해당하는 것은?

갑. 지진해일, 강풍, 태풍 (주의보·경보)

을. 폭풍해일, 강풍, 태풍 (주의보·경보)

병. 폭풍해일, 지진해일, 강풍, 태풍 (주의보·경보)

정. 폭풍해일, 지진해일, 풍랑, 태풍 (주의보·경보)

> **해설** 해상특보 종류는 풍랑, 폭풍해일, 지진해일, 태풍 특보 4종이다(강풍 특보는 육상 대상).

21 열대 저기압인 태풍 발생의 특성으로 옳지 않은 것은?

갑. 수온 27도 이상의 해면에서 발생한다.

을. 중심 부근에 강한 비바람을 동반한다.

병. 온대 저기압과 달리 태풍은 전선을 동반하지 않는다.

정. 태풍의 눈의 바깥 주변이 바람이 가장 약하다.

> **해설** 태풍의 눈 주변에서 바람이 가장 강하며, 태풍의 눈 중심 부분은 바람이 약하다.

22 지상일기도의 날씨 기호 중에서 '안개'를 표시하는 기호는?

갑. ▲ 을. ●

병. △ <s>정</s>. ≡

 ▲(우박), ● (비), △(싸락눈)

23 기압경도력, 전향력 및 원심력이 작용하여 이 세 힘이 평형을 이루어 등압선과 평행하게 분다고 생각되는 가상의 바람은?

갑. 지상풍

을. 지균풍

<s>병</s>. **경도풍**

정. 선형풍

- 지상풍 : 마찰이 존재하는 고도 1km 이내에서 부는 바람
- 지균풍 : 상공에서 기압경도력과 전향력이 평형을 이루어 부는 바람.
- 선형풍 : 기압경도력과 원심력이 평형을 이룰 때 부는 바람

24 바람에 대한 설명으로 옳은 것을 모두 고른 것은?

> ① 우리나라 계절풍은 동계에 북서풍, 하계에는 남동풍이 분다.
> ② 우리나라 계절풍은 반년 주기로 하계와 동계의 풍향이 바뀌는 바람이다.
> ③ 해륙풍은 낮에 해상에서 육지로 해풍이 불고, 밤에는 육지에서 해상을 향해 육풍이 분다.
> ④ 하루 동안에 낮과 밤에 바람의 방향이 거의 반대가 되는 바람의 종류를 해륙풍이라 한다.
> ⑤ 북서풍이란 북서쪽으로 불어나가는 바람, 남동풍은 남동쪽으로 불어나가는 바람을 뜻한다.

갑. ①, ②, ④, ⑤

을. ①, ③, ④, ⑤

<s>병</s>. **①, ②, ③, ④**

정. ①, ②, ③, ④, ⑤

 풍향을 표현할 때에는 불어나가는 방향이 아닌, 불어오는 방향으로 표기한다.

25 바이스 발로트(Buys-Ballot)의 법칙상 북반구에서 바람을 등에 받고 양팔을 수평으로 올렸을 때 저기압의 위치로 옳은 것은?

갑. 왼팔의 15~30° 후방에

을. **왼팔의 15~30° 전방에**

병. 오른팔의 15~30° 후방에

정. 오른팔의 15~30° 전방에

> **해설**
> 바이스 발로트의 법칙은 네덜란드의 관상대장이던 바이스 발로트가 발표한 기압배치와 바람의 방향을 결정하는 법칙이다. 북반구에서 관측자가 바람을 등지고 설 때, 저기압은 왼팔 앞쪽에, 고기압은 오른팔 뒤쪽에 위치하며, 남반구에서는 이와 반대가 된다.

26 빈칸 안에 들어갈 말로 옳은 것은?

> 한랭전선이 통과한 후면에서 기온은 (①)하고, 기압은 (②)한다.

갑. **① 하강, ② 상승**

을. ① 상승, ② 하강

병. ① 상승, ② 상승

정. ① 하강, ② 하강

> **해설**
> 한랭전선이 통과한 후면에는 기온이 낮아져 하강기류가 발달해 기압이 상승한다.

27 바다에서 파도를 일으키는 가장 큰 원인으로 옳은 것은?

갑. 달과 태양의 인력

을. 조류와 해류

병. **바 람**

정. 구름의 높이

> **해설**
> • 파도(Wind Wave)는 바람에 의해 발생한 수면상의 풍랑
> • 달과 태양의 인력에 의해 발생하는 것은 조수간만의 차
> • 해류는 온도와 밀도차에 의해 발생되기도 하지만 주로 바다 위를 지나가는 일정한 바람에 의해 발생

28 해상에서의 보퍼트(Beaufort) 풍력 계급 단계로 옳은 것은?

갑. 0~10(11계급)

을. 1~10(10계급)

병. 0~12(13계급)

정. 1~12(12계급)

 보퍼트 풍급표는 해상 현상으로서의 바람의 강도를 설명하기 위하여 보퍼트 제독이 0~12까지의 13계급으로 분류한 바람의 등급표를 말한다. 풍속계가 일반화되기 전에 사용했다.

29 중형 태풍의 크기는 반경 몇 km인가?

갑. 300km 미만

을. 500~800km 미만

병. 300~500km 미만

정. 800km 이상

- 갑 : 소형 태풍
- 을 : 대형 태풍
- 정 : 초대형 태풍

30 다음 중 풍랑과 너울에 관한 설명으로 가장 옳지 않은 것은?

갑. 풍랑은 파장이 짧고 봉우리가 뾰쪽하며 불규칙한 모양을 이루고 있다.

을. 풍랑은 파형, 크기, 파고 등이 불규칙하다.

병. 너울은 파장이 길고 봉우리가 둥글며 규칙성이 크다.

정. 풍랑은 주기가 10~30초에 이른다.

풍랑은 너울보다 주기가 훨씬 짧은 6~10초 정도이고, 너울은 10~30초 정도이다.

31 다음 설명 중 가장 옳지 않은 것은?

갑. 바람에 의해 선박이 밀려 선박의 실제 항적과 선수미선이 일치하지 않고 교각을 이루는데 이 교각을 풍압차라고 한다.

을. 해류나 조류에 밀리는 경우의 교각을 유압차라고 한다.

병. 풍향은 바람이 불어오는 방향을 말한다.

정. 유향은 흘러오는 방향을 뜻한다.

> **해설** 풍향은 바람이 불어오는 방향을, 유향은 물이 흘러가는 방향을 말한다.

32 다음 중 고조에서 저조로 되기까지 해면이 점차 낮아지는 상태로 옳은 것은?

갑. 낙조(Ebb Tide)

을. 정조(Stand of Tide)

병. 창조(Flood Tide)

정. 게류(Slack Water)

> **해설**
> • 정조 : 저조 또는 고조가 되었을 때 순간적으로 해면이 정지한 것처럼 보이는 상태
> • 창조 : 조석 때문에 해면이 높아지고 있는 상태로서, 저조에서 만조까지의 사이를 말하며 밀물이라고도 함
> • 게류 : 창조류에서 낙조류 또는 낙조류에서 창조류로 변할 때 흐름이 잠시 정지하는 상태

33 17시(오후 5시)경 출항했을 때가 만조였다면 어느 시간대에 입항하여만 만조 시 입항이 가능한가?

갑. 당일 20시경(오후 8시경)

을. 당일 23시경(오후 11시경)

병. 다음 날 02시경(오전 2시경)

정. 다음 날 05시경(오전 5시경)

> **해설** 조수간만의 차는 대략 12시간을 주기로 반복된다.

34 풍랑주의보 발효 시 파고의 높이로 옳은 것은?

갑. 5m 초과

을. 4m 초과

병. 3m 초과

정. 2m 초과

> 해설 해상에서 10분 동안의 평균 풍속이 14m/s 이상인 상태가 3시간 이상 지속되거나, 유의파고가 3m를 초과할 것으로 예상될 때 풍랑주의보를 발표한다. 풍랑경보의 경우 평균 풍속 21m/s, 유의파고 5m 초과 예상 시 발표한다.

35 해도나 수로서지 간행 후 수심의 변화, 항로 장애물의 발생 등 항해 안전에 영향을 줄 수 있는 변화가 생길 수 있는데 이러한 변경 사항을 선박에게 알리기 위해 발행하는 것으로 옳은 것은?

갑. 등대표

을. 항로지

병. 조석표

정. 항행통보

> 해설 항행통보(Notice to Mariners)는 국립해양조사원에서 국문판과 영문판을 매주 금요일 정기적으로 간행하여 해양수산 및 항만관련 기관이나 업체에 무료로 배포하는 인쇄물이다. 국립해양조사원에서 측량한 결과, 선박으로부터의 보고, 관청으로부터의 통지, 외국 항행통보에서 수집한 자료 등을 종합하여 작성한다.

36 파도를 일으키는 원인에 대한 설명으로 가장 옳지 않은 것은?

갑. 바람이 해면 위에서 불 때 생기는 파도가 풍랑이다.

을. 조류와 해류는 물의 흐름으로 파도의 원인과는 무관하다.

병. 실제 조류는 조석과 항상 일정 방향으로 흐르는 해류 영향이 섞여 있다.

정. 너울은 풍랑에서 전파되어 온 파도로 바람의 직접적인 영향을 받지 않는다.

> 해설 실제 조류에는 조석에 의한 흐름과 해류의 영향이 포함되어 있어 해역의 조류를 정확히 예측하기 곤란하다.

37 진행방향이 서로 다른 풍랑이나 너울이 부딪히면 서로 간섭하여 대단히 높고 뾰족한 파가 일어나는데 이를 무엇이라 하는가?

갑. 너 울

을. 삼각파

병. 풍 랑

정. 지진해파(쓰나미)

> **해설**
> • 너울 : 바람의 영향권을 벗어나 파고가 낮아지고 파장이 길어지는 잔잔한 영역
> • 풍랑 : 해상에서 바람이 강하게 불어 일어나는 물결
> • 지진해파 : 지진, 화산 폭발, 해안 근처의 산사태 등 대규모의 충격적인 힘에 의해서 발생하는 해일

38 빈칸 안에 들어갈 말로 옳은 것은?

> • (①)은/는 흘러가는 방향을 유향으로 하며 속도는 노트로 표시한다.
> • (②)은/는 조석에 의하여 생기는 해수의 주기적인 수평방향의 유동이다.
> • (③) 때문에 해면이 높아지고 있는 상태로서 저조에서 만조까지의 사이가 창조이다.
> • (④)은/는 지형, 해저 상태에 영향을 받으며 대양에서 약하고 만구, 좁은 수로에서 강하다.

	①	②	③	④
갑.	조 류	조 차	조 류	해 류
을.	조 류	조 차	해 류	조 류
병.	조 류	조 류	해 류	조 류
정.	조 류	조 류	조 석	조 류

> **해설**
> • 조류는 흘러가는 방향을 유향으로 하며 속도는 노트로 표시
> • 조류는 조석에 의하여 생기는 해수의 주기적인 수평방향의 유동
> • 조석 때문에 해면이 높아지고 있는 상태로서 저조에서 만조까지의 사이를 창조라고 함
> • 조류는 지형이나 해저의 상태에 영향을 받으며 대양에서는 약하지만 만 입구나 좁은 수로 등에서는 강함

39 풍랑과 너울에 대한 설명으로 가장 옳은 것은?

갑. 풍랑은 너울에서 전파되어 온 파도

을. 바람이 해면 위에서 불 때 생기는 파도가 너울이다.

병. 너울은 현재의 해역에 바람이 불지 않더라도 생길 수 있다.

정. 풍랑은 바람의 직접적인 영향 없이 바람 없는 해역에서도 발생한다.

> **해설** 파도를 뜻하는 용어 중 '파랑'은 바람에 의해 생기는 파도, '너울'은 풍랑이 전파되어 나타나는 파도로, 바람의 직접적 영향이 없더라도 너울은 발생된다.

40 빈칸 안에 들어갈 말로 옳은 것은?

이동성 고기압은 (   )에 주로 나타난다.

갑. 여름, 가을

을. 봄, 가을

병. 겨울, 봄

정. 가을, 겨울

> **해설** 이동성 고기압은 봄, 가을에 주로 발생한다. 봄에는 대륙성 고기압인 시베리아 고기압이 쇠약해지며 발생하고, 가을에는 북태평양 고기압이 쇠약해지며 발생한다.

41 해도에 표기된 수심에 대한 주의사항으로 가장 옳은 것은?

갑. 해저의 높낮이가 불규칙한 곳이 안전하다.

을. 수심이 얕고 저질이 암초인 곳을 따라서 항행한다.

병. 등심선이 기재되지 않은 공백지는 수심이 충분한 해역이다.

정. 수심이 상세하고 복잡하게 기재된 해역은 정밀하게 측량된 해역으로 안전하다.

> **해설**
> • 해저의 높낮이가 불규칙한 곳은 해저지형이 수시로 바뀌는 곳으로 항행 시 위험할 수 있음
> • 수심이 얕은 지역은 배가 얹힐 위험이 있음
> • 등심선이 기재되지 않은 곳은 제대로 측심되지 않은 곳

42 다음 중 조석의 원인으로 옳지 않은 것은?

갑. 달의 인력

을. 태양의 인력

~~병~~. 편서풍과 무역풍

정. 원심력

> **해설** 조석 현상을 일으키는 힘을 기조력이라고 한다. 기조력은 달과 태양이 지구를 끌어당기는 힘(만유인력)과 이들이 원운동을 할 때 나타나는 원심력을 합한 힘이다.

43 조류가 강하거나 좁은 수로, 수심이 급변하는 지역에서 일어나는 소용돌이로 옳은 것은?

갑. 급 류

을. 조 류

병. 쉰 물

~~정~~. 와 류

> **해설**
> • 급류 : 빠른 속도로 흐르는 물
> • 조류 : 밀물과 썰물에 의해 생기는 물의 흐름
> • 와류 : 좁은 수로 등에서 조류가 격렬하게 흐르면서 물이 빙빙 도는 것

44 빈칸 안에 공통으로 들어갈 말로 옳은 것은?

> 삭과 망이 지난 뒤 (   ) 만에 조차가 극대인 조석으로 대조라 하고, 상현과 하현이 지난 뒤 (   ) 만에 조차가 극소인 조석을 소조라 한다.

갑. 0~1일

~~을~~. 1~2일

병. 2~3일

정. 3~4일

> **해설** 삭(그믐)과 망(보름)이 지난 뒤 1~2일 후 조차가 극대가 되는 때를 대조라 하고, 상현과 하현 후 1~2일 만에 조차가 가장 작은 때를 소조라 한다.

45 해상 현상으로서의 바람의 강도를 설명하기 위해 만든 분류 등급표로 여기에 육상용의 설명이 첨가
되어 현재의 풍급표가 되었는데, 이를 뜻하는 말로 옳은 것은?

 갑. 보퍼트 풍급표
을. 세계기상기구(WMO)
병. 해 도
정. 기상등급표

> 해설
> **보퍼트 풍급표**
> 해상 현상으로서의 바람의 강도를 설명하기 위하여 보퍼트 제독이 0~12까지의 13계급으로 분류한 바람의
> 등급표를 말한다. 풍속계가 일반화되기 전에 사용했다.

46 해륙풍에 대한 설명 중 옳은 것은?

갑. 육풍은 일반적으로 해풍보다 강한 편이다.
을. 주간에는 육지로부터 해상으로 육풍이 분다.
병. 야간에는 해상으로부터 육지로 해풍이 분다.
 정. 주야간에 바람 방향이 거의 반대가 되는 현상이다.

> 해설
> 낮 동안 육상의 기온이 상승하면 육상의 공기가 팽창하여 상층의 등압면이 육상에서 해상으로 기울어지고
> 상층공기는 육상에서 해상으로 흐른다. 이에 따라 해면상은 고기압, 육상은 저기압이 형성되어 기압차에
> 의한 해풍(해상에서 육지로 부는 바람)이 발생한다. 밤에는 반대로 육상의 공기가 수축하여 육상이 고기압
> 이 되고 해면상이 저기압이 됨으로써 육풍(육상에서 해상으로 부는 바람)이 발생하는데 이를 해륙풍이라
> 한다.

47 고층일기도를 볼 때의 기본사항으로 가장 옳지 않은 것은?

갑. 고층풍은 마찰의 영향이 없고 지균풍에 가깝다.
을. 등고선의 간격이 좁을수록 바람은 강하고, 같은 등고선 간격이라면 저위도일수록 바람이 강하다.
병. 지상 저기압의 중심이나 기압골은 고층으로 갈수록 한기측으로 이동한다.
 정. 한랭고기압은 높이와 함께 현저하게 되고, 온난고기압은 높이와 함께 쇠약해진다.

> 해설
> 한랭고기압은 높이와 함께 쇠약해지고, 온난고기압은 높이와 함께 현저하게 된다.

45 갑 46 정 47 정 **정답**

48 암초 등 위험을 알리거나 항행을 금지하는 지점을 표시하기 위하여 가장 널리 설치하는 야간 표지로서 해안의 일정한 지점에서 체인으로 연결되어 해면에 떠있는 구조물을 뜻하는 말로 옳은 것은?

갑. 등 선
을. 등부표
병. 등 대
정. 등 주

 • 등선 : 닻으로 고정된 선박으로 등대 역할을 대신함. 등대를 건설하기에는 수심이 너무 깊은 곳에 사용
• 등대 : 해상교통의 안전과 선박 운항의 능률 증진을 위하여 해안이나 섬에 설치한 구조물
• 등주 : 굴곡이 심한 협수로를 표시하기 위하여 해저면에 수직으로 설치하는 막대형 항로표지시설

49 다음 중 연이어 일어난 고조와 저조 때의 해면 높이차를 뜻하는 말로 옳은 것은?

갑. 조 차
을. 고 조
병. 저조간격
정. 고조간격

 조차(Tidal Range)
밀물과 썰물의 변화에 따라 하루 중 해수면이 가장 높을 때(고조, 만조)와 낮을 때(저조, 간조)의 차이를 뜻한다. 조수간만의 차 또는 조석간만의 차라고도 한다.

50 돌풍(Gust)에 대한 설명으로 가장 옳지 않은 것은?

갑. 고지대의 한기가 해안지방으로 급강하할 때 잘 일어난다.
을. 온난전선이 통과할 때 자주 발생한다.
병. 저기압이 급속히 발달할 때 발생한다.
정. 뇌우 등의 열대류가 있을 때 자주 발생한다.

 돌풍은 한랭전선이 통과할 때 자주 발생한다.

51 빈칸 안에 들어갈 말로 옳은 것은?

> 평균 풍속이란 (①)분간 풍속의 평균을 말하며, 순간 최대 풍속은 평균 풍속의 대략 (②)배
> 가량 된다.

답. ① 10, ② 1.5~1.7

을. ① 10, ② 15~17

병. ① 30, ② 1.5~1.7

정. ① 30, ② 15~17

> 해설
> • 평균 풍속 : 임의의 10분간 불었던 평균적인 바람의 속도
> • 순간 최대 풍속 : 바람이 순간(1초~3초)적으로 가장 세게 불었던 때의 풍속

52 빈칸 안에 들어갈 말로 옳은 것은?

> 우리나라에서 풍랑주의보는 해상에서 풍속 ( )m/s 이상이 ( )시간 이상 지속되거나 유의파
> 고가 ( )m를 초과할 것으로 예상될 때 발표된다.

답. 14, 3, 3

을. 14, 3, 5

병. 21, 3, 3

정. 21, 3, 5

> 해설
> 풍랑주의보는 해상에서 풍속 14m/s 이상이 3시간 이상 지속되거나 유의파고가 3m를 초과할 것으로 예상
> 될 때 발표된다.

53 태풍의 중심과 선박과의 위치 관계를 나타낸 것으로 가장 옳지 않은 것은?

갑. 풍향이 순전하면 선박은 축선상의 우측, 즉 위험반원에 위치한다.

을. 풍향이 반전하면 선박은 축선상의 좌측, 즉 가항반원에 위치한다.

병. 기압이 하강하고 풍속이 증가하면 태풍 중심의 후방에서 태풍 중심으로 접근 중이다.

정. 풍향이 변하지 않고 폭풍우가 강해지고 기압이 점점 하강하면 선박은 태풍의 진로 상에 위치한다.

> 해설
> 기압이 하강하고 풍속이 증가하는 동안은 태풍중심의 전방에서 중심으로 접근하는 중이다.

54 계절풍에 대한 설명 중 옳은 것은?

갑. 매년 봄에 일 년 주기로 풍향이 바뀌는 바람이다.

을. 여름에 대양에서 육지로 흐르는 강한 기류가 북동풍이다.

병. 겨울과 여름에 대륙과 해양 간 온도차가 발생 원인이다.

정. 겨울에 육지에서 대양으로 흐르는 한랭한 기류가 남서풍이다.

> **해설** 계절풍은 대륙과 해양의 온도 차이로 인해 생긴다. 여름에는 해양에 고기압이 형성되면서 바람이 해양에서 대륙으로 불고(남동풍), 반대로 겨울에는 대륙에 고기압, 해양에 저기압이 형성되면서 바람이 대륙에서 해양으로 분다(북서풍). 여름보다 겨울의 온도 차이가 더 크기 때문에 겨울계절풍이 여름계절풍보다 강하다.

55 바람과 풍향에 대한 설명 중 옳지 않은 것은?

갑. 북서풍이란 북서쪽으로 불어 나가는 바람을 뜻한다.

을. 우리나라 계절풍은 동계에 북서풍, 하계에는 남동풍이다.

병. 해륙풍은 낮에 해상에서 육지로 해풍이, 밤에는 반대로 육풍이 분다.

정. 우리나라 계절풍은 반년 주기로 하계와 동계의 풍향이 바뀌는 바람이다.

> **해설** 풍향을 표현할 때에는 불어나가는 방향이 아닌, 불어오는 방향으로 표기한다. 또한 북쪽과 남쪽을 먼저 표기한다. 예를 들어 남동풍이란 동쪽과 남쪽 사이에서 불어오는 바람을 뜻한다.

56 고조(저조)로부터 다음 고조(저조)까지 걸리는 시간을 조석의 주기라고 하는데, 일반적으로 조석의 주기로 옳은 것은?

갑. 약 6시간 25분

을. 약 9시간 25분

병. 약 12시간 25분

정. 약 15시간 25분

> **해설** 조석은 만조와 간조가 약 24시간 50분마다 두 번씩 일어나는 반일주조, 만조와 간조가 한 번씩 일어나는 일주조 형태로 발생한다. 우리나라 서해와 남해는 반일주조형의 조석이 나타난다. 반일주조는 만조와 간조가 하루에 약 2회 나타나지만, 조석 주기는 정확히 12시간이 아니라 약 12시간 25분이다. 조석주기가 12시간보다 조금 긴 것은 지구가 자전하는 동안 달도 역시 같은 방향으로 지구 둘레를 공전하기 때문이다.

57 해상 안개인 이류무의 특성으로 옳은 것은?

갑. 안개가 국지적인 좁은 범위의 안개이다.

을. 밤에 지표면의 강한 복사냉각으로 발생된다.

병. 안개의 범위가 넓고 지속시간도 길어서 때로는 며칠씩 계속될 때도 있다.

정. 전선을 경계로 하여 찬 공기와 따뜻한 공기의 온도차가 클 때 발생하기 쉽다.

 이류무(해무)
해무는 차가운 해수면 위로 따뜻한 공기가 이동하면서 냉각되어 발생하는 안개로, 육상에서 발생하는 안개에 비해 두껍고 발생하는 범위가 넓다. 해상 안개의 80%를 차지하며, 6시간 정도에서 며칠씩 지속될 때도 있다.

58 해수의 밀도(주로 염분)차에 의하여 발생하는 해류로 옳은 것은?

갑. 취송류   을. 경사류

병. 밀도류   정. 대 조

 • 취송류 : 바람에 의하여 발생하는 해류
• 경사류 : 해수면에 경사가 발생할 때 해중 압력 분포의 평형을 유지하기 위해 발생하는 해류
• 대조(사리) : 약 15일 주기로 보름이나 그믐에 조석간만의 차가 가장 크게 나타나는 현상

59 우리나라 서해안의 조석, 조류 개황에 대한 설명으로 가장 옳은 것은?

갑. 일조부등이 현저하여 1일 1회조가 자주 발생한다.

을. 대조차는 서해안 남부에서 북쪽으로 올라감에 따라 감소한다.

병. 평균해면은 2월에 최저, 8월에 최고이다.

정. 조차가 작다.

 • 일조부등(Diurnal Inequility)이란 1일 2회 조석에서 잇따르는 2개의 고조 및 2개의 저조의 조위가 다른 것을 말한다. 서해안은 반일주조형의 조석이 나타나지만 일조부등의 크기는 매우 작다.
• 서해안의 대조차는 남부에서 약 3.0m이며 북쪽으로 갈수록 증가하여 인천 부근에서 약 8.0m에 달한다.
• 한국 근해에서는 대체로 여름과 가을에 해면이 높아지고, 겨울과 봄에는 낮아진다.
• 서해안은 남해안, 동해안보다 조차가 훨씬 크다.

60 해류의 발생 원인에 따른 구분으로 옳지 않은 것은?

갑. 취송류

을. 밀도류

병. 경사류

정. 난 류

 난류는 주위의 해수 온도를 비교한 것으로 발생 원인에 따른 구분이 아니다.

61 우리나라의 해류 종류로 옳지 않은 것은?

갑. 동한 해류

을. 쿠로시오 해류

병. 북한 해류

정. 적도 반류

- 동한 해류 : 우리나라 남동 해안을 따라 북상하는 해류
- 쿠로시오 해류 : 동중국해에서 들어와서 제주도의 남쪽 해상에서 갈라지는 해류. 한 줄기는 동쪽으로 방향을 바꾸어 일본 동남쪽 해안을 따라 흐르고 다른 한 줄기는 제주도의 남동쪽으로 올라와 서해와 동해로 흘러감
- 북한 해류 : 우리나라 함경도 해안을 따라 남하하는 해류
- 적도 반류 : 북적도 해류와 남적도 해류 사이 적도 무풍대에 위치하며 서쪽에서 동쪽으로 흘러감

62 다음 중 따뜻한 공기가 찬 해면을 통과할 때 생기는 안개로 옳은 것은?

갑. 복사무

을. 이류무

병. 전선무

정. 증기무

이류무(해무)는 차가운 해수면 위로 따뜻한 공기가 이동하면서 냉각되어 발생하는 안개로, 육상에서 발생하는 안개에 비해 두껍고 발생하는 범위가 넓다. 해상안개의 80%를 차지하며 범위가 넓고, 6시간 정도에서 며칠씩 지속될 때도 있다.

63 다음 중 북반구에서 "풍향이 좌전하면 본선은 태풍의 좌반원에 있으니 우현선미에 바람을 받으며 피항하라"에 해당하는 태풍 피항법으로 옳은 것은?

 갑. L.L.S Rule

을. R.R.R Rule

병. L.L.L Rule

정. Buys Ballot Rule

해설
- R.R.R 법칙 : 풍향이 우측으로 변화(Right)하면 본선은 태풍 진로의 우측반원(Right)에 있으므로 풍랑을 우현 선수(Right)에서 받도록 선박을 조종한다.
- L.L.S 법칙 : 풍향이 좌측으로 변화(Left) 하면, 본선은 태풍 진로의 좌측반원(Left)에 있으므로 풍랑을 우현 선미(Right Stern)에서 받도록 선박을 조종하여 태풍의 중심에서 벗어난다.

64 간조와 만조 관계없이 항상 수면 위로 드러나 있는 바위로 옳은 것은?

 갑. 노출암

을. 간출암

병. 돌출암

정. 수몰암

해설
- 노출암 : 조석과 관계없이 항상 해수면에 노출되어 있는 바위
- 간출암 : 조석의 간만에 따라 수면 위로 드러났다가 수중에 잠겼다가 하는 바위

65 바람이 일정한 방향으로 지속적으로 불면 공기와 해면의 마찰, 즉 바람의 응력으로 인하여 바람이 불어가는 아래 방향으로 해수의 흐름이 생기는데, 이를 뜻하는 말로 옳은 것은?

갑. 밀도류

을. 경사류

 병. 취송류

정. 급 조

해설
- 밀도류 : 해수의 밀도가 균질하지 않은 경우에 수평적으로 떨어진 두 해수 사이에 일어나는 흐름
- 경사류 : 해수면에 경사가 발생할 때 해중 압력 분포의 평형을 유지하기 위해 발생하는 해류
- 취송류 : 바람에 의하여 발생하는 해류
- 급조 : 해저에 암초가 많은 경우 조류가 암초 등을 지날 때 해면에 파상을 나타내는 현상

63 갑 64 갑 65 병 정답

66 어떤 기간 동안의 수면(해면)의 높이를 평균한 높이로 옳은 것은?

갑. 조 경

을. **평균 (해)수면**

병. 고 조

정. 조 류

 • 조경 : 한류와 난류가 만나는 경계
• 평균 해수면 : 해면의 높이를 일정한 기간 동안 평균한 값
• 고조 : 하루 중 해수면이 가장 높을 때
• 조류 : 조석에 의해 발생하는 해수의 주기적인 수평운동

67 기온의 일교차가 가장 작은 계절로 옳은 것은?

갑. 봄

을. **여 름**

병. 가 을

정. 겨 울

 일교차는 하루의 최고기온과 최저기온의 차를 말하며 연중 7월은 일교차가 가장 작은 달이다. 여름은 열대야 현상으로 인해 일교차가 작아진다.

68 지상일기도에서 열대저기압 분류에 사용되는 문자기호로 옳은 것은?

갑. 태풍 – STS

을. **열대폭풍 – TS**

병. 열대저압부 – DS

정. 위험 열대폭풍 – TD

열대저기압의 분류와 일기도 표시방법

한국 분류	WMO 분류	중심최대풍속	문자기호
열대저압부	열대저압부	17m/s 미만	L 또는 TD
태 풍	열대폭풍	17~24m/s	TS
	위험 열대폭풍	25~32m/s	STS
	태 풍	33m/s 이상	T

69 다음 중 태풍에 대한 설명으로 옳지 않은 것은?

갑. 상륙하면 속도가 빨라지고, 위력이 더 강해진다.

을. 태풍은 진로 전향 후 속도가 급격히 빨라진다.

병. 육상에서는 전혀 발생하지 않는다.

정. 태풍은 주로 여름철에 발생한다.

해설 태풍이 상륙하면 지면과의 마찰로 인해 속도가 느려지고, 수증기를 공급받지 못해 급속히 쇠약해진다.

70 해무(Sea Fog)에 대한 설명 중 가장 옳지 않은 것은?

갑. 온난다습한 공기가 찬 해면으로 이류 시 발생한다.

을. 늦은 봄부터 여름에 걸쳐 주로 발생한다.

병. 일반적으로 육무(Land Fog)보다 발생 범위가 넓고 지속성이 강하다.

정. 복사무가 대부분이다.

해설 복사무는 육상안개(육무)의 대부분으로, 밤부터 이른 아침에 걸쳐 지표면으로부터의 방사 냉각에 의해 지표면에 접한 공기가 냉각되어 형성된 안개를 말한다.

69 갑 70 정 **정답**

02 요 트

71 요트의 선체가 두 개로 이루어진 형태이고, 수면에 대한 저항이 적어 빠른 속도를 낼 수 있는 것으로 가장 옳은 것은?

갑. 캐터마란(Catamaran)
을. 트라이마란(Trimaran)
병. 모노헐(Monohull)
정. 플랫 보텀(Plat Bottom)

> **해설**
> • 트라이마란 : 선체가 세 개인 요트
> • 모노헐 : 선체가 하나인 요트
> • 플랫 보텀 : 밑이 평평한 요트

72 슬루프(Sloop) 요트의 설명이다. ①과 ②에 들어갈 세일 용어로 가장 옳은 것은?

> 한 개의 돛대에 세일 두 장을 설치하여 운항하는 요트가 가장 일반적인 요트 형태에 해당된다. 선수에 있는 세일은 (①)이며, 돛대에서 선미 쪽으로 설치된 세일이 (②)이다. (②)은 중심을 잡고 (①)과 함께 추진력을 발생하게 된다. 속도와 선회성 면에서 우수하고 가장 좋은 레이스 감각이 발휘되는 요트이다.

	①	②
갑.	메인 세일(Main Sail)	스피니커(Spinnaker)
을.	메인 세일(Main Sail)	집 세일(Jib Sail)
병.	집 세일(Jib Sail)	스피니커(Spinnaker)
정.	집 세일(Jib Sail)	메인 세일(Main Sail)

> **해설**
> • 메인 세일 : 요트의 메인 시트에 부착되어 있는 가장 큰 돛
> • 스피니커 : 주로 순풍을 받아 풍하로 범주할 때 추가로 사용하는 돛

73 집 세일(Jib Sail)을 펴고 감아들이기 쉽게 한 롤러장치를 설명하는 용어로 옳은 것은?

갑. 집 행크(Jib Hank) 　　　　　　　**을. 펄링 드럼(Furling Drum)**

병. 집 시트(Jib Sheet) 　　　　　　　정. 집 리더(Jib Leader)

- 집 행크 : 집 세일의 러프(Luff)를 포스테이(Forestay)에 거는 고리 장치
- 집 시트 : 집 세일을 조절하기 위해 사용하는 줄
- 집 리더 : 집 시트를 당겨서 각도를 조절하는 장치

74 선체 또는 계류장에 고정되어 있는 줄을 당겨서 매는 데 주로 사용되는 것으로 옳은 것은?

갑. 턴버클(Turnbuckle) 　　　　　　을. 샤클(Shackle)

병. 리드블럭(Lead Block) 　　　　　**정. 클리트(Cleat)**

- 턴버클 : 와이어 로프의 길이를 조절하기 위한 기구
- 샤클 : 체인끼리 연결하거나 밧줄을 매는 데 쓰는 기구
- 리드블럭 : 돛을 당기는 도르래
- 클리트 : 시트나 핼리어드를 묶어두는 금속으로 만든 갈고리. 앵커 로프나 선체를 계류하는 무어링 (Mooring) 클리트와 집 시트를 당기고 늦추는 데 사용되는 캠(Cam) 클리트 등이 있음

75 요트 양현에 라이프 라인(Life Line)을 설치할 수 있도록 세운 기둥으로 옳은 것은?

갑. 붐 뱅(Boom Vang) 　　　　　　　**을. 스탠천(Stanchion)**

병. 커닝햄(Cunningham) 　　　　　　정. 배튼(Batten)

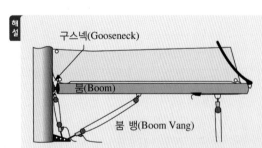

- 붐 뱅 : 붐의 지지 위치를 조절하기 위하여 설치된 장치로 붐이 위로 올라가는 것을 막음
- 스탠천 : 지지대·받침대를 뜻하는 말로 추락의 위험이 있는 장소에 설치하는 손잡이용 지주
- 커닝햄 : 세일 깊이를 전방으로 이동시키는 장치
- 배튼 : 세일의 리치(Leech) 부분을 팽팽하게 하기 위해 사용되는 자루에 넣는 판

76 요트가 좌·우측에서 바람을 받아 진행할 때 옆으로 밀리는 것을 방지하기 위한 장치로 옳지 않은 것은?

갑. 서프 보드(Surf Board)

을. 리 보드(Lee Board)

병. 피벗 보드(Pivot Board)

정. 대거 보드(Dagger Board)

 해설
- 서프 보드 : 길고 좁고 가벼운 나무로 만든 보드 또는 섬유유리로 덧입힌 폼으로 파도를 타는 데 사용
- 리 보드 : 배의 횡류를 방지하기 위하여 바람부는 쪽의 뱃전으로부터 내리는 판자
- 피벗 보드 : 케이스와 보드에 축을 장착하여 올리고 내림을 편리하게 로프로 조정할 수 있도록 한 것
- 대거 보드 : 차입식 센터 보드

77 요트를 메인 세일의 형태에 따라 분류한 것으로 옳지 않은 것은?

갑. 스퀘어(Square)

을. 슬루프(Sloop)

병. 러그(Lug)

정. 버뮤단(Bermudan)

 해설
슬루프는 돛의 수에 따른 분류이다. 슬루프는 집 세일이 1활, 메인 세일이 1활인 요트를 뜻한다.
- 스퀘어 : 사각형의 돛
- 러그 : 스퀘어와 유사한 사각형의 돛
- 버뮤단 : 현대 요트에서 가장 일반적으로 사용하는 삼각형의 돛

78 다음 중 헤드 세일에 대한 내용으로 옳지 않은 것은?

갑. 선수 쪽에 있는 세일을 칭한다.

을. 제노아, 집, 스톰으로 나뉜다.

병. 일반 집은 선수 쪽에 위치한 삼각돛으로 강풍에서 사용된다.

정. 제노아는 일반 집 세일의 120% 이상 면적이다.

해설
스톰 집은 강풍이 불 때 사용하는 작은 집을 말하며, 제노아 집은 미풍이 불 때 사용하는 비교적 큰 집을 말한다.

79 요트 외부의 명칭에 대한 설명 중 옳지 않은 것은?

갑. 블록(Block) - 활차, 선박용 도르래

을. 로프 클러치(Rope Clutch) - 손잡이를 눌러서 내측의 로프가 자유롭게 움직이도록 하는 장치

병. 집 페어리드(Jip Fairlead) - 집 세일의 적절한 캠버를 맞추기 위해 시트의 방향을 유도하는 블록

정. 무어링 클리트(Mooring Cleat) - 계류용 밧줄걸이

해설 로프 클러치는 손잡이를 눌러서 로프가 움직이지 못하도록 제자리에 고정시키는 장치이다.

80 러닝 리깅(Running Rigging)의 구성요소로서 돛을 올리고 내리는 데 사용되는 리깅은?

갑. 핼리어드(Halyard)

을. 시트(Sheet)

병. 스피니커 폴(Spinnaker Pole)

정. 다운 홀(Down Haul)

해설 러닝 리깅(Running Rigging)의 구성요소로서 핼리어드(Halyard)는 돛을 올리고 내리는 데 사용되는 리깅으로 메인 세일을 올리고 내리는 데 사용되는 메인 핼리어드, 집 세일을 올리고 내리는 데 사용되는 집 핼리어드, 스피니커를 올리고 내리는 데 사용되는 스피니커 핼리어드로 구분된다.

81 갑판상 가장 중요한 활동 공간이며 휠(Wheel) 또는 키(Tiller)에 의해서 요트를 조종하는 공간을 부르는 명칭으로 가장 옳은 것은?

갑. 잭스테이(Jackstay)

을. 트랜섬(Transom)

병. 콕핏(Cockpit)

정. 캐빈(Cabin)

해설
• 잭스테이(Jackstay) : 단독으로 마스트를 보조하기 위해 앞 갑판에서 마스트까지 연결된 스테이
• 트랜섬(Transom) : 선체의 가장 뒤에 배치되는 횡강력재로 통상 선미부분
• 캐빈(Cabin) : 선실

79 을 80 갑 81 병 **정답**

82 요트의 좌현(Port) 및 우현(Starboard)에 설치하는 현등의 색상으로 옳은 것은?

 갑. 홍색 및 녹색

을. 녹색 및 홍색

병. 황색 및 백색

정. 백색 및 황색

> **해설** 등화의 종류(「해상교통안전법」 제86조 제2호)
> 현등은 정선수 방향에서 양쪽 현으로 각각 112.5°에 걸치는 수평의 호를 비추는 등화로서 그 불빛이 정선수 방향에서 좌현 정횡으로부터 뒤쪽 22.5°까지 비출 수 있도록 좌현에 설치된 붉은색 등과 그 불빛이 정선수 방향에서 우현 정횡으로부터 뒤쪽 22.5°까지 비출 수 있도록 우현에 설치된 녹색 등

 정. 돛의 볼록한 곡률 모양

83 요트의 의장 중 캠버(Camber)를 설명한 것으로 옳은 것은?

갑. 돛대에서 선수 쪽으로 연결된 돛대 지지용 와이어

을. 돛의 택 부분 위에 짧은 간격으로 있는 구멍

병. 돛을 끌어올리고 내리는 데 사용하는 로프

 정. 돛의 볼록한 곡률 모양

> **해설** 캠버(Camber)는 보통 선박의 갑판이 위로 볼록하게 휘어진 형태를 뜻하지만 요트에서는 돛(Sail)의 외측 면이 곡면을 이루는 단면의 형태를 말한다.

84 요트를 돛대와 돛의 수에 따라 분류한 것 중 옳지 않은 것은?

갑. 커터(Cutter)

을. 슬루프(Sloop)

 병. 더블 차인(Double Chine)

정. 스쿠너(Schooner)

> **해설** 돛의 수에 따라 캣, 슬루프, 커터, 욜, 케치, 스쿠너로 분류한다. 더블 차인(Chine)은 선체의 구조를 뜻하는 단어이다.

85 다음 횡류방지장치 중 복원력이 가장 우수한 것으로 옳은 것은?

갑. 딥 킬(Deep Keel)
을. 피벗 보드(Pivot Board)
병. 대거 보드(Dagger Board)
정. 센터 보드(Center Board)

> **해설** 킬(Keel, 용골)은 배의 밑바닥에 세로로 길게 뻗어있는 부재를 말한다. 횡류방지와 복원성을 좋게 하는 장치로 요트의 안정성을 높인다. 딥 킬은 선체가 옆으로 흐르지 못하게 킬의 일부를 물속으로 길게 튀어나오게 한 것이다.

86 요트의 선저 형태 중 제작하기 쉽고 안정성이 높기 때문에 초보자를 위한 연습정으로 널리 사용되는 형태로 옳은 것은?

갑. 라운드 보텀
을. 플랫 보텀
병. 차인 보텀
정. 아크 보텀

> **해설** 요트의 선저는 라운드 보텀, 플랫 보텀, 차인 보텀, 더블 차인 보텀, 아크 보텀 등으로 나뉜다. 라운드 보텀이 가장 일반적으로 사용되는 모양이지만 차인 보텀은 제작이 쉽고 라운드 보텀보다 안정성이 높기 때문에 초보자를 위한 연습정으로 많이 사용된다.

87 세일의 세 개 꼭지점을 부르는 명칭으로 옳은 것은?

갑. 헤드, 클루, 택
을. 러프, 헤드, 클루
병. 러프, 택, 클루
정. 헤드, 클루, 풋

> **해설**
> • 헤드(Head) : 세일의 윗부분 구석
> • 클루(Clew) : 세일의 뒷부분 구석
> • 택(Tack) : 세일의 앞부분 구석
> • 러프(Luff) : 헤드와 택 사이 세일의 전변
> • 풋(Foot) : 세일의 하변

88 돛대의 선수에 고정되는 와이어를 말하며 헤드스테이라고도 하는 것은?

갑. 포스테이(Forestay)

을. 슈라우드(Shroud)

병. 백스테이(Backstay)

정. 사이드스테이(Sidestay)

해설 포스테이는 선수로부터 돛대의 상부까지 이어지는 와이어로 돛대가 기울지 않기 위해 설치한다.

89 빈칸 안에 들어갈 알맞은 용어가 순서대로 짝지어진 것은?

> 세일의 명칭을 크게 보면 메인 세일, 집 세일, 스피니커로 구분된다. 집 세일과 메인 세일은 모두 삼각형의 형태를 가지고 있으며 바람이 들어오는 쪽 면을 (   )라고 하고, 바람이 흘러나가는 쪽을 (   )이라 한다.

갑. 시트, 캠버

을. 러프, 리치

병. 리치, 풋

정. 피크, 클루(Clew)

해설 바람이 들어오는 쪽 면을 러프(Luff)라고 하고, 바람이 흘러나가는 쪽을 리치(Leech)라 한다.

90 돛을 묶어 돛대에 걸어 올리는 밧줄의 명칭으로 옳은 것은?

갑. 핼리어드(Halyard)   을. 시트(Sheet)

병. 피크(Peak)   정. 러프(Luff)

해설
- 핼리어드 : 돛을 끌어올리기 위한 로프
- 시트 : 돛을 조절하기 위한 로프를 말하며 메인 세일을 조절하는 로프를 '메인 시트', 집 세일을 조절하는 로프를 '집 시트'라 함
- 피크 : 돛 위의 뾰족한 부분
- 러프 : 헤드와 택 사이 돛의 앞부분

91 다음 중 명칭과 방향에 대한 내용으로 옳지 않은 것은?

갑. Ahead – 배가 나아가는 선수방향

 Starboard Bow – 우현의 선미부분

병. Astern – 배의 정 후미부분

정. Port Beam – 좌현의 측면부분

> **해설** Starboard Bow는 우현 선수를 말한다.
> • Port Side : 좌현
> • Starboard Side : 우현
> • 요트의 선수는 Bow, 선미는 Stern

92 세일의 리치(Leech) 부분을 팽팽하게 하기 위하여 사용되는 자루에 넣는 판으로 가장 옳은 것은?

 배튼(Batten)

을. 커닝햄(Cunningham)

병. 스탠천(Stanchion)

정. 붐 뱅(Boom Vang)

> **해설**
> • 커닝햄(Cunningham) : 세일 깊이를 전방으로 이동하는 장치
> • 스탠천(Stanchion) : 지지대·받침대를 뜻하는 말로 추락할 위험이 있는 장소에 설치하는 손잡이용 지주
> • 붐 뱅(Boom Vang) : 붐의 지지 위치를 조절하기 위하여 설치된 장치로 붐이 위로 올라가는 것을 막음

93 요트가 범주하기 위한 준비로 속구, 의장 등을 설치하는 것으로 옳은 것은?

 범 장   을. 범 준

병. 범 비   정. 해 장

> **해설** 범장의 사전적 의미는 '돛을 달기 위해 세워진 기둥'이지만 요트에서 사용하는 범장은 배를 띄우기 위해 준비하는 단계를 의미한다.

94 메인 세일을 좌우로 움직일 때 위치 조절이 용이하도록 해주는 장치로 옳은 것은?

갑. 아웃홀(Outhaul)　　　　　　　을. 캠클리트(Cam Cleat)

병. 붐 뱅(Boom Vang)　　　　　　정. 트레블러(Traveller)

> 트레블러는 로프 등을 따라서 움직이는 바퀴를 뜻한다. 메인 시트(Main Sheet) 말단의 활차를 배의 중심선에 수직으로 이동하는 로프 또는 파이프(Pipe)를 시트 트래블러(Sheet Traveller)라고 한다.

95 선체가 하나로 된 보편적인 선형이며 선회성능이 좋고 부력이 큰 특성을 갖는 것으로 옳은 것은?

갑. 캐터마란(Catamaran)　　　　　을. 트라이마란(Trimaran)

병. 모노헐(Monohull)　　　　　　정. 플랫 보텀(Plat Bottom)

>
> • 캐터마란(쌍동정) : 가늘고 긴 선체 2개 사이에 횡목을 두어 평행하게 이은 요트로 속도가 빠른 것이 특징
> • 트라이마란(삼동정) : 캐터마란과 동일한 방식으로 선체를 3개 연결한 요트
> • 플랫 보텀 : 밑이 평평한 요트

96 선체가 세 개로 된 형태의 요트를 부르는 명칭으로 옳은 것은?

갑. 캐터마란(Catamaran)

을. 트라이마란(Trimaran)

병. 모노헐(Monohull)

정. 플랫 보텀(Plat Bottom)

> 95번 해설 참고

97 미풍용으로 사용되는 큰 집 세일로 옳은 것은?

갑. 스톰 집(Storm Jib)　　　　　　을. 제노아(Genoa)

병. 레이팅(Rating)　　　　　　　정. 리깅(Rigging)

> 집 세일은 크기에 따라 스톰 집, 정규 집, 제노아 집으로 구분한다. 스톰 집은 강풍이 불 때 사용하는 작은 집을 말하며, 제노아 집은 미풍이 불 때 사용하는 비교적 큰 집을 말한다.

98 요트를 돛대와 돛의 수에 따라 분류하였을 때 돛대가 한 개인 것으로 옳은 것은?

갑. 욜(Yawl) 요트

을. 캣(Cat) 요트

병. 케치(Ketch) 요트

정. 스쿠너(Schooner) 요트

- 욜 요트 : 2개의 세로 돛대가 장착된 보트
- 케치 요트 : 2개의 돛대가 장착된 종범선
- 스쿠너 요트 : 2~4개의 돛대가 장착된 범선

99 세일링 요트의 항해장치에 속하지 않는 것은?

갑. 나침의

을. 경사계

병. 스토퍼

정. GPS

스토퍼는 시트를 고정하는 장치로 사용되며, 항해장치가 아닌 세일조절장치에 속한다.

100 세일크루즈요트의 밸러스트 킬(Ballast Keel)의 종류로 옳지 않은 것은?

갑. 센터 보드(Center Board)

을. 핀 킬(Fin Keel)

병. 롱 킬(Long Keel)

정. 벌브 킬(Bulb Keel)

밸러스트 킬은 요트의 중심을 낮추기 위해 중량물을 장착한 킬을 뜻한다. 센터 보드는 용골 아래에서 요트
가 바람에 의해 옆으로 가는 것을 방지해 주는 판을 뜻한다.

101 요트가 밀리는 것을 막아주고 요트가 전복되었을 때 다시 복원하여 세울 수 있게 유용하게 쓰이는 의장품으로 옳은 것은?

갑. 대거보드(Dagger Board)

을. 틸러(Tiller)

병. 헐(Hull)

정. 러더(Rudder)

> **해설** 대거보드는 센터 보드 중 판 형태로 된 보드를 수직으로 넣었다 뺐다 할 수 있는 차입식 센터 보드를 뜻한다.

102 요트의 방향을 전환하는 데 사용되는 것으로 옳은 것은?

갑. 가이(Guy)

을. 블록(Block)

병. 슈라우드(Shroud)

정. 키(Rudder)

> **해설**
> • 가이 : 당기는 밧줄
> • 블록 : 도르래
> • 슈라우드 : 마스트를 지지하기 위한 와이어

103 요트의 범장품 중 배튼(Batten)이 하는 역할로 옳은 것은?

갑. 돛을 평평하게 펴 준다.

을. 범주 중 풍속을 알려 준다.

병. 횡류를 방지해 준다.

정. 돛의 기울기를 조정해 준다.

> **해설** 배튼은 세일의 리치(Leech) 부분을 팽팽하게 펴기 위해 사용되는, 자루에 넣는 판을 말한다. 이 자루의 이름은 배튼 포켓(Batten Pocket)이다.

104 마스트에 돛을 끼워 올리는 가느다란 홈을 말하는 용어는?

갑. 구스넥(Gooseneck)　　　　　　　을. 아웃홀(Out Haul)

병. 리프로프(Reef Rope)　　　　　　정. 그루브(Groove)

 해설
- 구스넥 : 붐과 마스트를 잇는 장식
- 아웃홀 : 돛의 클루와 활대를 묶는 줄
- 리프로프 : 리핑(강풍이 불 때 돛을 작게 하는 것)을 방지하기 위한 로프

105 요트 명칭에 대한 내용 중 옳지 않은 것은?

갑. 러프(Ruff) – 세일의 세로변

을. 리치(Leech) – 세일의 빗변

병. 클루(Clew) – 세일의 러프와 리치가 만나는 맨 위 꼭짓점

정. 택(Tack) – 세일의 풋과 러프가 직각으로 만나는 꼭짓점

해설 요트의 부위별 명칭

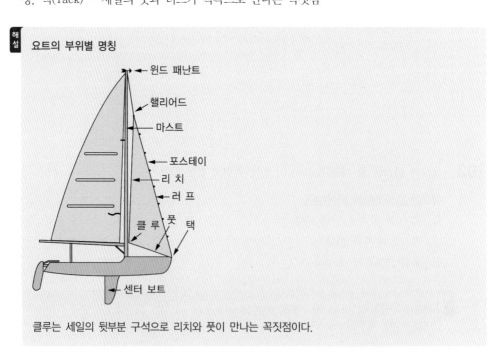

클루는 세일의 뒷부분 구석으로 리치와 풋이 만나는 꼭짓점이다.

106 한 개의 마스트에 메인 세일(Main Sail)과 집 세일(Jib Sail)을 각각 한 장씩 의장한 요트를 나타내는 말로 옳은 것은?

갑. 슬루프(Sloop)   을. 커터(Cutter)

병. 욜(Yawl)   정. 케치(Ketch)

- 슬루프 : 캣과 함께 가장 보편화된 요트로, 마스트(돛대) 하나에 두 활의 돛을 의장한 것
- 커터 : 한 개의 마스트 앞뒤에 종범(세로돛)을 단 요트
- 욜 : 보통 두 개의 마스트가 있는 요트
- 케치 : 마스트가 2개 있어서 욜과 비슷하나, 메인 마스트가 선미 쪽에 치우쳐 있는 것이 욜과 다름

107 마그네틱 컴퍼스의 오차에 포함되는 것으로 옳지 않은 것은?

갑. 편 차   을. 자 차

병. 컴퍼스 오차   정. 진 차

진자오선과 선박의 마그네틱 컴퍼스의 남북선이 이루는 교각을 컴퍼스 오차라고 하는데, 이는 자차와 편차를 합쳐서 나타낸다.
- 편차(V ; Variation) : 어느 지점을 지나는 진자오선과 자기자오선과의 교각
- 자차(D ; Deviation) : 선내의 마그네틱 컴퍼스가 가리키는 북(나북)과 자기자오선과의 교각
- 컴퍼스 오차(C. E. ; Compass Error) : 진자오선과 선내 마그네틱 컴퍼스가 가리키는 북이 이루는 교각

108 빈칸 안에 들어갈 말을 순서대로 짝지은 것으로 옳은 것은?

> 세일의 주위에 공기가 흐를 때 돛을 경계로 하여 풍상측의 공기 속도는 (①), 풍하측의 공기 속도는 (②). 그러므로 (③)에 의하여 풍하측으로 흡인력이 발생하게 되는데 이를 (④)이라고 한다.

	①	②	③	④
갑.	빠르고	느려진다	베르누이의 정리	전진력
을.	느리고	빨라진다	베르누이의 정리	총합력
병.	빠르고	느려진다	보일의 법칙	횡류력
정.	느리고	빨라진다	보일의 법칙	총합력

• 베르누이의 정리 : 점성이 없는 유체가 빠르게 흐르면 압력이 하강하고, 느리게 흐르면 압력이 상승한다는
법칙
• 보일의 법칙 : 기체의 온도가 일정하면 기체의 압력과 부피는 반비례한다는 법칙
• 전진력 : 요트가 앞으로 나아가는 추진력
• 횡류력 : 요트가 옆으로 밀리는 힘

109 선박 조난신호 중 가장 멀리서 볼 수 있는 신호로 옳은 것은?

갑. 로켓 낙하산 화염신호
을. 신호 홍염
병. 신호 거울
정. 호 각

 로켓 낙하산 화염신호는 공중에 발사되면 낙하산이 퍼져 천천히 떨어지면서 불꽃을 낸다. 로켓은 수직으로
쏘아 올릴 때 고도 300m 이상 올라가야 하고, 화염 신호는 초당 5m 이하의 속도로 낙하해야 하며, 연소
시간은 40초 이상이어야 한다.

110 선저에 두 개로 나누어서 흘수를 낮추고 상가 시 선체를 안전하게 놓을 수 있는 형의 킬로 옳은
것은?

갑. 터틀 백(Turtle Bag)
을. 턴버클(Turnbuckle)
병. 롱 킬(Long Keel)
정. 트윈 킬(Twin Keel)

 • 킬(Keel) : 용골을 뜻하는 말로 배의 밑바닥에 세로로 길게 뻗어 있는 부재. 횡류방지와 복원성을 좋게
하는 장치로 요트의 안정성을 높임
• 트윈 킬 : 용골이 가운데 달리지 않고 양옆에 달린 선박으로 복원력이 좋음

111 한 개의 돛대에 한 장의 돛을 의장한 요트로 딩기정일 경우 1인승 요트로서 초보자에게 적합한 것으로 옳은 것은?

갑. 욜(Yawl) 요트   을. 커터(Cutter) 요트

병. 캣(Cat) 요트   정. 케치(Ketch) 요트

- 욜 요트 : 보통 두 개의 마스트가 있는 요트
- 커터 요트 : 한 개의 마스트 앞뒤에 종범(세로돛)을 단 요트
- 캣 요트 : 돛대가 하나인 소형 요트
- 케치 요트 : 마스트가 2개 있어서 욜과 비슷하나, 메인 마스트가 선미 쪽에 치우쳐 있는 것이 욜과 다름

112 세일을 유지하기 위한 장치인 붐(Boom)과 관계없는 것은?

갑. 구스넥   **을. 배튼**

병. 아웃홀   정. 붐 뱅

배튼(Batten)은 세일의 리치(Leech) 부분을 팽팽하게 펴기 위해 사용되는, 자루에 넣는 판으로 붐과는 관련이 없다.
- 붐(Boom) : 돛대에 부착되어 돛의 아랫부분을 지탱하는 가로 막대
- 구스넥(Goose Neck) : 붐과 마스트를 잇는 장식
- 아웃홀(Out Haul) : 붐 끝부분과 돛을 연결하기 위한 로프를 끼우는 구멍
- 붐 뱅 : 붐의 끝부분이 올라가는 것을 방지하기 위한 장치

113 요트 범장 가운데 '스탠딩 리깅'으로 옳지 않은 것은?

갑. 포스테이

을. 스프레더

병. 슈라우드

정. 시 트

시트(Sheet)는 '러닝 리깅'의 한 종류이다.
- 포스테이(Forestay) : 돛대와 선수를 연결하는 로프
- 스프레더(Spreader) : 슈라우드(Shroud)를 지탱하기 위한 지주
- 슈라우드(Shroud) : 마스트를 지지하기 위한 와이어

114 다음 용어의 설명으로 가장 옳지 않은 것은?

갑. 샤클 – 체인끼리 연결하거나 밧줄을 매는 데 쓰는 기구

을. 리드블럭 – 돛을 당기는 도르래

병. 클리트 – 와이어 로프의 길이를 조절하기 위한 기구

정. 펄링 드럼 – 집 세일을 펴고 감아들이기 쉽게 한 롤러장치

> 해설 클리트는 시트나 핼리어드를 묶어 두는 금속으로 만든 갈고리를 뜻한다.

115 범주 시 러닝(Running)에만 사용되는 가벼운 천으로 된 큰 삼각형 모양 세일 명칭으로 옳은 것은?

갑. 스피니커(Spinnaker)

을. 메인 세일(Main Sail)

병. 제노아 세일(Genoa Sail)

정. 집 세일(Jib Sail)

> 해설
> • 스피니커 : 러닝 시 집 세일의 전방에 설치하는 돛
> • 메인 세일 : 메인 시트에 부착하는 가장 큰 돛
> • 제노아 세일 : 미풍이 불 때 사용하는 비교적 큰 돛
> • 집 세일 : 마스트 전방에 설치하는 삼각형의 돛. 크기에 따라 스톰 집, 정규 집, 제노아 집으로 구분됨

116 요트 항해 용어 중 옳지 않은 것은?

갑. 러닝(Running) – 뒤에서 바람을 받아 달리는 상태

을. 러핑(Luffing) – 보다 풍상으로 코스를 바꾸는 것

병. 빔 리치(Beam Reach) – 바람 방향과 180° 각도로 범주하는 상태

정. 시버(Shiver) – 돛이 바람에 나부끼는 상태

> 해설 빔 리치(Beam Reach)는 바람 방향과 90° 각도로 범주하는 상태를 말한다.

117 세일 앞뒤에 부착되어 바람에 날려 바람의 흐름을 판단하며 세일의 트림상태를 알 수 있는 것으로 옳은 것은?

갑. 텔테일(Telltale)

을. 블록(Block)

병. 클리트(Cleat)

정. 스프레더(Spreader)

 • 블록 : 활차, 선박용 도르래
• 클리트 : 시트나 핼리어드를 묶어두는 금속으로 만든 갈고리. 앵커 로프나 선체를 계류하는 무어링 (Mooring) 클리트와 집 시트를 당기고 늦추는데 사용되는 캠(Cam) 클리트 등이 있음
• 스프레더 : 슈라우드(Shroud)를 지탱하기 위한 지주

118 그로밋(Grommet)의 용도로 옳은 것은?

갑. 집 세일의 핼리어드를 묶는 홀(Hole)

을. 집 세일의 위쪽을 고정하는 홀(Hole)

병. 메인 세일의 위쪽을 고정하는 홀(Hole)

정. 메인 세일의 돛 줄임용 홀(Hole)

 그로밋은 메인 세일에 로프가 직접적으로 닿는 것을 방지하기 위한 금속 혹은 고무로 된 부품으로 돛 줄임용 홀에 부착하여 사용한다.

119 바람이 강할 때 상체를 뱃전으로 내밀어 요트의 균형을 취하는 동작으로 옳은 것은?

갑. 히브 투(Heave to)

을. 자이빙(Gybing)

병. 클로스 홀드(Close Hauled)

정. 하이킹 아웃(Hiking Out)

 • 히브 투 : 황천으로 항해가 곤란할 때 바람을 선수 좌 · 우현 25~35°로 받으며 타효가 있는 최소한의 속력으로 전진하는 것
• 자이빙 : 범주 중 뱃머리를 풍하로 향하도록 하는 것
• 클로스 홀드 : 요트가 진행할 수 없는 No-sail Zone의 한계 직전까지 바람을 45° 정도로 받으며 범주하는 것
• 하이킹 아웃 : 선체의 경사를 줄이기 위해 경사 반대 뱃전에서 균형을 잡는 것

제2과목

120 의식 없는 환자가 호흡을 하고 있는지 확인하는 방법으로 가장 옳은 것은?

갑. 손이 움직이는지 확인한다.

을. 가슴의 움직임을 보고 판단한다.

병. 호흡을 할 때까지 기다린다.

정. 환자를 흔들어서 확인한다.

> **해설** 환자의 호흡을 확인할 때에는 쓰러진 환자의 얼굴과 가슴을 10초 이내로 관찰하여 호흡이 있는지를 확인한다. 환자의 호흡이 없거나 비정상적이라면 심정지가 발생한 것으로 판단한다. 일반인은 비정상적인 호흡상태를 정확히 평가하기 어렵기 때문에 응급 의료 전화상담원의 도움을 받는 것이 바람직하다.

121 쇼크가 영향을 주는 신체계통으로 옳은 것은?

갑. 순환 및 호흡계통

을. 호흡 및 신경계통

병. 순환 및 신경계통

정. 모든 신체계통

> **해설** 쇼크는 특정 부분이 아닌 모든 신체계통에 영향을 준다.

122 생존수영의 필수 3요소로 가장 옳지 않은 것은?

갑. 당황하지 않기

을. 체력 소모 줄이기

병. 호흡을 규칙적으로 유지하기

정. 옷과 신발을 벗기

> **해설** 체온 유지와 부력 확보를 위해 옷과 신발은 계속 착용하고 있다.

123 응급상황과 처치에 대한 설명으로 옳은 것은?

갑. 응급처치는 생존과 사망에 영향을 미치지는 않는다.

을. 응급상황 시 단 몇 분 안에 생명을 구할 수 있는 도움을 줄 수도 있다.

병. 내가 먼저 처치를 빨리 해 주고 119에 신속히 신고한다.

정. 응급상황 시 나 말고도 도와줄 사람이 있을 것이므로 구경해도 좋다.

> **해설** 응급상황에 대처하는 처치자의 신속·정확한 행동 여부에 따라서 부상자의 삶과 죽음이 좌우되기도 한다.

124 물에 빠진 사람을 구조하였을 때 살아날 가능성을 확인하기 위한 것으로 옳지 않은 것은?

갑. 체온 상태

을. 항문의 수축

병. 복부 팽창 정도

정. 동공의 확장 상태

> **해설** 체온 상태, 항문의 수축, 동공의 확장 상태를 점검하여 익수자가 의식이 있는지 없는지 확인할 수 있다. 의식이 없을 경우 즉시 심폐소생술을 실시해야 한다. 익수자가 물을 많이 섭취하였을 경우 복부가 팽창할 수 있지만 살아날 가능성과는 연관성이 낮다.

125 생존수영 시 옳은 행동은?

갑. 물에서 최대한 동작을 많이 해서 체온을 유지한다.

을. 옷과 신발을 벗어 몸을 가볍게 한다.

병. 구조자가 올 때까지 누워뜨기로 기다린다.

정. 물에서 몸을 수직으로 세워서 기다린다.

> **해설** 규칙적으로 호흡할 수 있는 누워뜨기 자세를 유지하며 구조자를 기다린다.

126 쇼크 환자의 응급처치법 중 옳지 않은 것은?

갑. 몸을 따뜻하게 한다.

을. 구토증세가 있으면 머리를 바로 누인다.

병. 머리를 낮추고 다리를 높게 유지한다.

정. 흉부와 머리 손상 환자는 수평으로 편안한 자세를 취하게 한다.

> **해설** 구토 시 입속 이물질이 기도를 막지 않도록 머리를 옆으로 돌려 주어야 한다.

127 구조호흡 및 심폐소생술을 멈출 수 있는 시기로 옳지 않은 것은?

갑. 환자가 죽었다고 생각하거나 느꼈을 때

을. 구급차가 도착하여 환자를 인계할 수 있을 때

병. 환자의 의식과 호흡이 돌아왔을 때

정. 구조자가 너무 지쳐 할 수 없을 때

> **해설** 구조자는 구급대가 현장에 도착하거나 환자가 회복되어 깨어날 때까지 심폐소생술을 계속해야 한다. 구조자가 너무 지쳐 심폐소생술을 할 수 없을 경우 다른 사람과 교대하여야 하고 사망판단은 전문의만 할 수 있다.

128 생존수영 이동하기 시 가장 올바른 동작은?

갑. 얼굴을 수면으로 하여 손을 힘차게 저어 이동한다.

을. 얼굴을 수면으로 하여 발을 힘차게 차며 이동한다.

병. 얼굴을 하늘로 하여 손을 힘차게 저어 이동한다.

정. 얼굴을 하늘로 하여 손과 발을 저으며 이동한다.

> **해설** 호흡을 유지하기 위해 얼굴을 하늘로 하고 손과 발을 저으며 이동한다.

129 익수자 발견 시 행동요령 순서로 옳은 것은?

> ㉠ 119에 신속히 신고한다.
> ㉡ 로프나 긴 막대기, 튜브 등을 던져서 잡고 나오도록 한다.
> ㉢ 익수자를 발견했을 때에는 큰 소리로 주위 사람에게 알린다.
> ㉣ 심폐소생술 등 응급처치를 바로 실시한다.

갑. ㉢ → ㉠ → ㉡ → ㉣   을. ㉢ → ㉡ → ㉠ → ㉣
병. ㉠ → ㉢ → ㉡ → ㉣   정. ㉠ → ㉢ → ㉣ → ㉡

해설 익수자 발견 시 먼저 큰 소리로 외쳐 주변 사람들에게 알리고 119나 수상 구조대에 신고하여야 한다. 익수자가 가까이 있을 경우 튜브·페트병·나뭇가지·로프 등을 던져 익수자가 잡을 수 있도록 하며, 익수자가 멀리 있을 경우 몸에 로프를 묶은 후 익수자 근처로 가서 구조 도구를 던져 준다. 익수자를 직접 구조하는 것은 매우 위험하니 가급적 삼가야 하며, 만약 직접 구조하게 되는 경우라도 익수자의 등 뒤에서 접근해야 한다. 익수자를 지상으로 옮긴 후에는 구급대원이 도착하기 전까지 심폐소생술 등 응급처치를 실시한다.

제2과목

130 피부가 하얗고 손상부위를 눌러도 통증을 느끼지 못하는 정도의 화상으로 옳은 것은?

갑. 1도 화상   을. 2도 화상
병. 3도 화상   정. 답 없음

해설
- 1도 화상 : 피부 표피층이 손상되어 벌겋게 되고 통증을 느끼지만 상흔이 남지 않음
- 2도 화상 : 진피까지 손상되어 물집이 생기고 통증이 심함
- 3도 화상 : 피부 깊은 곳까지 화상을 입어 피부가 검은색이나 흰색으로 변색된 상태. 피하조직이나 근육 조직이 손상되어 회복이 쉽지 않음

131 성인 심정지 환자에게서 흔히 발견되는 부정맥인 심실세동의 처치법으로 가장 효과적인 것은?

갑. 산소투여   을. 인공호흡
병. 제세동   정. 가슴압박

해설 심실세동 또는 무맥성 심실빈맥은 제세동으로 치료될 수 있으므로 쇼크 필요리듬이라고 한다. 심실세동이나 무맥성 심실빈맥에서 가장 중요한 처치는 목격자가 즉시 심폐소생술을 시작하고 신속히 제세동하는 것이다.

132 통상적으로 호흡이 정지된 후 뇌가 영구적인 손상을 입는 데 걸리는 시간으로 옳은 것은?

갑. 약 5분

을. 약 30분

병. 약 60분

정. 약 120분

> **해설** 호흡정지 후 4~6분이 지나면 뇌손상, 6~10분이 지나면 뇌사상태에 이른다.

133 현장에서의 저체온증 처치방법으로 옳은 것은?

갑. 출혈을 막는다.

을. 사지를 마사지 한다.

병. 뜨거운 음료를 계속 준다.

정. 생체징후를 안정시키고 더 이상의 열손실이 없도록 한다.

> **해설** 현장에서 저체온증이 발생하면 생체징후(맥박, 호흡, 혈압, 체온 등) 안정, 열손실 방지 등에 주력한다.
> 이 때 신체를 말단부위부터 가온하면 오히려 중심체온이 더 저하되는 부작용을 초래할 수 있으므로 복부,
> 흉부 등의 중심부를 가온하도록 한다.

134 야간 또는 황천 항해 때 안전을 확보하기 위하여 고정물에 몸을 묶는 장비로 옳은 것은?

갑. 하네스(Harness) 을. 하이크아웃(Hike Out)

병. 히빙라인(Heaving Line) 정. 행크스(Hanks)

> **해설**
> • 하네스 : 요트에서 떨어지지 않기 위해 착용하는 갈고리가 달린 반바지 같은 것
> • 하이크아웃 : 바람이 강할 때 요트의 기울어짐을 적게 하기 위해 상체를 밖으로 젖혀 요트의 균형을
> 맞추는 동작
> • 히빙라인 : 굵은 밧줄을 던지기 전 미리 던지는 가는 밧줄. 던짐줄이라고도 함
> • 행크스 : 스테이(Stay)와 집(Jib)을 연결하는 샤클(Shackle)

135 인명구조에 있어 구조활동 우선순위로 옳지 않은 것은?

갑. 구조자의 안전을 확보한다.

을. 구조자의 안전이 확보된 상태에서 간접구조한다.

병. 장비(Rescue Tube 등)를 활용한 장비구조한다.

정. 최우선의 수단으로 맨몸구조한다.

> **해설** 인명구조는 구조자의 안전을 확보하고 최후의 수단으로 맨몸구조를 선택할 수 있다.

136 출혈이 발생한 환자의 지혈 방법 중 가장 효과적이며 우선적으로 사용할 수 있는 방법으로 옳은 것은?

갑. 출혈부위 직접압박

을. 지혈대를 이용한 방법

병. 출혈부위 부목고정

정. 출혈부위 가까운 쪽 동맥 압박

> **해설** 출혈이 발생하면 초기에는 출혈부위를 직접 눌러 압박을 가하고 직접압박으로 어느 정도 출혈이 감소하거나 지혈이 되면 상처 부위에 소독거즈를 덮어 압박하여 오염을 방지한다.

137 물에 빠진 사람을 구하는 방법으로 옳은 것은?

갑. 뻗어돕기 – 다른 방법이 없는 경우 직접 수영을 하고 가서 팔을 뻗어 사람을 구조하는 방법이다.

을. 수영구조 – 가장 안전한 방법으로 물에 들어가지 않고 줄을 던져서 구조하는 방법이다.

병. 인간사슬 – 첫 번째 사람은 안전한 곳에 자신을 확실히 고정하고 서로 손목의 위를 잡아 사슬이 끊어지지 않도록 한다.

정. 선박구조 – 물에 들어가지 않고 긴 것을 뻗어서 사람을 구하는 방법이다.

> **해설**
> • 뻗어돕기 : 익수자 근처로 가서 부력이 있는 물체를 던져 구조하는 방법
> • 수영구조 : 익수자 등 뒤로 접근하여 직접 물에서 끌고 나오는 방법
> • 선박구조 : 선박을 이용하여 익수자 풍상에서 접근하여 구조하는 방법

138 응급처치를 하는 동안 전염의 가능성을 감소시킬 수 있는 방법으로 옳지 않은 것은?

갑. 가능하면 신체의 분비액과 접촉하지 않는다.

을. 부상자의 신체 분비액과 구조자 사이에 깨끗하고 젖은 붕대나 신체 보호대를 사용한다.

병. 피로 더럽혀진 물건을 만지지 않는다.

정. 부상자를 처치한 후 즉시 비누나 물로 손을 씻어낸다.

> **해설** 젖은 붕대가 아닌 깨끗하고 마른 붕대를 사용해야 한다.

139 물에 빠져 허우적거리는 익수자를 발견하였을 경우 최후의 수단으로 사용하는 구조법으로 옳은 것은?

갑. 신속히 직접 입수하여 구조한다.

을. 신속히 물 밖에서 구조한다.

병. 신속히 장대, 로프 등을 활용해 구조한다.

정. 신속히 레스큐 튜브, 캔 등을 이용 구조한다.

> **해설** 익수자를 직접 구조하는 것은 매우 위험하니 가급적 삼가야 하며, 만약 직접 구조하게 되는 경우라도 익수자의 등 뒤에서 접근해야 한다.

140 다음 중 익수자 구조 방법으로 옳지 않은 것은?

갑. 익수자 발생 시 조타하는 사람이 볼 수 있도록 손으로 가리키며 크게 외친다.

을. 구명환 등을 던져주고 구조선 위치를 표시하기 위한 발연, 발광부이를 던진다.

병. 범주하여 익수자에게 접근 시 익수자를 풍하 쪽 현에 두고 접근한다.

정. 익수자를 건져 올릴 때 말굽형 라이프 부이를 던져 걸어 올린다.

> **해설** 발연, 발광부이는 익수자의 위치를 표시하기 위해 던지는 것이다.
> ※ 시행처 문제에 오류가 있어 일부 수정하였다.

141 구명뗏목 작동 및 취급 시에 대한 설명 중 옳은 것은?

갑. 자동이탈장치에는 무조건 페인트 도색을 하면 안 된다.

을. 기상 악화에 대비하여 별도의 고박장치를 단단히 매어 두는 것이 좋다.

병. 구명뗏목 팽창법 중 수동보다는 자동 이탈 때까지 기다린 후 탑승하는 것이 안전하다.

정. 구명뗏목 정비 및 운반을 위한 취급 시 작동줄을 잡아당겨서 이동시키는 것이 편리하다.

> **해설**
> • 을 : 별도의 고박을 하였을 경우 비상사태 발생 시 제대로 작동하지 않을 수 있다.
> • 병 : 자동 이탈은 선박이 침몰했을 때의 조건이므로 급할 경우 수동 이탈해도 상관없다.
> • 정 : 작동줄을 잡아당길 경우 뗏목이 팽창되어 운반하기 힘들어진다.

142 구명부환에 줄로 연결하여 야간조난자의 위치를 밝힐 수 있는 것은?

갑. 구명볼

을. 자기점화등

병. 낙하산부신호

정. 발연부신호

> **해설**
> 구명볼, 낙하산부신호, 발연부신호 모두 조난자의 위치를 알려 줄 수 있지만 위치를 밝히는 기능은 없다.

143 인명구조 현장에 잠재된 위험 요인 파악에 대한 설명으로 가장 옳지 않은 것은?

갑. 구조현장 안전 통제 여부를 파악한다.

을. 구조현장 위험 요소(암초 또는 해초)를 파악한다.

병. 구조자에게 가해지는 환경적 요인(조류, 수온, 바람, 수심 등)을 파악한다.

정. 2차 재해 요인 및 추가적인 위험요소 파악보다는 구조활동에 집중한다.

> **해설**
> 인명구조 현장에서 구조자의 안전 확보와 2차 재해 및 추가 위험요소를 반드시 파악해야 한다.

144 저체온증 처치법으로 옳지 않은 것은?

갑. 필요시 119에 도움을 요청한다.

을. 신속히 부상자 상태를 파악하여 치명적인 상태(호흡정지, 심장마비)가 동반되었는지 확인한다.

병. 젖은 의복을 입힌 채로 담요를 덮어 준다.

정. 따뜻한 장소로 옮겨, 온찜질 등 몸을 따뜻하게 할 수 있는 방법을 사용한다.

> **해설** 체온보호를 위하여 젖은 옷은 벗기고 마른 담요로 감싸 준다.

145 요트에 비치된 소화기 점검 중 내부 압력상태가 표시된 게이지의 바늘이 녹색 영역에 있어야만 정상 작동될 수 있는 소화기로 옳은 것은?

갑. 분말 소화기

을. 이산화탄소 소화기

병. 할론 소화기

정. 포말 소화기

> **해설** 분말 소화기는 압력게이지 바늘이 녹색 영역에 있거나 중앙에서 오른쪽으로 치우쳐 있어야 정상 작동된다. 게이지 바늘이 녹색을 벗어나 왼쪽으로 치우쳐 있으면 가스충압이 불량하다는 뜻이다.

146 화재 발생 시 유의할 사항으로 옳은 것은?

갑. 화재 발생원이 풍상측에 있도록 요트를 돌리고 엔진을 정지한다.

을. 엔진룸 화재와 같은 B급 유류 화재에는 모든 종류의 소화기 사용이 가능하다.

병. 화재 예방을 위해 기름이나 페인트가 묻은 걸레는 공기가 잘 통하지 않는 곳에 보관한다.

정. C급 화재인 전기 화재에 물이나 분말소화기는 부적합하여 포말소화기나 이산화탄소(CO_2) 소화기를 사용한다.

> **해설**
> • 갑 : 화재 발생원을 풍하측에 두어야 함
> • 병 : 유류에 오염된 걸레는 공기 순환이 잘되는 곳에 보관
> • 정 : C급 전기화재에는 분말 또는 이산화탄소 소화기를 사용
>
> **화재 종류에 따른 효과적인 소화기**
> • A급(일반 가연물 화재) : 포말 소화기, 분말 소화기
> • B급(유류 및 가스 화재) : 포말 소화기, 분말 소화기, 이산화탄소 소화기
> • C급(전기 화재) : 분말 소화기, 이산화탄소 소화기
> • D급(금속 화재) : 금속화재 전용 소화기(건식 화학약품)

147 고통받는 사람을 기꺼이 도와주기 위하여 도덕적 의무를 이행하다가 예기치 않은 피해가 발생하더라도 고의나 중대한 과실이 없을 경우에는 민·형사상 책임을 면제하는 법으로 옳은 것은?

갑. 선한 사마리아인법

을. 형사소송법

병. 행정절차법

정. 인명구조법

> **해설** 선한 사마리아인법은 타인이 위험에 처한 것을 인지했을 때 본인이 크게 위험하지 않음에도 구조하지 않고 외면한 사람을 처벌하는 법률이다. 우리나라는 「응급의료에 관한 법률」 제5조의2(선의의 응급의료에 대한 면책)를 통해 선한 사마리아인 법을 간접적으로 도입하였다.
>
> 선의의 응급의료에 대한 면책(「응급의료에 관한 법률」 제5조의2)
> 생명이 위급한 응급환자에게 응급의료 또는 응급처치를 제공하여 발생한 재산상 손해와 사상에 대하여 고의 또는 중대한 과실이 없는 경우 그 행위자는 민사책임과 상해에 대한 형사책임을 지지 아니하며 사망에 대한 형사책임은 감면한다.

148 심폐소생술에 대한 설명으로 옳지 않은 것은?

갑. 분당 100~120회의 속도로 가슴압박을 한다.

을. 가슴압박과 인공호흡의 비율은 30 : 2로 한다.

병. 소아에게는 자동제세동기를 절대 사용해서는 안 된다.

정. 제세동기는 도착 즉시 사용한다.

> **해설** 성인과 소아 모두에게 자동제세동기를 사용할 수 있다.

149 저체온증 증상에 대한 설명 중 옳지 않은 것은?

갑. 저체온증 부상자는 체온이 35℃ 이하로 떨어진다.

을. 맥박이 불규칙하고 느리다.

병. 무감각해지고 정신이 희미해진다.

정. 혈관이 확장된다.

> **해설** 저체온증은 심부체온이 35℃ 이하로 떨어진 상태를 의미한다. 저체온증의 증상으로는 혈관이 수축하여 혈액순환이 느려지고 호흡과 심작박동이 느려지는 것 등이 있다. 또한 중심을 잡지 못하고 쓰러지거나 외부 자극에 반응하지 못하기도 한다.

150 수상사고 시 행동 요령으로 가장 옳지 않은 것은?

갑. 성과를 위해 본인이 구조한다.

을. 수상사고 현장을 파악한다.

병. 효율적인 수상구조 방법을 선택한다.

정. 응급처치를 실시한다.

> **해설** 구조자는 사고 현장 목격 시 다른 구조자와 119에 신속하게 알린다.

151 부목을 대는 방법으로 옳지 않은 것은?

갑. 골절부 상위 관절과 하위 관절을 고정해야 한다.

을. 혈액순환에 장애를 일으키지 않도록 한다.

병. 부목에는 패드를 대어 사지에 상처를 내지 않도록 한다.

정. 부목은 반드시 나무로 만들어진 것만 사용한다.

> **해설** 부목은 나무재질 외에도 금속망, 금속판 등 여러 종류가 있다.

152 인명구조 안전사고 예방을 위한 행동 요령으로 가장 옳지 않은 것은?

갑. 구조자 자신을 위한 신체 보호 장구 착용 없이 신속히 요구조자에게 접근한다.

을. 현장 활동에 방해되는 각종 장애요인을 제거한다.

병. 요구조자의 구명에 필요한 조치를 한다.

정. 요구조자의 상태 악화 방지에 필요한 조치를 한다.

> **해설** 인명구조 시 구조자의 안전확보를 최우선으로 한다.

153 인명구조 현장 유의 사항으로 가장 옳지 않은 것은?

갑. 정보 파악 정확히 한다.

을. 의심이 가면 한 번 더 추가 확인한다.

병. 자신의 추측에 의한 정보를 공유해 안전을 확보한다.

정. 구조자의 안전을 최우선시한다.

 구조자의 추측에 의한 정보 공유는 삼가고 의심이 가면 한 번 더 확인하여 정확한 정보를 공유한다.

154 일시적인 화끈거림과 부분적으로 쑤시는 듯한 통증을 나타내는 정도의 동상으로 옳은 것은?

갑. 1도 동상

을. 2도 동상

병. 3도 동상

정. 4도 동상

- 1도 동상(홍반성 동상) : 피부 표층의 혈관이 일시적으로 수축하여 창백해졌다가 곧 마비되며 붉은빛을 띰. 약간의 저림 증상이나 화끈거림이 생김
- 2도 동상(수포성 동상) : 피부가 파랗게 변하고 수포가 발생. 환부는 저리고 쑤시듯이 아프며 수포가 터질 경우 감염이 진행
- 3도 동상(괴사성 동상) : 혈류가 정지되어 피부가 하얗게 변하고 환부의 감각이 사라짐. 시간이 지남에 따라 피부가 괴사하여 흑색이 되고 심할 경우 근육과 뼈까지 파괴
- 4도 동상 : 피부전층, 피하층, 근육, 인대, 뼈가 모두 동결되어 거무스름하게 변색됨

155 디젤기관(압축점화)이 가솔린기관(불꽃점화) 대비 갖는 장점으로 가장 옳은 것은?

갑. 열효율이 높기 때문에 연료소비율이 낮다.

을. 압축비가 낮기 때문에 최고압력이 낮다.

병. 운전이 정숙하고 시동이 용이하다.

정. 실린더의 용적이 작아도 연소가 원활하다.

 을·병·정은 가솔린 기관의 이점이다.

디젤기관의 특징
- 압축비가 높아서(가솔린기관의 2배) 때문에 최고압력이 높다.
- 작동 시 진동과 소음이 많이 발생해 승차감이 나쁘다.
- 실린더의 용적에 따라 흡입되는 공기의 양이 달라지기 때문에 용적이 작으면 연소가 원활하지 않을 수도 있다.

156 가솔린 기관(엔진)이 과열되는 원인으로 옳지 않은 것은?

갑. 냉각수 취입구 막힘

을. 냉각수 펌프 임펠러의 마모

병. 윤활유 부족

정. 점화시기가 너무 빠름

 가솔린 엔진은 열을 이용하기 때문에 과열의 위험에 항상 노출되어 있다. 따라서 냉각수 및 엔진 과부하, 온도 관련 장치 조절이 필수적이다. 그러나 점화시기의 빠름 여부는 과열 원인과는 거리가 멀다.

157 과급(Supercharging)이 기관(엔진)의 성능에 미치는 영향에 대한 설명 중 옳은 것은 모두 몇 개인가?

① 평균 유효압력을 높여 기관의 출력을 증대시킨다.

② 연료소비율이 감소한다.

③ 단위 출력당 기관의 무게와 설치 면적이 작아진다.

④ 부하의 변동에 따라 흡입 공기량이 조절되므로 열효율이 높아진다.

⑤ 저질 연료를 사용하는 데 불리하다.

갑. 2개   을. 3개

병. 4개   정. 5개

 ⑤ 과급을 하면 저질 연료도 사용하는 데 유리하다.

158 선외기 가솔린엔진의 연료유에 해수가 유입되었을 때 엔진에 미치는 영향으로 옳지 않은 것은?

갑. 연료유 펌프 고장원인이 된다.

을. 시동이 잘되지 않는다.

병. 해수 유입 초기에 진동과 엔진 꺼짐 현상이 발생한다.

정. 윤활유가 오손된다.

 연료유에 해수 혼합 시 엔진시동성과 연관되어 연료공급펌프 및 분사밸브 고장의 원인이 될 뿐, 윤활유 오손과는 관계가 없다.

159 내연기관의 피스톤 링(Piston Ring)이 고착되는 원인이 아닌 것은?

갑. 실린더 냉각수의 순환량이 과다할 때
을. 링과 링홈의 간격이 부적당할 때
병. 링의 장력이 부족할 때
정. 불순물이 많은 연료를 사용할 때

 냉각수의 순환량이 많으면 실린더의 온도는 낮아지므로 피스톤 링이 고착되는 원인과 거리가 멀다.

160 윤활유가 변질되는 원인으로 옳은 것은 모두 몇 개인가?

① 고열에 의한 열분해
② 함유된 유황분에 의한 산화
③ 연소가스에 의한 탄화
④ 저온으로 인한 유동성 불량
⑤ 먼지, 금속마모의 쇳가루의 혼입

갑. 2개 을. 3개
병. 4개 정. 5개

 ④ 저온으로 유동성이 떨어지는 것일 뿐 변질되는 것은 아니다.

161 선외기(Outboard) 엔진의 시동 전 점검사항으로 옳지 않은 것은?

갑. 엔진오일의 윤활방식이 자동혼합장치일 경우 잔량을 확인한다.
을. 연료탱크의 환기구가 열려 있는가를 확인한다.
병. 비상정지스위치가 RUN에 있는지 확인한다.
정. 엔진 내부의 냉각수를 확인한다.

해설 냉각수는 해당 계통에 오물이나 염분이 끼이지 않도록 장기보관 시 주기적(평상시)으로 청수(깨끗한 물)를 사용하여 세정하고 확인해야 한다.

162 기관출력의 감소 원인으로 가장 옳지 않은 것은?

갑. 연료분사밸브의 막힘

을. 피스톤 링의 고착

병. 연료분사펌프의 누설

정. 윤활유 온도의 상승

> **해설** 윤활유의 온도가 상승하면 윤활유가 열화 변질되어 기관의 냉각기능이 저하되지만 출력 감소와는 거리가 멀다.

163 윤활유의 성질에 대한 설명으로 가장 옳지 않은 것은?

갑. 점도 - 유체의 흐름에서 내부 마찰의 정도를 나타내는 것으로 끈적거림의 정도를 표시하는 것이다.

을. 유성 - 기름과 물이 혼합되는 것으로 기름과 물이 쉽게 혼합되더라도 신속히 물을 분리해야 한다.

병. 산화안정도 - 윤활유가 고온의 공기와 접촉하면 산화슬러지가 발생하여 윤활유의 질이 떨어지는 정도를 말한다.

정. 탄화 - 윤활유가 고온에 접하면 그 성분이 열분해되어 탄화물이 생기는데 이 탄화물은 실린더의 마멸과 밸브나 피스톤 링 등의 고착의 원인이 된다.

> **해설** 유성이란 유막을 완전히 형성하려는 성질이다.

164 추운 지역에서 냉각수 펌프를 장시간 사용하지 않을 때의 일반적인 조치로 가장 옳은 방법은?

갑. 펌프 내부의 물을 빼낸다.

을. 펌프 케이싱에 그리스를 발라 준다.

병. 펌프 내에 그리스를 넣어 둔다.

정. 펌프를 분해하여 둔다.

> **해설** 추운 곳에 장시간 두면 펌프 케이싱 등의 동파 위험이 있으므로 물을 배출하는 것이 좋다.

165 디젤기관에서 흑색 배기의 원인으로 옳지 않은 것은?

갑. 소기 압력이 너무 높을 때

을. 분사시기와 분사상태가 불량하여 불완전 연소가 일어날 때

병. 과부하 운전을 행할 때

정. 연소 공기량이 부족할 때

해설 흑색 배기가스는 기관이 과부하되어 너무 많은 연료가 불완전 연소되고 있는 경우 발생한다. 소기 압력이 너무 높을 경우 배기가스가 백색을 띤다.

166 기관 과부하 시 증상으로 옳지 않은 것은?

갑. 기관 속도가 상승되지 않음   을. 엔진이 과열됨

병. 청수 온도가 상승됨   정. 배기색이 청색으로 변함

해설 배기가스가 청색인 경우는 냉각수 혹은 기타 액체 물질이 연료와 함께 연소되고 있는 경우이다.

167 스크루 프로펠러에서 공동현상(Cavitation)이 발생하는 경우의 손상형태로 옳은 것은?

갑. 중간 축 베어링의 부식

을. 프로펠러 표면의 탈아연 부식현상

병. 프로펠러 표면의 침식(Erosion) 발생

정. 추진기 축의 부식 발생

해설 **공동현상**
선박의 프로펠러의 표면에서 회전 속도의 차이에 의한 압력차로 인해 기포가 발생하는 현상을 말한다. 프로펠러의 회전이 빨라짐에 따라 날개 배면에 저압부가 생겨 진공상태에 가까워지면 그 부분의 물이 증발하여 수증기가 되고, 수중에 녹아있던 공기도 이에 더해져 날개면의 일부에 공동(空洞)을 형성한다. 공동현상은 추력을 급감함과 동시에 심한 진동과 소음을 동반한다. 또한 이로 인해 침식이 발생하여 프로펠러의 수명이 단축된다. 공동현상의 발생을 방지하기 위해서는 모형실험을 통하여 프로펠러의 날개형태, 날개수, 날개면적, 회전수 등의 영향을 파악하고 이를 선체 후부의 형상, 프로펠러 위치, 프로펠러 날개의 마무리 공정 등에 반영하여야 한다.

168 다음 중 윤활유 압력이 저하되는 원인으로 옳지 않은 것은?

갑. 유량 부족

을. 윤활유 펌프의 고장

 병. 윤활유의 냉각

정. 여과기의 막힘

> 윤활유 압력저하의 원인으로는 윤활유량 부족 및 펌프의 고장, 윤활유관에 공기혼입 또는 여과기 파손, 윤활유 조정밸브의 파손 및 배관누설, 윤활유 온도 상승 또는 기관 회전수 저하 등이 있다.

169 운전 중인 디젤기관의 회전수가 저하하거나 주기관이 자연 정지한 경우의 원인으로 옳지 않은 것은?

갑. 연료계통의 고장

을. 조속기의 고장

병. 윤활유 압력저하

정. 시동공기계통의 고장

> 디젤 주기관이 비상정지되는 경우
> • 윤활유 압력이 너무 낮을 때
> • 과속도 정지 장치가 작동되었을 때
> • 연료에 물이 혼입되었을 때
> • 연료유의 압력이 너무 낮을 때
> • 조속기에 결함이 발생했을 때

170 디젤 기관(엔진)의 연료유가 구비해야 할 조건으로 가장 적당하지 않은 것은?

갑. 세탄값이 적당히 높아야 한다.

을. 자연발화점이 매우 높아야 한다.

병. 유황의 함량이 적어야 한다.

정. 취급이 용이하며 화재의 위험성이 적어야 한다.

> 발화점이 너무 높으면 착화지연 등으로 노킹발생의 원인이 되어 좋지 않다.
> 디젤기관 연료유의 조건
> • 발열량이 높고 연소성이 좋을 것
> • 회분·수분·유황분이 적을 것
> • 점도가 적당하고, 온도변화에 따른 점도 변화가 적을 것
> • 응고점이 낮을 것

168 병   169 정   170 을   **정답**

171 해수 냉각수 펌프로 사용되는 원심펌프에서 호수(Priming)를 하는 목적으로 옳은 것은?

갑. 흡입수량을 일정하게 유지시키기 위해서
을. 기동 시 흡입측에 국부진공을 형성시키기 위해서
병. 송출량을 증가시키기 위해서
정. 송출측 압력의 맥동을 줄이기 위해서

> **해설** 디젤 엔진은 연료 라인에 공기가 있으면 시동이 되지 않으므로, 호수(Priming) 펌프를 작동해 공기를 빼낸다.

172 디젤기관이 과부하로 운전될 때 배기의 색깔로 옳은 것은?

갑. 백 색
을. 황 색
병. 무 색
정. 흑 색

> **해설** 배기가스 색에 따른 기관 상태
> • 백색 : 연료가 제대로 연소되지 않고 있는 경우
> • 무색 : 정상적인 연소 상태로 수증기를 머금고 배출되는 중
> • 청색 : 엔진오일 혹은 다른 액체가 함께 연소되고 있는 경우
> • 흑색 : 기관이 과부하되어 너무 많은 연료가 연소되고 있는 경우

173 선미 측 프로펠러 부근에 아연판(Zinc)을 붙이는 이유로 가장 옳은 것은?

갑. 배의 속력을 증가시킨다.
을. 추진기와 엔진의 침식을 방지한다.
병. 프로펠러의 진동을 방지한다.
정. 프로펠러 및 프로펠러축의 부식을 방지한다.

> **해설** 금속은 산소와 물과 접촉하면 부식이 일어난다. 이때, 본체 금속보다 산소와 물과 더욱 잘 반응하는 금속을 도금하거나 부착해 놓으면 해당 금속이 산소와 물과 먼저 반응해 부식하게 된다. 일반적으로 요트의 프로펠러와 그 축은 구리로 만들어지는데, 구리보다 반응성이 좋은 아연판을 덧대 아연판이 산소와 물과 먼저 마주하게 해 프로펠러와 그 축의 부식을 막을 수 있다.

174 엔진 시동 시 시동모터가 작동하지 않을 때 가장 먼저 점검해야 할 사항으로 옳은 것은?

갑. 윤활유 오손상태

을. 연료상태

병. 빌지의 양

정. 축전지 충전상태

> **해설** 시동용 축전지는 엔진을 돌리는 축전지로 문제가 있을 경우 엔진이 작동하지 않는다.

175 디젤엔진을 시동하기 전에 확인해야 할 사항으로 옳지 않은 것은?

갑. 윤활계통과 연료계통을 확인한다.

을. 시동계통과 냉각계통을 확인한다.

병. 실린더헤드 안전밸브의 개폐상태를 확인한다.

정. 터닝을 해서 방해물 유무를 확인한다.

> **해설** 디젤엔진 시동 전 준비사항으로는 터닝 후 기관 각 부의 이상 여부 파악, 각 활동부의 윤활유 주입, 냉각수 온도 조절, 연료유 및 시동 공기압 상태 점검 등이 있다. 안전밸브 개폐상태는 시동 전에 확인하는 것이 아니라 정기적으로 점검하여 이상 유무를 확인해야 한다.

176 내연기관을 장기간 저속으로 운전하는 것이 곤란한 이유로 가장 적절하지 않은 것은?

갑. 실린더 내 공기압축의 불량으로 불완전 연소가 일어난다.

을. 연소온도와 압력이 낮아 열효율이 낮아진다.

병. 연료분사펌프의 작동이 불량하여 연료분사상태가 불량해진다.

정. 크랭크 축의 회전속도가 느려 흡기 및 배기 밸브의 개폐시기가 불량해진다.

> **해설** 내연기관을 장기간 저속으로 운전하면 압축 불량으로 불완전 연소가 일어나고, 연소온도와 압력이 낮아 열효율이 낮아진다. 또한 연료분사펌프의 작동이 불량하여 연료분사상태가 불량해진다. 한편, 저속 운전은 흡기 및 배기 밸브 개폐시기에 영향을 미치지는 않는다.

177 전류의 작용으로 가장 옳지 않은 것은?

    갑. 발열작용

    을. 자기작용

    병. 자화작용

    정. 화학작용

 자화는 자기장 안의 물체가 자성(자석의 성질)을 띠는 것이다. 자기장은 꼭 전류가 아니라도 자석과 같은 자성을 띠는 물체에 의해서도 발생할 수 있다.

전류의 3대 작용
- 발열작용 : 전류를 저해하는 저항에서 열에너지가 발생함 (예 다리미, 드라이어, 난로, 인덕션 등)
- 자기작용 : 전류에 의해 자기장이 발생함 (예 전동기, 발전기, 다이나믹마이크, 교통카드 등)
- 화학작용 : 전자와 양공의 움직임인 전류에 의해 화학반응이 발생함 (예 전기분해, 도금, 축전지 등)

178 전기적 입력의 유무에 따라 다른 전기회로의 개폐를 제어하는 기기로 옳은 것은?

    갑. 콘덴서

    을. 나이프 스위치

    병. 퓨 즈

    정. 릴레이

 계전기(릴레이, Relay)는 전기로 작동하는 스위치를 말한다. 입력이 어떤 값에 도달하였을 때 작동하여 다른 회로를 개폐하는 장치로서, 접점이 있는 릴레이, 서멀(Thermal) 릴레이, 압력 릴레이, 광 릴레이 등이 있다.

179 퓨즈에 대한 설명으로 가장 옳지 않은 것은?

    갑. 전원을 과부하로부터 보호한다.

    을. 부하를 과전류로부터 보호한다.

    병. 과전류가 흐를 때 고온에서 녹아 회로를 차단한다.

    정. 허용 용량 이상의 크기로 사용할 수 있다.

 퓨즈의 허용 용량 이상의 크기로 전류가 흐를 경우, 발열로 인해 퓨즈 내부가 녹아 회로를 차단한다.

180 선박에서 축전지의 용도에 대한 설명으로 가장 옳지 않은 것은?

갑. 비상전등이나 비상통신을 위한 전원용

을. 선내 통신용 전원

병. 비상용 발전기 기동 시까지 임시 전원용

정. 주기관 연료 펌프 구동용 전원

> 해설 축전지는 주기관 연료 펌프 구동용 전원으로는 사용되지 않는다.

181 선박에서 교류 기기를 사용할 때 유리한 점에 대한 설명으로 가장 옳지 않은 것은?

갑. 입거 시 육전의 사용이 가능하다.

을. 변압이 용이하다.

병. 전동기에 정류자가 있고 구조가 복잡하다.

정. 전동기의 고장이 적다.

> 해설 정류자를 사용하는 전동기는 직류 전동기이며 구조가 복잡하다.

182 형광등의 구성요소 중 점등 시 높은 전압을 유도하여 방전을 도와주며 점등 후 과전류가 흐르는 것을 방지하는 것으로 옳은 것은?

갑. 형광 방전관

을. 안정기

병. 점등관

정. 콘덴서

> 해설 기기의 동작을 안전하게 하기 위한 소자로서 전등에 시동 전압을 주거나 과전류를 제한하는 데 쓰인다.

183 가솔린엔진의 연료인 휘발유의 중요한 2가지 성질은?

갑. 휘발성과 점성이다.

을. 옥탄가와 세탄가이다.

병. 휘발성과 옥탄가이다.

정. 점성과 옥탄가이다.

> **해설** 좋은 휘발유는 휘발성이 양호하여 시동이 용이해야 하고, 옥탄가가 높아 이상폭발을 일으키지 않고 잘 연소해야 한다.

184 엔진 시동 중 회전수가 급격하게 높아질 때 점검할 사항으로 가장 옳지 않은 것은?

갑. 거버너 위치 등을 점검

을. 한꺼번에 많은 연료가 공급되는지를 확인

병. 시동 전 가연성 가스를 배제했는지를 확인

정. 냉각수 펌프의 정상 작동하는지 점검

> **해설** 냉각수와 엔진 회전수 증가와 관련이 없다. 엔진의 급속한 회전은 연료 분사량과 관련 있다.

185 출발지에서 도착지까지의 항정선상의 거리 또는 양 지점을 잇는 대권상의 호의 길이를 마일로 표시한 것으로 옳은 것은?

갑. 동서거

을. 변 위

병. 항 정

정. 변 경

> **해설** 항정은 출발지에서 도착지까지의 항정선상의 거리 또는 양 지점을 잇는 대권상의 호의 길이를 마일로 표시한 것이다. 항정선은 지구표면을 구면으로 나타냈을 때 지구상의 모든 자오선과 같은 각도로 만나는 곡선을 말한다.

186 다음의 해도 중 대척도 해도로 가장 옳은 것은?

갑. 400만분의 1 해도
을. 100만분의 1 해도
병. 50만분의 1 해도
<u>정. 30만분의 1 해도</u>

 분모의 수가 작을수록 축척이 큰 지도이다. 따라서 분모가 가장 작은 30만분의 1 해도가 대척도 해도이다.

187 건식 마그네틱 컴퍼스와 비교하여 액체식의 장점은?

<u>갑. 안정성이 있다.</u>
을. 예민하다.
병. 불안정하다.
정. 떨림이 크다.

 건식 마그네틱 컴퍼스는 속이 빈 컴퍼스 볼 안에 종이로 만든 컴퍼스 카드를 올려놓은 원시적인 형태의 마그네틱 컴퍼스이다. 액체식 마그네틱 컴퍼스는 알콜과 증류수를 넣은 컴퍼스 볼 안에 금속으로 만든 컴퍼스 카드를 띄운 것으로 건식 마그네틱 컴퍼스보다 안정적이라 현재 주로 사용되고 있다.

188 보기의 설명에서 말하는 것을 측정하기 위한 세일링 요트의 항해장비는?

> 요트에서 대단히 중요한 정보로 이를 측정하기 위해 주 돛 머리(Mast Head)에 이것을 감지하는 장비가 달려있다.

<u>갑. 풍향풍속계</u>
을. 경사계
병. GPS
정. 레이더

 정확도가 요구되는 풍상범주 때 돛의 영향을 받지 않기 위하여 주 돛대 앞쪽으로 돌출된 보(Arm) 끝부분에 풍향풍속계가 부착된다.

189 레이더 최대 탐지거리에 영향을 주는 요소로 옳지 않은 것은?

갑. 주파수

을. 선박의 도색

병. 안테나 높이

정. 물표의 반사 특성

> **해설** 선박의 도색은 레이더 최대 탐지거리와 관련이 없다. 레이더 리플렉터같이 물표의 반사 능률을 높이는 장치를 사용할 경우 최대 탐지 거리가 2배가량 증가한다.

190 실제로는 물체가 없는데도 레이더 화면상에는 물체가 나타나는 현상으로 옳은 것은?

갑. 거짓상

을. 수평 빔 폭

병. 최소 탐지거리

정. 해면 반사

> **해설** 레이더 허상(거짓상, Radar False Image)은 물체가 존재하지 않음에도 실재하는 것처럼 레이더상에 나타나는 것을 말한다. 레이더 허상에는 간접 반사, 거울면 반사, 다중 반사, 측엽 반사 등이 있다.
> • 수평 빔 폭 : 레이더의 성능을 나타내는 용어로 수평 빔 폭이 좁으면 전파가 멀리까지 갈 수 있음
> • 최소 탐지거리 : 레이더에서 목표물을 탐지할 수 있는 최소의 거리. 최소 탐지거리를 짧게 하려면 안테나의 높이를 낮게 해야 함
> • 해면 반사 : 레이더 전파가 해면에 반사되어 화면에 잡음이 생기는 것

191 레이더에서 같은 방향에 같은 간격으로 여러 개 나타나는 거짓상으로 옳은 것은?

갑. 다중 반사

을. 거울면 반사

병. 직접 반사

정. 간접 반사

> **해설** • 다중 반사 : 자선 근처에 전파를 강하게 반사하는 물체가 있을 경우 전파가 자선과 물체 사이를 왕복하며 실상과 같은 방향에 동일한 간격으로 허상이 발생
> • 거울면 반사 : 간접 반사의 일종으로 매끈한 육상의 구조물에 의해 전파가 반사되어 실상과 다른 위치에 허상이 발생
> • 간접 반사 : 전파가 선내 마스트 등에 부딪힐 경우 허상이 발생

192 관측자를 지나는 자기자오선과 관측자와 목표를 지나는 대권이 이루는 각으로 옳은 것은?

갑. 나침방위

을. 자침방위

병. 진방위

정. 상대방위

> **해설**
> • 나침방위 : 나침의 남북선과 물표 및 관측자를 지나는 대권이 이루는 교각
> • 자침방위 : 자기자오선과 물표 및 관측자를 지나는 대권이 이루는 교각
> • 진방위 : 진자오선과 물표 및 관측자를 지나는 대권이 이루는 교각
> • 상대방위 : 자선의 선수미선을 기준으로 선수를 0°로 하여 시계 방향으로 360°까지 재거나, 좌현·우현으로 180°씩 측정한 방위

193 선체 자기장의 영향을 받아 생기는 것으로 마그네틱 컴퍼스(나침의) 남북선과 자기자오선이 이루는 교각으로 옳은 것은?

갑. 자 차

을. 편 차

병. 자이로 오차

정. 컴퍼스 오차

> **해설**
> • 자차(D ; Deviation) : 선내의 마그네틱 컴퍼스가 가리키는 북(나북)과 자기자오선과의 교각
> • 편차(V ; Variation) : 어느 지점을 지나는 진자오선과 자기자오선과의 교각
> • 컴퍼스 오차(C. E. ; Compass Error) : 진자오선과 선내 마그네틱 컴퍼스가 가리키는 북이 이루는 교각

194 요트의 추진원리를 설명한 것으로 옳은 것은?

갑. 요트의 추진력은 돛이 바람을 받을 때 생기는 풍압과 양력에 의해 생긴다.

을. 요트의 추진력은 틸러를 좌우로 밀면 추진력이 생긴다.

병. 요트의 추진력은 모터보트로 견인할 때만 추진력을 얻을 수 있다.

정. 요트의 추진력은 반드시 보조 엔진을 사용해야만 추진할 수 있다.

> **해설**
> 세일링 요트는 공기 중에서 돛에 작용하는 양력과 풍압에 의해 추진 동력을 발생하고, 수중에서는 복원력과 횡력의 방지장치인 킬의 영향을 받는다.

195 대형 요트에서 밧줄이 접근할 가능성이 적은 선미에 돛대를 별도로 세우고, 범주 중 수평으로 유지하기 위해 수평유지기구(Gimbals Mechanism)를 채택하는 장비는?

갑. 풍향풍속계
을. 경사계
병. GPS 안테나
정. 레이더 안테나

해설 레이더는 소비전력이 커서 주로 대형 요트에서만 사용되며, 회전하는 안테나가 돛 등과 엉키지 않도록 돔 내에 격납된 형태의 안테나를 사용한다.

196 풍상 쪽으로 항해하면서 풍상 쪽으로 변침하는 것을 뜻하는 용어로 옳은 것은?

갑. 자이빙(Gybing)
을. 고잉어바웃(Going about)
병. 태킹(Tacking)
정. 풀세일링(Full Sailing)

해설
• 태킹(Tacking) : 범주 중 뱃머리를 풍상으로 향하도록 하여 바람을 받는 뱃전을 바꾸는 것
• 웨어링(Wearing) : 범주 중 배의 후미를 풍상으로 향하도록 하는 것
• 자이빙(Gybing) : 범주 중 뱃머리를 풍하로 향하도록 하는 것
• 고잉어바웃(Going about) : 태킹을 포함한 풍상으로의 방향전환
• 풀세일링(Full Sailing) : 돛을 최대한 펴고 달리는 상태

197 선박이 부두에 계류 중 선체가 앞·뒤로 밀리지 않도록 하는 계류줄로 옳은 것은?

 갑. 스프링(Spring)

을. 선수계류줄

병. 선미계류줄

정. 현측계류줄

> **해설 선박의 계류줄**
> • 스프링 라인(Spring Line) : 선박의 길이 방향의 힘을 지탱
> • 브레스트 라인(Breast Line) : 선박의 가로 방향의 힘을 지탱
> • 헤드 & 스턴 라인(Head & Stern Line) : 헤드 라인은 선수에서, 스턴 라인은 선미에서 스프링 라인과 브레스트 라인을 도와주는 역할을 함

198 참바람의 방향 계산, 바람의 미세 변화의 기록 등에 사용되며 지상에 있는 목표물의 방위를 계측하여 자기의 위치를 찾아내는 지문항법에도 사용되는 장비는?

갑. GPS

을. 풍향풍속계

병. 경사계

 정. 나침반

> **해설** 항해의 기본이자 범주 시 바람의 미세한 변화를 감지하기 위한 중요한 항해장비인 나침반은 수평유지장치 (Gimbals Mechanism)가 설치되어 나침반의 반면(Compass Rose)이 항상 수평을 유지하도록 되어 있다.

199 교차방위법에 의하여 선위를 구하는 경우 물표 선정에 관한 주의사항으로 옳지 않은 것은?

갑. 위치가 정확하고 뚜렷한 목표를 선정할 것

을. 위치선의 교각이 90°에 가까운 것을 선정할 것

병. 가까운 목표보다는 먼 것을 선정할 것

정. 세 목표가 같은 원둘레 위에 있지 않을 것

 교차방위법은 두 군데 이상의 물표의 방위를 재어 그 교차점을 현재의 위치로 추정하는 방법이다. 교차방위법상 물표는 해도상의 위치가 명확하고, 뚜렷한 목표를 선정해야 한다. 또한 본선을 기준으로 물표 사이의 각도가 30~150°인 것을 선정하고, 두 물표일 때는 90°, 세 물표일 때는 60° 정도가 가장 좋다. 방위를 측정하거나 방위선을 기입할 때 목표까지 거리가 멀수록 같은 오차에 대한 선위의 오차가 커진다.

200 위치를 알고 있는 여러 개의 중거리에 있는 인공위성에서 발사하는 전파를 수신하고, 그 도달시간으로부터 관측자까지의 거리를 구하여 정확한 위치를 결정하는 전파항법 장치로 옳은 것은?

갑. Loran C

을. GPS

병. Radar

정. Decca

 GPS는 지구 중궤도를 도는 24개 이상의 인공위성을 이용한 항법시스템이다. 위치를 알고 있는 3~4개의 위성으로부터 송신되어 오는 전파를 수신하고, 그 전파를 수신한 시간으로부터 위성까지의 거리를 구하여 본선의 위치를 결정한다.

201 식품의 부패가 잘되는 환경 조건으로 옳은 것은?

갑. 바람이 잘 부는 곳일 것

을. 탄산가스가 많을 것

병. 적당한 수분이 있을 것

정. 온도가 섭씨 5℃ 이하일 것

 • 갑 : 부패는 공기의 유통이 좋지 않은 곳에서 촉진
• 을 : 탄산가스는 부패를 억제
• 정 : 온도가 낮을 경우 미생물이 번식하기 어려워 부패가 느려짐

202 빈칸 안에 들어갈 말을 순서대로 나열한 것은?

> 돛이 좌현에서 바람을 받아 우현에 펴진 상태를 (   )이라하고, 그 반대 상태를 (   )이라 한다.

갑. 제네커(Gennaker), 거스(Girth)

을. 스타보드택(Starboard Tack), 포트택(Port Tack)

병. 포트택(Port Tack), 스타보드택(Starboard Tack)

정. 구스넥(Gooseneck), 붐(Boom)

> **해설** 포트택은 메인 세일이 우현에 있는 경우로 좌현으로부터 바람을 받고 있는 상태를 말하며, 스타보드택은 그 반대이다.
> • 제네커 : 커다란 비대칭 스피니커 세일
> • 거스 : 러프에서 리치까지의 수평 거리
> • 구스넥 : 붐과 마스트를 연결하는 셔플에 꽂는 볼트
> • 붐 : 돛대의 활대

203 요트는 바람이 불어오는 정면으로 범주할 수 없는데 이 범위를 나타내는 말로 옳은 것은?

갑. 데드존(Dead Zone)　　　　　　을. 블랭킷팅(Blanketing)

병. 배튼포켓(Batten Pocket)　　　　정. 노고존(No Go Zone)

> **해설** • 블랭킷팅 : 선박이 다른 선박의 바람 불어오는 쪽으로 이동해 바람을 막아주는 것
> • 배튼포켓 : 배튼은 세일의 리치(Leech) 부분을 팽팽하게 펴기 위해 사용되는, 자루에 넣는 판. 배튼포켓은 그 자루를 뜻함

204 다음 중 선박의 위치정보를 경·위도로 알려주는 항해계기로 옳지 않은 것은?

갑. 장거리 무선 항법장치(LORAN)

을. 위성항법시스템(GPS)

병. 무선방향탐지기(RDF)

정. 해군항행위성시스템(NNSS)

> **해설** 무선방향탐지기는 전파가 발생하는 방향을 탐지하는 수신장치로 보통 자신의 위치를 파악하거나 조난자를 구출하기 위해 사용된다. 전파 항법계기 중 가장 먼저 발명된 것이지만 경·위도를 표시하지는 않는다.

205 우리나라에서 사용하는 등대의 등질 중 가장 많은 것으로 옳은 것은?

갑. 섬호광등

을. 섬광등

병. 부동등

정. 군섬광등

 섬광등은 360°에 걸치는 수평의 호를 비추는 등화로서 일정한 간격으로 60초에 120회 이상 섬광을 발하는 등을 말한다.

206 선박의 속력이 15노트일 때 50해리 항주하는 데 소요되는 시간으로 옳은 것은?

갑. 150분

을. 180분

병. 200분

정. 220분

 1노트는 시간 당 1해리를 항주한다는 뜻으로 선박의 속력이 15노트일 경우 50해리 항주 시 소요되는 시간은 50 ÷ 15 = 3.33시간 ≒ 200분이다.

207 2개의 물표와 관측자가 일직선상에 있는 선으로 옳은 것은?

갑. 수평선

을. 위치선

병. 중시선

정. 방위선

 두 물표가 일직선상에 겹쳐 보일 때 그 물표를 연결한 직선을 중시선이라고 한다. 중시선은 자연적이고 명확하게 식별 가능한 물표로 표시할 수 있다. 선박이 항로 위에 있는지 혹은 편위되어 있는지를 중시선을 활용하여 손쉽게 알 수 있다.

208 두 물표를 교차방위법으로 측정할 때 가장 좋은 교각으로 옳은 것은?

갑. 90°

을. 120°

병. 140°

정. 150°

> **해설** 교차방위법에서 본선을 기준으로 물표 사이의 각도는 30~150°인 것을 선정하고, 두 물표일 때는 90°, 세 물표일 때는 60° 정도가 가장 좋다.

209 선박 운항 시 해안으로부터 떨어진 거리를 나타내는 용어로 옳은 것은?

갑. 피험선

을. 이안거리

병. 근접거리

정. 경계선

> **해설** 이안거리는 해안선으로부터 떨어진 거리를 말하는 것으로, 기상이나 주·야간 또는 조석간만의 차 등에 따라 다르지만 보통 내해 항로이면 1해리, 외양 항로이면 3~5해리, 야간 항로표지가 없는 외양 항로이면 10해리 이상 두는 것이 좋다.
> • 피험선 : 입출항 시나 협수로 통과 시에 위험물을 피하고자 표시한 위험 예방선

03   항해 및 범주

210   컴퍼스의 용도로 옳은 것은?

갑. 물표방위 측정, 선박침로 결정
을. 선속 측정
병. 지형지물 확인
정. 수심 측정

 컴퍼스는 선박의 침로를 결정하고 물표의 방위를 측정하는 선박의 기본적인 항해계기로, 마그네틱 컴퍼스와 자이로 컴퍼스 두 종류가 있다. 선속계로 선박의 속력과 항주거리를 측정할 수 있고 레이더로 지형지물을 확인할 수 있다. 수심은 음향측심기를 사용하여 측정할 수 있다.

211   자이로 컴퍼스의 장점으로 옳지 않은 것은?

갑. 철기류의 영향을 받지 않는다.
을. 진북을 가리킨다.
병. 고위도에서도 사용할 수 있다.
정. 지북력이 마그네틱 컴퍼스에 비해 약하다.

 자이로 컴퍼스의 장점
• 진북을 가리킴
• 마그네킥 컴퍼스에 비해 지북력이 강함
• 철기류의 영향을 받지 않으므로 자차와 같은 부정 오차가 없음
• 지구 자장의 영향을 받지 않으므로 선내 어떠한 곳에 설치하여도 영향이 없음
• 고위도 지방에서도 사용할 수 있음
• 무선방위 측정기나 레이더 등에 연결하여 사용할 수 있음

212 음향측심기와 원리가 같은 계기로 옳은 것은?

　　갑. 레이더

　　을. 컴퍼스

　　병. 충돌예방장치(ARPA)

　　정. 어군 탐지기

> 해설　음향측심기와 어군 탐지기 모두 초음파를 이용하여 해저의 장애물을 탐지하는 계기이다.

213 견시보고를 할 때 편리하게 사용되며 자선의 선수를 0°로 하여 시계방향으로 360°까지 나타내는 방위로 옳은 것은?

　　갑. 상대방위

　　을. 진방위

　　병. 시침방위

　　정. 나침방위

> 해설　상대방위(Relative Bearing)는 자선의 선수미선을 기준으로 선수를 0°로 하여 시계방향으로 360°까지 재거나 좌현, 우현으로 180°씩 측정한다.

214 수면이 약최저저조면까지 내려갔을 때 그 정상이 수면과 거의 같은 바위를 나타내는 말로 옳은 것은?

　　갑. 간출암　　　　　　　　　　　　　을. 세 암

　　병. 암 암　　　　　　　　　　　　　정. 암 초

> 해설　세암은 바위의 정상부가 약최저저조면(기본수준면)에 거의 스칠 듯한 위치에 있는 바위를 뜻한다.
> • 간출암 : 저조 시에만 노출되는 바위
> • 암암 : 바위의 정상부가 저조 시에도 노출되지 않는 바위

215 편차(Variation)를 찾아볼 수 있는 곳으로 옳은 것은?

갑. 등대표

을. 자차표

병. 해도의 나침도 중앙

정. 해도 표제

 나침도는 해도에 그려져 있는 원형의 그림으로 바깥쪽 원은 진북을 가리키는 진방위를 표시하고 안쪽 원은 자침방위를 표시한다. 나침도 중앙에는 편차와 연차가 기재되어 있다.

216 마그네틱 컴퍼스의 자침이 사용하는 자석의 종류로 옳은 것은?

갑. 전자석

을. 일시자석

병. 유도자석

정. 영구자석

 마그네틱 컴퍼스의 자력은 시일이 경과하여도 감퇴되지 않아야 하기에 자력이 변하지 않는 영구자석이 사용된다.

217 축척이 5만분의 1인 해도 상에 2cm로 표시된 부두의 실제 길이로 옳은 것은?

갑. 1km

을. 2km

병. 2.5km

정. 10km

 지도상 1cm가 실제 5만cm일 경우 축척이 1 : 50,000으로 표시된다. 따라서 축척이 1 : 50,000인 지도에서 2cm는 실제로 10만cm, 즉 1km이다.

218 통항이 곤란한 좁은 수로 등에 설치하며, 중시선 효과에 의해 선박을 안전항로로 인도하는 항로표
지로 옳은 것은?

갑. 등부표

 을. 도 등

병. 부 등

정. 임시등

> 해설 도등은 통항이 곤란한 좁은 수로, 항만 입구 등에서 항로의 연장선 위에 높고 낮은 2~3개의 등화를 앞뒤로
> 설치하여 선박을 인도하는 것이다.
> • 등부표 : 해저의 일정한 장소에 체인으로 연결되어 해면에 떠 있는 구조물로, 선박의 변침점이나 항로를
>   안내
> • 부등 : 등대 부근에 위험한 구역이 있을 때, 그 위험구역만을 비추기 위하여 설치한 등화
> • 임시등 : 선박의 출입이 빈번한 계절에만 임시로 점등되는 등화

219 날씨에 관계없이 넓은 지역에 걸쳐 선위를 결정할 수 있는 항로표지로 가장 옳은 것은?

갑. 주간표지

을. 야간표지

병. 음향표지

정. 전파표지

> 해설 • 주간표지 : 낮 동안의 항해를 돕기 위한 무등 구조의 항로표지
> • 야간표지 : 야간항해 시 필요한 항로표지로 등광에 의해 위치를 나타냄
> • 음향표지 : 안개 등으로 인해 시계가 나쁠 때 소리를 이용해 경고하는 표지
> • 전파표지 : 전파의 특성인 직진성, 등속성, 반사성 등을 이용하여 선박의 위치를 파악하기 위해 만들어진
>   표지

220 해도에 기입된 선위(선박의 위치)에 기록하여야 할 사항으로 옳은 것은?

 갑. 관측시간

을. 속 력

병. 침 로

정. 거 리

> 해설 선박의 위치를 구한 후 반드시 해도에 관측시간을 기입해야 한다.

221 선위 결정 시 오차 삼각형이 생기는 선위결정법으로 옳은 것은?

갑. 방위거리법
을. 수평협각법
병. 교차방위법
정. 중시선법

 교차방위법으로 선위를 결정할 때 관측한 3개의 방위선이 한 점에서 만나지 않고 작은 삼각형을 이루는 것을 오차 삼각형이라고 한다. 이 경우 보통 삼각형의 중심을 선위로 결정한다.

제3과목

222 레이더를 이용하여 측정할 수 없는 것은?

갑. 거 리
을. 풍 속
병. 방 위
정. 위 치

 레이더는 선박에서 전파를 발사하여 전파가 물표에 반사되어 돌아오는 것을 수신하여 물체를 탐지하고 물체의 거리, 방위, 위치를 측정하는 계기이다.

223 레이더의 허상 중 간접반사에 의한 거짓상의 요인으로 옳은 것은?

갑. 측 엽
을. 대형선
병. 거울면
정. 연돌, 마스트

해설 간접반사는 전파가 선내 마스트 등에 부딪힐 경우 허상이 발생하는 것을 뜻한다. 레이더 스캐너에서 발사된 전파가 굴뚝(연돌)이나 마스트(돛대) 등의 선체 구조물에 부딪히고 반사되어 스캐너에 돌아올 때 생긴다.

224 다음 중 ①과 ②에 들어갈 내용으로 가장 옳게 짝지어진 것은?

> "요트 항해장비 중에서 대지속력은 (①), 대수속력은 (②)를 이용하여 확인할 수 있다."

	①	②
갑.	항법 컴퓨터	경사계
을.	GPS	풍향풍속계
병.	**GPS**	**수차 회전수**
정.	레이더	경사계

- 대지속력의 확인 : 지문항법, GPS 선속계, 음파선속계(Doppler Log) 등
- 대수속력의 확인 : 선박자체 계기판, 전자식 선속계(EM Log), 수차 회전수 등

225 다음 중 정규 해도가 간행되기 이전에 임시조치로 간행되는 해도로서, 해도 앞에 "P"라는 기호가 붙여진 해도로 옳은 것은?

갑. 개정판 해도   을. 잡용 해도
병. 잠정판 해도   정. 신판 해도

잠정판 해도(Provisional Chart)는 정규해도가 간행되기 이전에 임시조치로 간행된 해도를 말하며 해도의 번호 앞에 (P)라는 약자를 붙인다. 그 밖에 국제해도(INT), 어업용해도(F), 로란해도(L), 특수해도(S) 등이 있다.

226 다음 중 IALA 해상부표식에 대한 설명으로 옳지 않은 것은?

갑. 우리나라는 미국, 일본, 필리핀 등과 함께 B방식을 채택하고 있다.
을. B방식에서 좌현표지는 홍색이며 가항수역은 오른쪽이다.
병. 측방표지는 항해자가 항만, 강, 하구, 기타 수로에 접근할 때 취하는 일반적인 방향을 기준으로 한다.
정. 우현표지의 위치는 항로의 오른쪽 한계에 있고 암초, 침선 등 장애물이 표지보다 오른쪽에 존재한다.

국제항로표지협회(IALA)에서는 각국 부표식의 형식과 적용방법을 통일하여 적용하도록 하였으며, 전 세계를 A와 B 두 지역으로 구분하여 측방표지를 다르게 표시한다. 우리나라는 B방식(좌현 부표 녹색, 우현 부표 적색)을 따르고 있다.

227 한 물표만 있을 때 할 수 있는 동시 관측법으로 옳은 것은?

　　갑. 수평도로법
　　을. 방위거리법
　　병. 수직파고법
　　정. 조류이용법

 방위거리법은 한 물표의 방위와 거리를 동시에 측정하여 그 방위에 의한 위치선과 수평거리에 의한 위치선의 교점을 선위로 정하는 방법이며, 물표가 하나밖에 없을 때 사용한다.

228 다음 보기에서 설명하는 것으로 옳은 것은?

> 협수로를 통과할 때, 출·입항할 때에는 선위측정을 자주하거나 예정 침로를 유지하기가 어려운 경우가 많다. 이런 장소에 접근할 때에는 미리 해도를 보고 뚜렷한 물표의 방위, 거리, 수평 협각 등에 의해 항로 부근에 있는 위험물을 피하기 위한 위험예방선을 그어야 한다.

　　갑. 이안거리
　　을. 경계선
　　병. 피험선
　　정. 안전선

 • 이안거리 : 해안선으로부터 떨어진 거리
• 경계선 : 어느 기준 수심보다 더 얕은 구역을 표시하는 등심선

229 GMDSS가 의미하는 것으로 옳은 것은?

　　갑. 전 세계 해상조난 및 안전통신 제도
　　을. 연안조난통신 제도
　　병. 통항분리제도
　　정. 해상교통분석 제도

 GMDSS는 전 세계적인 해상조난 및 안전통신 제도를 뜻하는 말이다. GMDSS 통신장비에는 VHF 무선설비, MF/HF 무선설비, EPIRB, SART 등이 있다.

제3과목

230 초단파(VHF) 채널 중에서 긴급통신 채널로 옳은 것은?

갑. 채널 10

을. 채널 12

병. 채널 16

정. 채널 20

> **해설** 채널 16(156.8MHz)은 조난, 긴급 및 안전에 대한 통신에만 이용하거나 상대국의 호출용으로만 사용하여야 한다.

231 무선전화에 의한 조난신호로 옳은 것은?

갑. SECURITY   을. SOS

병. PAN-PAN   정. MAYDAY

> **해설**
> • 조난통신 : MAYDAY
> • 긴급통신 : PAN-PAN
> • 안전통신 : SECURITE

232 기류에 의한 조난신호로 옳은 것은?

갑. AB기

을. NC기

병. SO기

정. HG기

> **해설** 국제신호기는 일자신호(Single-flag Signals)와 복수신호(Multi-flag Signals)가 있다. 복수신호는 신호기를 여러 개 조합해서 만드는 것으로 종류가 너무 많아 모두 설명할 수 없다. 가장 대표적인 복수신호기는 다음과 같다.
> • AC : 배를 포기한다.
> • NC : 본선은 조난을 당하였다.
> • RU1 : 본선은 시운전 중이다.
> • UY : 본선은 훈련 중이다(해경, 해군).
> • UW : 안전한 항해를 기원한다.

233 선체가 공기와 물의 경계면에서 운동할 때 발생하는 저항으로 옳은 것은?

갑. 공기저항

을. 마찰저항

병. 조와저항

정. 조파저항

 선박이 수면 위를 항주하면, 선수와 선미 부근에서는 압력이 높아져서 수면이 높아지고, 선체 중앙 부근에서는 압력이 낮아져서 수면이 낮아지므로 파가 생긴다. 이로 인하여 발생하는 저항을 조파저항이라고 한다.

• 조와저항 : 선박이 항주하면 선체 주위의 물 분자는 부착력으로 인하여 속도가 느리고, 선체에서 먼 곳의 물 분자는 속도가 빠름. 이러한 물 분자의 속도차에 의하여 선미 부근에서는 와류가 생겨나는데, 이러한 와류로 인하여 선체는 전방으로부터 후방으로 힘을 받게 됨. 이러한 저항을 조와저항, 또는 와저항이라고 함

234 위성항법시스템(GPS)을 통해 정확한 3차원 위치를 결정하기 위해 필요한 최소한의 위성 개수로 옳은 것은?

갑. 1개

을. 2개

병. 3개

정. 4개

 GPS를 이용해 정확한 3차원 위치를 확인하는 프로그램 중 대표적인 것으로 내비게이션이 있다. 내비게이션을 사용하기 위해서는 4~5개의 위성이 필요한데 이는 위성을 3개 이하로 사용할 경우 오차가 발생하기 때문이다.

235 레이더 스캐너(Scanner)를 회전시키는 주된 이유는?

갑. 모든 방향의 물표를 영상으로 나타내기 위해

을. 발사 전파의 지향성을 높이기 위해

병. 반사 전파의 수신감도를 좋게 하기 위해

정. 레이더 전파의 물체 반사를 돕기 위해

 일반적인 레이더는 안테나를 회전시켜야만 360° 모두 탐지할 수 있다.

236 선박의 항해와 인명의 안전에 위급한 상황이 발생한 경우, 특히 언어적 장애가 있을 때 기타 신호방법과 수단을 규정하고 있는 특수서지로 옳은 것은?

갑. 등대표

을. 조석표

병. 천측력

정. 국제신호서

> 해설
>
> 국제신호서는 선박과 항공기 등이 항행 및 인명의 안전에 관하여 다른 선박, 항공기 등과 신호로 연락을 취할 경우, 특히 언어가 통하지 않는 경우의 방법과 수단(깃발 신호, 발광 신호, 무선 통신 등)을 정해 둔 것으로 9개국어로 작성되었다.

237 외력이 없는 상태에서 두 물표 간의 거리가 10해리이고, 항주하는 데 소요된 시간은 30분일 때 이 배의 속력으로 옳은 것은?

갑. 5노트

을. 10노트

병. 15노트

정. 20노트

> 해설
>
> 1노트는 1시간에 1해리를 항주할 때의 속력을 뜻한다. 10해리를 30분(0.5시간) 만에 항주하였을 경우 10해리 ÷ 0.5시간 = 20노트이다.

238 로프결삭법 중 링이나 말뚝에 줄을 고정시킬 때 사용하며 주로 집 세일에 조종줄을 연결할 때 사용하는 방법으로 옳은 것은?

갑. 리프노트

을. 시트밴드

병. 바우라인

정. 9자매듭

> 해설
>
> 바우라인 매듭은 요트에서 가장 많이 사용하는 매듭으로 묶은 후에도 쉽게 풀 수 있다. 주로 돛을 배의 앞부분에 맬 때 사용한다.

239 고립장애표지에 대한 설명으로 옳지 않은 것은?

갑. 암초, 침선 등 고립된 장애물 상에 설치한다.

을. 표지 주위가 가항수역이다.

병. 표지의 색상은 백색 바탕에 수평으로 적색 띠가 한 개 이상 표시된다.

정. 표지의 두표는 흑색 구형 2개를 세로로 설치한다.

해설 고립장애표지(Isolated Danger Marks)는 암초나 침선 등 고립된 장애물의 위에 설치하는 표지로 두표는 흑구 2개를 수직으로 부착하며, 색상은 검은색 바탕에 적색 띠를 둘러 표시한다. 등색은 백색이고 등질은 Fl(2)에 해당한다.

240 콕핏(Cockpit)에 대한 다음의 설명 중 가장 옳은 것을 고르시오.

갑. 콕핏은 요트의 돛대 앞쪽 갑판머리를 뜻한다.

을. 콕핏으로 고이는 물은 배수구가 없어 배수가 곤란하다.

병. 요트는 콕핏에서 휠 또는 키(Tiller)에 의해서 조종된다.

정. 콕핏은 요트 갑판에서 가장 위험한 장소 중 하나이다.

해설 콕핏은 휠(Wheel) 또는 키(Tiller)에 의해 조종되며, 요트에서 가장 중요한 활동공간이며, 갑판에서 가장 안전한 공간이다. 특히 콕핏으로 고이는 물은 큰 배수구를 통해 자연스럽게 배수된다.

241 메인 세일을 리핑(Reefing)하였을 때 클루(Clew)의 위치와 붐(Boom)과의 이상적인 각도로 옳은 것은?

갑. 15°   을. 30°

병. 45°   정. 90°

해설 클루와 붐의 이상적인 각도는 45°이다.
• 리핑 : 강풍이 불 때 돛의 면적을 줄이거나 집 세일(Jib Sail)을 감는 것
• 클루 : 돛의 뒷부분 모서리
• 붐 : 돛대에 부착되어 돛의 아랫부분을 지탱하는 가로막대

242 선박에서 주로 사용되는 자기 컴퍼스로 옳은 것은?

갑. 건 식

을. 액체식

병. 기계식

정. 진동식

> **해설** 자기 컴퍼스(마그네틱 컴퍼스)는 건식과 액체식이 있다. 건식은 속이 빈 컴퍼스 볼 안에 종이로 만든 컴퍼스 카드를 올려놓은 원시적인 형태의 자기 컴퍼스이다. 액체식은 알코올과 증류수를 넣은 컴퍼스 볼 안에 금속으로 만든 컴퍼스 카드를 띄운 것으로 건식 자기 컴퍼스보다 안정적이라 현재 주로 사용되고 있다.

243 범주에 대한 설명 중 빈칸 안에 들어갈 말로 옳은 것은?

> 바람 쪽으로 요트가 돌아가는 것을 (①)이라 하고, 반대로 바람으로부터 멀어지면 (②)라고 한다.

갑. ① 러핑(Luffing), ② 리웨이(Leeway)

을. ① 러핑(Luffing), ② 베어링 어웨이(Bearing Away)

병. ① 러닝(Running), ② 리웨이(Leeway)

정. ① 러닝(Running), ② 베어링 어웨이(Bearing Away)

> **해설**
> • 러핑 : 선박의 코스를 풍상 쪽으로 바꾸는 것
> • 베어링 어웨이 : 선박의 코스를 풍하 쪽으로 바꾸는 것
> • 리웨이 : 선박이 항행할 때 어느 한쪽 현에서 바람을 받아 풍하 쪽으로 떠밀리는 것
> • 러닝 : 바람을 뒤에서 받으며 범주하는 상태

244 범주 중 태킹에 실패하여 노고존(No Go Zone)에 들어갔을 때, 탈출하는 과정으로 옳지 않은 것은?

갑. 먼저 스키퍼는 키를 우측으로 민다.

을. 동시에 선원은 오른쪽으로 집을 당긴다.

병. 요트는 뒤로 후진하고 키는 반대가 된다. 집을 원하는 방향 쪽의 선수로 민다.

정. 요트가 다른 방향으로 가자마자 스키퍼는 키를 중앙에 놓고, 선원은 집을 좌측으로 놓는다.

> **해설** 키는 그대로 둔 상태에서 세일을 조종해야 한다.

245 위험물이 많은 연안을 항해하거나 조종 성능에 제한을 받는 상태에서 항해할 때 선정해야 하는 항로로 가장 옳은 것은?

갑. 해안선과 평행한 항로

을. 우회항로

병. 추천항로

정. 이안항로

해설 다소 우회하더라도 안전한 항로인 우회항로를 이용해야 한다.

246 선박에서 사용하는 해묘(Sea Anchor)의 용도로 옳은 것은?

갑. 좁은 수로에서 회두 시 사용

을. 부두에서 이안 시 이용

병. 충돌 시 충돌완화에 이용

정. 표류 시 풍랑을 선수로부터 받기 위하여 사용

해설 해묘는 항해 중 소형선박의 이동이 어려운 경우 선수를 풍랑에 세우기 위하여 선수에서 내리는 저항물로, 횡파를 받아서 전복되는 것을 막아준다. 소형선에서 라이 투(Lie to) 조선 시 병행하면 효과를 높일 수 있다.

247 국내에서 간행되는 등대표 및 해도에 표시된 등고(燈高)의 기준면으로 옳은 것은?

갑. 평균수면에서 등화 중심까지의 높이

을. 평균고조면에서 등화 중심까지의 높이

병. 기본수준면에서 등화 중심까지의 높이

정. 약최고고조면에서 등화 중심까지의 높이

해설 평균수면은 자연목표, 등대 등의 기준이 되는 해면으로, 일정 기간 관측한 해면의 평균 높이이다. 등고는 평균수면에서 등화의 중심까지를 말하며 해도나 등대표의 등질에 표시한다.

제3과목

248 북방위 표지의 의미로 옳은 것은?

갑. 북방위 표지에서 남쪽은 항해에 안전하다.
을. **북방위 표지에서 북쪽은 항해에 안전하다.**
병. 북방위 표지에서 서쪽은 항해에 안전하다.
정. 북방위 표지에서 동쪽은 항해에 안전하다.

> **해설**
> **방위표지**
> 선박은 각 방위가 나타내는 방향으로 항행하면 안전하다. 방위표지에 부착하는 두표는 원추형 2개를 사용하여 각 방위에 따라 서로 연관이 있는 모양으로 부착한다.

종 별		표 체	두 표		등 색	등 질
방위표지	북방위 표지	상부흑 하부황	정점상향 (흑색)	▲ ▲	백	VQ	급섬광등 초급섬광등
	동방위 표지	흑색바탕 황색띠1개	저면대향 (흑색)	▲ ▼	백	VQ(3)	군초급 섬광등
	남방위 표지	상부황 하부흑	정점하향 (흑색)	▼ ▼	백	VQ(6)+LFI	군초급 섬광등 + 장섬광등
	서방위 표지	황색바탕 흑색띠1개	정점대향 (흑색)	▼ ▲	백	VQ(9)	군초급 섬광등

249 레이더에서 눈이나 비에 의한 반사파를 억제하기 위한 조정기로 옳은 것은?

갑. **우설반사억제기(FTC)**　　　　을. 해면반사억제기(STC)
병. 전자식방위선(EBL)　　　　　　정. 가변거리측정기(VRM)

> **해설**
> 우설반사억제기(FTC)는 비나 눈 등의 영향으로 화면상에 방해현상이 많아져서 물체의 식별이 곤란한 경우에 방해현상을 줄이기 위한 장치다.
> • 해면반사억제기 : 감도 조절을 통해 해면반사파의 영향을 억제할 때 사용
> • 전자식방위선 : 사용자의 선박과 물표 간 방위를 측정할 때 사용
> • 가변거리측정기 : 사용자의 선박에서 물표까지의 거리를 구할 때 사용

250 선박을 임의로 좌주시키고자 하는 경우 적당한 장소로 옳지 않은 것은?

 갑. 암석이 없는 경사가 급한 해안

을. 굴곡이 없고 지반이 딱딱한 해안

병. 강한 조류나 너울이 없고 외해로 노출되어 있지 않은 해안

정. 조수간만의 차가 큰 해안

> **해설** 임의좌주란 선체손상이 심각해 침몰 직전에 이르게 되면 선체를 적당한 해안에 좌초하는 것을 말한다. 임의좌주를 위한 적당한 해안은 해저가 모래나 자갈로 구성된 곳으로 추후 이초작업에 도움을 줄 수 있도록 갯벌은 가급적 피해야 한다. 또한 경사가 완만하고 육지로 둘러싸인 곳으로 강한 조류가 없는 곳이 좋다. 조수간만의 차가 클 경우 간조 시 선체의 손상부를 수리하기 좋다.

251 2포인트(점)는 몇 도인가?

갑. 11°15'

 을. 22°30'

병. 33°45'

정. 45°

> **해설** 360°는 32포인트로 1포인트는 11°15'이다. 그러므로 2포인트는 22°30'이다.

252 해도의 나침도 중앙에 있는 Var. 6°W에서 Var.이 의미하는 것으로 옳은 것은?

갑. 자 차

을. 조 류

 병. 편 차

정. 유 향

> **해설** 진북(진자오선)과 자북(자기자오선)이 일치하지 않아 생긴 교각을 편차(V, Var, Variation)라고 하며, 장소와 시간의 경과에 따라 변하게 된다.

253 생소한 해역을 처음 항행할 때의 항로로 가장 옳은 것은?

갑. 해안선과 평행한 항로

을. 우회항로

병. 추천항로

정. 이안항로

해설 처음 가보는 생소한 해역을 항행할 때에는 특별한 이유가 없는 한 추천항로를 따르는 것이 안전하다.

254 레이더 플로팅을 할 때 충돌의 위험이 가장 높은 상황으로 옳은 것은?

갑. 자선과 타선 간에 속력의 변화가 없다.

을. 자선과 타선 간에 거리의 변화가 없다.

병. 자선과 타선 간에 방위의 변화가 없다.

정. 자선과 타선 간에 영상의 변화가 없다.

해설 레이더 화면에서 상대선의 방위가 변화하지 않고 거리가 가까워지는 것은 본선과 충돌할 위험이 있다는 것을 의미한다.

255 90°식 방위표시법에서 N60°W는 360°식 방위표시법으로는 몇 도인가?

갑. 220°   을. 240°

병. 300°   정. 320°

해설 90°식 방위표시법은 북과 남을 기준으로 하여 동서로 각각 90°까지 측정하는 것이다. N60°W는 북(N)을 기준으로 서(W)로 60°만큼 움직인 값이기에 360°식 방위표시법으로는 300°에 해당한다.

256 다음 보기에서 설명하는 등화로 옳은 것은?

> 풍랑이나 조류 때문에 등부표를 설치하기 어려운 위험한 지점으로부터 가까운 곳에 등대가 있는 경우 그 등대에 강력한 투광기를 설치하여 그 위험구역을 유색등으로 표시하는 등화

갑. 도 등   을. 지향등
병. 임시등   정. 조사등

 조사등은 육지에서 가까운 곳에 위치한 암초 등을 조사(照射)하거나 항구가 좁은 항만 등에서 배의 입출항을 쉽게 하기 위해 방파제 등대에 병설하여 선박에 암초 등 위험물의 소재를 알려 주는 항로표지를 말한다.
- 도등 : 통항이 곤란한 좁은 수로, 항만 입구 등에서 항로의 연장선 위에 높고 낮은 2~3개의 등화를 앞뒤로 설치하여 선박을 인도
- 지향등 : 선박의 통항이 곤란한 좁은 수로, 항구, 만의 입구 등에서 선박에게 안전한 항로를 알려 주기 위하여 항로 연장선상의 육지에 설치한 분호등
- 임시등 : 출·입항선이 있을 때 임시로 점등하는 등화

257 세일링 크루저에서 바우맨(Bowman)의 역할로 가장 옳지 않은 것은?

갑. 마스트(Mast)보다 앞 선두의 일 전반을 담당
을. 견 시
병. 집 세일 시트(Jib Sail Sheet)의 당김
정. 집(Jib)의 스커트(Skirt)

 바우맨은 요트의 마스트보다 앞에 있는 포어데크에서의 작업을 담당한다. 집 세일 시트의 조절은 트리머(Trimmer)의 역할이다.

258 빈칸 안에 들어갈 말로 옳은 것은?

> 킬(Keel)의 두 가지 목적은 (   )에 저항하기 위한 목적과 요트의 안전성을 제공하기 위함이다.

 갑. 리웨이(Leeway)

을. 메인 세일(Main Sail)

병. 맞바람(Head Wind)

정. 순풍(Sailing Down Wind)

> **해설** 킬의 목적 두 가지는 조류에 의해 밀리는 힘(Leeway)에 저항하고 요트의 안전성을 제공하기 위함이며, 키(Rudder)의 기본적인 역할은 요트의 조종과 리웨이 현상에 저항하는 킬을 돕는 것이다.

259 다음 중 섬광등에 대한 설명으로 옳은 것은?

갑. 빛을 비추는 시간이 꺼져 있는 시간보다 길다.

을. 꺼지지 않고 일정한 광력으로 비추는 등이다.

 병. 빛을 비추는 시간이 꺼져 있는 시간보다 짧다.

정. 2가지 색을 교대로 비추는 등이다.

> **해설** 섬광등은 360°에 걸치는 수평의 호를 비추는 등화로서 일정한 간격으로 1분에 120회 이상 섬광을 발하며, 등광이 꺼진 시간이 빛을 내는 시간보다 길다.

260 항로, 암초, 항행 금지 구역 등을 표시하는 지점에 고정 설치하여 선박의 좌초를 예방하고, 항로의 안내를 위하여 설치하는 표지로 옳은 것은?

갑. 등 대 　　　　　　　　　　을. 등 주

병. 등부표 　　　　　　　　　 정. 등 표

> **해설**
> • 등대 : 가장 대표적인 항로표지로, 선박의 물표가 되기 알맞은 육상의 특정한 장소에 설치한, 탑과 같이 생긴 구조물
> • 등주 : 항구 또는 항내에 설치하며, 쇠나 나무 또는 콘크리트 기둥의 꼭대기에 등을 달아 놓은 것
> • 등부표 : 해저의 일정한 장소에 체인으로 연결되어 해면에 떠있는 구조물로, 선박의 변침점이나 항로를 안내

261 크루저 요트에서 태풍용 세일에 대한 다음의 설명으로 가장 옳지 않은 것은?

 갑. 태풍용 세일은 통상적인 세일보다 더 크고 단단하다.

을. 태풍용 세일은 보강재와 솔기 박음질이 추가된 무거운 범포로 제조된다.

병. 작은 악천후용 세일인 트라이 세일은 메인 세일의 자리에 설치한다.

정. 작은 태풍용 세일인 스톰 집은 트라이 세일 앞쪽에 설치한다.

> **해설** 태풍용 세일은 통상적인 세일보다 더 작다.

262 닻줄의 2절(2 Shackle)의 길이로 옳은 것은?

갑. 18m   을. 25m

병. 36m   정. 50m

> **해설** 1 Shackle은 25m이므로 2 Shackle은 50m이다.

263 다음 중 빈칸 안에 들어갈 각도로 알맞은 것은?

> 태킹(Tacking)에서 요트가 풍축을 중심으로 달릴 수 있는 각도는 '풍상향의 각도 약 (   )'이다.

 갑. 45도   을. 60도

병. 90도   정. 120도

> **해설** 태킹 시 요트가 풍축을 중심으로 달릴 수 있는 각도는 요트의 선형(배 몸통의 모양) 및 범장(돛)의 형태에 따라 다르지만 그 한도는 약 45° 정도가 된다.

264 '본선에 의료지원을 바람'을 나타내는 국제신호기로 옳은 것은?

갑. O기

을. B기

병. A기

정. W기

해설

문자기

A a	잠수부를 내리고 있습니다. 미속으로 충분히 피해 주세요.	**N** n	No(부정 / 방금 부저는 부정의 의미로 이해해주십시오)
B b	① 위험물을 하역 중입니다. ② 위험물을 운송 중입니다.	**O** o	사람이 바다에 빠졌습니다.
C c	Yes(긍정 / 방금 부저는 긍정의 의미로 이해해주십시오)	**P** p	① (항내에서) 본선은 출항하려 하므로 전원 귀선해 주시기 바랍니다. ② (해상으로) 본선의 어망이 장애물에 걸리고 있습니다.
D d	피해 주세요. 조종이 어렵습니다.	**Q** q	본선의 건강상태는 양호합니다. 검역·교통 허가서를 교부해주세요.
E e	진로를 오른쪽으로 바꾸고 있습니다.	**R** r	수신했습니다.
F f	조종할 수 없습니다. 통신해 주십시오.	**S** s	본선의 기관은 후진 중입니다.
G g	① 수로 안내인(도선사)이 필요합니다. ② 어망 중입니다.	**T** t	본선을 피해주세요.
H h	수로 안내인(도선사)을 태우고 있습니다.	**U** u	당신의 진로에 위험요소가 있습니다.
I i	진로를 왼쪽으로 바꾸고 있습니다.	**V** v	원조를 부탁합니다.
J j	화재 중으로 위험화물을 적재하고 있습니다. 충분히 피해 주세요.	**W** w	의료 원조를 부탁합니다.
K k	당신과 통신하고 싶습니다.	**X** x	운항을 중지하고 신호에 주의해 주세요.
L l	당신이 곧 정선(항행 정지)해 주었으면 합니다.	**Y** y	본선의 닻이 고정되어 있지 않습니다.
M m	본선은 정선(정지)하고 있습니다.	**Z** z	① 예인선을 주세요. ② 투망 중입니다.

265 레이더의 성능으로 등거리에 인접한 두 물표가 지시기 화면상에 두 개의 점으로 분리 표시되기 위한 최소한의 방위차를 나타내는 단어로 옳은 것은?

갑. 거리분해능

을. **방위분해능**

병. 최소탐지거리

정. 최대탐지거리

 • 거리분해능 : 레이더에서 동일 방향에 있는 두 물표가 얼마만큼 접근해도 2개로 구별할 수 있는지를 나타내는 능력
• 최소탐지거리 : 레이더에서 물표를 탐지할 수 있는 최소 거리
• 최대탐지거리 : 레이더에서 물표를 탐지할 수 있는 최대 거리

266 북반구 기준 태풍의 중심에서 벗어나기 위한 다음의 설명 중 옳지 않은 것은?

갑. 풍향이 우전(R)하면 요트는 우측(R) 위험반원에 위치한다.

을. 풍향이 좌전(L)하면 요트는 우측(L) 가항반원에 위치한다.

병. 바람을 향해 서서 정면을 0도로 보고 오른팔이 112도 쪽으로 가리키는 방향에 태풍의 중심이 있다.

정. **요트가 위험사분원에 있다면 포트택으로 크로즈홀로 달아난다.**

 북반구에서 태풍은 우전하며 이동하며, 바람은 반시계방향으로 불어 들어온다.
• RRR법칙 : 풍향이 우전(R), 선박은 우측(R)반원, 바람을 우현(R)선수로 받으며 태풍중심에서 멀어진다.
• LLS법칙 : 풍향이 좌전(L), 선박은 좌측(L)반원, 바람을 우현(S)선미로 받으며 피한다.
• 요트가 풍향이 우전(R)하는 위험사분원(R)에 있다면 스타보드택(R)으로 크로즈홀로 달아난다.

제3과목

267 요트가 바람을 거슬러 올라가는 풍상범주의 원리로 옳은 것은?

갑. 베르누이의 정리
을. 뉴튼의 제3법칙
병. 카오스 이론
정. 토리첼리의 법칙

해설 풍상범주에서의 항해 원리

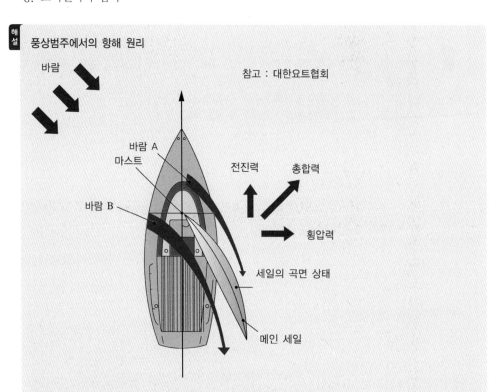

참고 : 대한요트협회

'베르누이의 정리'에 따라 유체가 수평면에서 운동할 때 유속이 증가하면, 압력이 하강한다. 그림과 같이 바람이 불 때 메인 세일 면을 경계로 하여 바람 A의 속도는 빨라지고 바람 B의 속도는 느려진다. 따라서 바람 B의 압력이 더 높아지고 총합력이 우상단 방향으로 작용한다. 이것이 요트가 바람을 거슬러 올라가는 원리이다.

268 레이더의 거짓상 중에, 레이더 전파가 자선과 물표의 사이를 2회 이상 왕복하여서, 하나의 영상이 화면상에 여러 개로 나타나는 것을 무엇이라 하는가?

갑. 다중 반사   을. 간접 반사

병. 거울면 반사   정. 사이드로브

 다중 반사

자선 근방(주로 정횡 방향)에 대형선이 위치하고 있을 때는 자선과 상대 선박 사이에 수회에 걸쳐 반복되는 전파의 다중 반사가 발생한다. 다중 반사의 특징은 물표가 있는 방향을 따라 같은 간격으로 비슷한 영상이 반복적으로 나타나는데, 가장 가까이 나타나는 영상이 실제의 물표 영상이다.

• 간접 반사 : 전파가 선내 마스트 등에 부딪힐 경우 허상이 발생하는 것
• 거울면 반사 : 간접 반사의 일종으로 매끈한 육상의 구조물에 의해 전파가 반사되어 실상과 다른 위치에 허상이 발생하는 것
• 사이드 로브(Side Lobe) : 레이더의 측엽을 의미

269 스피니커 클루(Spinnaker Clew)에 대한 설명 중 옳은 것은?

갑. 스피니커 폴(Spinnaker Pole)의 끝에 고정되는 부분이다.

을. 핼리어드(Halyard)에 매달려 있는 부분이다.

병. 시트(Sheet)로만 묶여 있는 부분이다.

정. 붐(Boom)의 아웃 홀(Out Haul)에 묶여 있는 부분이다.

 스피니커는 러닝(Running) 시 집 세일의 전방에 설치하는 돛을 말한다. 스피니커 클루는 스피니커의 뒤쪽 모서리 부분에 돛을 묶을 수 있게 붙어 있는 고리나 구멍을 뜻한다. 따라서 스피니커 클루는 시트로 만 묶을 수 있다.

270 임의좌주(임시좌주, Beaching)를 위해 적당한 해안을 선정할 때 유의사항으로 가장 옳은 것은?

갑. 해저가 모래나 자갈로 구성된 곳은 피한다.

을. 경사가 완만하고 육지로 둘러싸인 곳을 선택한다.

병. 임의좌주 후 자력 이초를 고려하여 강한 조류가 있는 곳을 선택한다.

정. 임의좌주 후 자력 이초에 도움을 줄 수 있도록 갯벌로 된 곳을 선택한다.

 임의좌주에 적당한 해안은 해저가 모래나 자갈로 이루어진 곳이 좋다.

271 항행 중인 선박이 해저로 발사한 음파와 반사되어 수신한 음파는 주파수차가 생기고 이것은 선박의 속도에 비례한다는 원리를 이용한 항해계기로 옳은 것은?

갑. 측심의
을. 시진의
병. 도플러 선속계
정. 전자식 선속계

해설 항해 중인 선박의 밑바닥에서 해저를 향하여 발사한 음파와 이것이 해저에서 반사되어 수신된 음파에는 주파수차가 생기는데 이를 도플러 주파수라고 하며, 이것은 선박 속도에 비례한다는 원리를 이용한 것이 도플러 선속계이다.

272 윤활유(엔진오일, 기어오일 등)에 해수가 혼합되었을 때의 색깔로 옳은 것은?

갑. 적 색
을. 회 색
병. 검정색
정. 푸른색

해설 윤활유 중에 해수 등의 전해질 수용액이 혼입되면 산화물이 생성되는데 산화물과 윤활유가 섞일 경우 윤활유가 회색을 띤다.

273 다음 중 레이더의 최소탐지거리에 영향을 주는 요소로 옳지 않은 것은?

갑. 펄스의 길이
을. 해면 반사파
병. 수직 빔폭
정. 스캐너 회전율

해설
• 스캐너 회전율은 최대탐지거리와 관련있다. 스캐너 회전율이 낮을수록 최대탐지거리가 늘어난다.
• 펄스폭의 1/2 내에 있는 물체는 측정이 불가능하다. 따라서 펄스 길이를 줄일수록 최소탐지거리가 늘어난다.
• 해면 반사파를 줄이기 위해 STC(Sensitivity Time Control) 사용 시 최소탐지거리가 늘어난다.
• 수직 빔폭이 클수록 최소탐지거리가 줄어든다.

274 맞바람을 받으며 태킹(Tacking)을 반복하면서 지그재그로 범주하는 상태로 옳은 것은?

갑. Reefing

을. Sailing

병. Beating

정. Luffing

 • 리핑(Reefing) : 강풍이 불 때 돛의 면적을 줄이거나 집 세일(Jib Sail)을 감는 것
• 세일링(Sailing) : 돛을 펴고 달리는 것
• 러핑(Luffing) : 선박의 코스를 풍상 쪽으로 바꾸는 것

275 바람의 방향에 대해서 요트를 90° 방향으로 전진시키는 상태로 옳은 것은?

갑. 윈드 어빔(Wind Abeam)

을. 윈드워드(Windward)

병. 웨더헬름(Weather Helm)

정. 웨더사이드(Weather Side)

• 윈드워드 : 풍상측으로 항해하는 것
• 웨더헬름 : 바람에 대해 요트의 코스를 유지하기 위하여 풍상으로 틸러를 잡아당겨야 하는 불균형 헬름
• 웨더사이드 : 풍상측 뱃전

276 장거리 요트 항해 시 1일 1인당 식수기준으로 옳은 것은?

갑. 약 0.5리터

을. 약 1.0리터

병. 1.8리터

정. 2.8리터

장거리 요트 항해 시 1일 1인당 식수기준은 1.8리터이다.

277 무어링라인(Mooring Line) 중 요트의 선수에서 좌우로 묶어 결박하는 것으로 옳은 것은?

갑. Bow Line

을. Stern Line

병. Spring Line

정. Heaving Line

• 스턴라인(Stern Line) : 선미에 있는 밧줄
• 스프링라인(Spring Line) : 현측에 위치한 밧줄로 선박 길이방향의 힘을 지탱
• 히빙라인(Heaving Line) : 굵은 밧줄을 던지기 전 미리 던지는 가는 밧줄. 던짐줄이라고도 함

278 계류설비 중 계선줄을 고정하는 기둥이 2개인 것으로 옳은 것은?

갑. 비 트

을. 볼라드

병. 클리트

정. 캡스턴

> 해설
> • 비트 : 볼라드와 비슷하지만 기둥이 1개
> • 클리트 : 계선줄을 고정시키는 걸이로 납작한 모양
> • 캡스턴 : 수평방향으로 선박의 계선줄을 감는 기계

279 로프결삭법 중 비트나 볼라드에 로프를 묶을 때 사용하는 방법으로 옳은 것은?

갑. 클러브

을. 스퀘어

병. 피셔맨

정. 바우라인

> 해설
> • 스퀘어 : 2개의 굵기가 같은 로프를 연결할 때 사용하는 매듭
> • 피셔맨 : 앵커에 로프를 묶을 때 사용하는 매듭
> • 바우라인 : 올가미가 조이지 않게 고정할 때 사용하는 매듭

280 겉보기 풍향의 변화를 감지하여 타자루를 조작하는 요트의 자동 조종장치는 무엇인가?

갑. 자동조타장치(Auto Pilot)

을. 풍향날개(Wind Vane)

병. 수차선속계(Log)

정. 나침반(Compass)

> 해설
> 요트가 바람을 받는 방향에 풍향날개를 고정하고, 겉보기 바람이 변했을 때 그 풍향 차이를 감지하여 원래의 겉보기 바람에 알맞게 자동으로 침로를 변경한다.

281 해도상 해저 저질 표시 중 'R'이 뜻하는 것으로 옳은 것은?

 갑. 바 위

을. 돌

병. 모 래

정. 산 호

> 해설 R은 바위(**R**ock)이다.
> • 돌 : St(**St**one)
> • 모래 : S(**S**and)
> • 산호 : Co(**Co**ral)

282 스피니커를 전개할 때 딥 폴 자이브(Dip Pole Gybe)에 대한 설명 중 옳은 것은?

갑. 풍하 쪽의 스핀폴(Spin Pole)을 반대쪽으로 신속히 전개하는 것

을. 풍상 쪽의 스핀폴을 풍하 쪽으로 전개하는 것

병. Mast 쪽의 스핀폴을 높이 올려 반대쪽 폴의 끝을 포스테이(Forestay) 아래로 기어들게 하는 것

정. 포스테이 쪽의 스핀폴을 높이 올려 반대쪽 줄의 끝을 마스트 아래쪽으로 기어들게 하는 것

> 해설 딥 폴 자이브(Dip Pole Gybe)는 폴의 끝을 낮추어서 반대편 포스테이를 비키는 방식의 자이브다.
> • 포스테이 : 돛대의 선수에 고정되는 와이어를 말하며 헤드스테이라고도 함

283 선박이 파도를 선미로부터 받으며 항주할 때, 선체 중앙이 파도의 마루나 파도의 오르막 파면에 위치하면 급격한 선수 동요에 의해 선체가 파도와 평행하게 놓여 위험에 처할 수 있는데 이러한 현상을 나타내는 말로 옳은 것은?

갑. 레이싱

을. 슬래밍

병. 브로칭

정. 러 칭

> 해설
> • 레이싱 : 배의 뒷부분이 수면 위로 올라오면서 스크루가 공회전하는 현상
> • 슬래밍 : 거친 파랑 중을 항행하는 선박이 길이 방향으로 크게 동요하게 되어 선저가 수면 상으로 올라와서 떨어지면서 수면과의 충돌로 인해 선수 선저의 평평한 부분에 충격이 가해지는 현상
> • 러칭 : 선체가 횡동요 중 옆에서 돌풍을 받거나 또는 파랑 중에 대각도 조타를 할 경우 선체가 갑자기 큰 각도로 기우는 현상

284 요트의 범주 중 풍압의 중심(CE)을 설명한 것으로 옳은 것은?

갑. 풍축을 중심으로 정확하게 바람이 45° 집 세일에 받는 상태

을. 러닝 상태로 범주 후 바람 방향이 바뀌는 상태

병. 돛 전체에 받는 바람 총합력의 중심점

정. 클로스 홀드(Close Hauled) 상태에서 풍축을 중심으로 바람이 바뀌는 상태

 보통 한 활의 삼각돛에서는 각 변의 중심에서 다른 꼭짓점까지 잇는 교차점이 풍압중심이 되며, 돛이 두 활일 경우에는 각각의 중심점을 구하여 두 개의 중심점을 이은 선상에 돛 면적에 비례하여 풍압 중심점을 이동하면 된다.

285 세일링 요트의 범주 용어에 대한 설명으로 가장 옳은 것은?

갑. Port Side는 요트가 계류장에 맞닿아 계류하는 현측을 말한다.

을. Starboard Tack은 우현에서 바람을 받아 좌현에 세일이 퍼진 상태이다.

병. Starboard Side는 좌현에서 바람을 받아 우현에 세일이 퍼진 상태이다.

정. 요트의 선수를 Stern, 선미를 Bow라고 부른다.

 • 요트의 선수는 Bow, 선미는 Stern, 우현 현측은 Starbord Side, 좌현 현측은 Port Side라고 한다.
• Starborad Tack 또는 Port Tack은 범주 중 바람을 받는 현측에 따라 Tack이 결정된다.

286 요트가 2시간 동안 18해리를 달릴 때의 속력으로 옳은 것은?

갑. 2노트

을. 4노트

병. 6노트

정. 9노트

 1노트(knot)는 1시간에 1해리를 항해할 때의 속력이다. 2시간 동안 18해리를 항해했을 경우

18 ÷ 2 = 9

따라서 정답은 9노트이다.

287 다음 중 우리나라에서 항내로 진입 시 왼쪽 방파제 끝에 세운 등대의 등색으로 옳은 것은?

 갑. 녹 색

을. 홍 색

병. 백 색

정. 황 색

해설 **국제해상부표 시스템**

국제항로표지협회(IALA)에서는 각국 부표식의 형식과 적용방법을 통일하여 적용하도록 하였으며, 전 세계를 A와 B 두 지역으로 구분하여 측방표지를 다르게 표시한다. 우리나라는 B방식(좌현 부표 녹색, 우현 부표 적색)을 따르고 있다.

288 야간에 인천항 입항 중 전방에 홍색 부표가 보일 때의 항행법으로 옳은 것은?

 갑. 부표의 왼편으로 간다.

을. 부표의 오른편으로 간다.

병. 부표만 안전하게 피해 간다.

정. 좌현 부표로 간주한다.

해설 우리나라가 채택하고 있는 국제해상부표 방식은 B방식으로, 좌현 부표는 녹색이고 우현 부표는 적색이다. 우현 부표는 수로의 오른쪽 끝을 나타내는 것이므로 부표의 왼편으로 항해해야 한다.

289 부표의 위치가 항로 좌측 한계에 있고, 이 부표의 우측에 가항수역이 있다는 것을 의미하는 측방표지로 옳은 것은?

갑. 우현표지

 을. 좌현표지

병. 우항로 우선 표지

정. 좌항로 우선 표지

해설 수로의 좌우측 한계를 표시하기 위한 표지를 측방표지라고 한다. 측방표지는 수로의 가장자리에 설치되므로 수로 좌측 한계에 설치된 좌현표지의 오른편이 가항수역이다.

290 풍상 항해에 대한 보기의 설명 중 올바른 것으로만 짝지어진 것은?

> ① 빔리치 – 세일의 트림을 유지하면 가장 빠른 속도를 얻는다.
> ② 빔리치 – 러프나 텔테일을 보면서 양 세일을 늦추면 브로드리치에서 빔리치로 전환된다.
> ③ 클로스리치 – 클로스리치에서는 항상 풍상으로의 힘을 받는다.
> ④ 데드 런 – 좌우에 롤링이 느껴지고 정 앞으로 바람을 받는 자세이다.
> ⑤ 클로스 홀드 – 속도가 느려지거나 노 세일 존으로 너무 올라가면 지브 세일이 펄럭인다.

 갑. ①, ③, ⑤
을. ②, ③, ⑤
병. ③, ④, ⑤
정. ②, ④, ⑤

> **해설** ② 풍하 항해 시의 빔리치 설명이며 양 세일을 늦추면 빔리치에서 브로드리치로 전환된다.
> ④ 풍하 항해 시 해당하는 데드 런으로, 정 앞이 아닌 정 뒤로 바람을 받는 자세이다.

291 풍하 항해에 대한 보기의 설명 중 올바른 것으로만 짝지어진 것은?

> ① 빔리치 – 러프나 텔테일을 보면서 양 세일을 당기면 빔리치에서 브로드리치로 전환된다.
> ② 트레이닝 런 – 돛을 가능한 한 멀리 풀어 주면 브로드리치에서 트레이닝 런으로 바뀐다.
> ③ 트레이닝 런 – 돛을 너무 풀면 메인 세일이 슈라우드에 부딪히기 때문에 너무 풀면 안 된다.
> ④ 트레이닝 런 – 돛을 너무 풀더라도 메인 세일과 달리 집 세일은 제한이 없다.
> ⑤ 데드 런 – 스키퍼는 풍하로 선원은 풍상의 위치에 자리한다.

갑. ①, ②, ③
을. ②, ③, ④
병. ③, ④, ⑤
정. ①, ②, ⑤

> **해설** ① 양 세일을 늦추면 빔리치에서 브로드리치로 전환된다.
> ⑤ 좌우에 롤링이 느껴지고 정 뒤로 바람을 받는 자세인 '데드 런'으로, 스키퍼는 풍상, 선원은 풍하의 위치에 자리한다.

292 포항항에 입항하려 할 때 포항항의 항로표지, 항로의 상황 등 제반사항을 참고하기 위하여 사용하는 수로서지로 옳은 것은?

갑. 수로도지
을. 조석표
병. 등대표
정. 항로지

- 수로도지 : 선박의 안전하고 능률적인 항행을 위해 발행한 것. 해도와 수로서지로 구분되며, 수로서지는 항로지와 수로특수서지로 구분됨
- 조석표 : 각 지역의 조석 및 조류에 대해 상세히 기술해 둔 서적
- 등대표 : 해상교통안전 등에 이용하기 위하여 우리나라 연안 및 내해에 설치되어 있는 모든 항로표지를 수록하여 발간한 서적
- 항로지(Sailing Direction) : 해상의 기상·해류·조류 등의 여러 현상과 도선사·검역·항로표지 등의 일반기사 및 항로의 상황, 연안의 지형, 항만의 시설 등이 기재되어 있는 수로서지. 해도에 표현할 수 없는 사항을 설명해 두었기에 모르는 지역을 항해하는 항해자에게 상세한 예비지식을 제공함

293 요트를 현측으로 접안하고자 할 때의 진입각도로 옳은 것은?

갑. 계류장과 평행하게
을. 약 20~30°
병. 약 45~60°
정. 직 각

정답은 20~30°이지만 실제 운항 시에는 요트가 둥근 모양인 것을 감안하여 30~45°로 설정하고 진입하는 것이 안전하다.

294 요트가 범주(세일링)하고 있는 상태로 옳은 것은?

갑. 시버(Shiver) 상태

을. 데드십(Dead Ship) 상태

병. 러닝(Running) 상태

정. 노고존(No Go Zone) 상태

 해설
- 시버 상태 : 돛이 펄럭이며 흔들려서 배에 전진하는 힘이 가해지지 않는 상태
- 데드십 상태 : 동력의 상실로 배가 움직이지 않는 상태
- 노고존 상태 : 세일요트는 바람이 불어오는 정면으로 범주할 수 없는데, 이 범위에 들어선 상태

295 대체로 1°마다 점장되어 있고 장거리 항해계획에 사용되며 원양의 수심, 외방 등대가 기재되어 있는 해도로 옳은 것은?

갑. 항양도　　　　　　　　　　　을. 항해도

병. 해안도　　　　　　　　　　　　정. 총 도

 해설
- 항양도 : 축척이 100만분의 1 이하이고, 해안에서 멀리 떨어진 바다의 수심·주요한 등대·연안에서 눈에 잘 띄는 부표·멀리에서 보이는 육상의 물표 등이 그려진 해도
- 항해도 : 축척이 30만분의 1 이하이고, 육지와 멀리 바라보면서 항해할 때 사용하며 육상의 물표 등을 측정함으로써 선위를 직접 해도상에서 구할 수 있도록 그려진 해도
- 해안도 : 축척이 5만분의 1 이하이고, 연안 항해에 사용하며 연안의 상황이 상세히 표시된 해도
- 총도 : 축척이 400만분의 1 이하이고, 세계전도와 같이 극히 넓은 구역을 그린 것으로, 항해계획도에 편리하며 긴 항해에도 사용할 수 있는 해도

296 요트가 풍축을 중심으로 풍상으로 거슬러 올라갈 때 필요한 힘으로 옳은 것은?

갑. 풍 압

을. 양 력

병. 웨더헬름(Weather Helm)

정. 리헬름(Lee Helm)

해설
요트는 베르누이의 정리에 따라 양력을 이용하여 바람을 거슬러 항주한다. 이는 비행기가 하늘에 뜨는 원리와 동일하다.

297 다음 중 방위측정기구로 옳지 않은 것은?

 갑. 육분의

을. 방위경

병. 방위환

정. 방위반

육분의(Sextant)는 선박이 항해 중에 천체와 수평선 혹은 지평선과의 각도를 측정함으로써 현재의 위치를 알아내는 도구다. 하지만 실제 육분의로 측정할 수 있는 건 위도이며, 태양·달의 고도각으로 경도를 측정하기 위해서는 시계가 추가로 필요하다. 따라서 육분의 자체만으로는 방위측정기구라고 말하기 어렵다.

298 선수흘수와 선미흘수의 차이를 나타내는 말로 옳은 것은?

 갑. 트림

을. 만재흘수선

병. 건 현

정. 평균흘수

트림은 선수흘수와 선미흘수의 차이를 뜻한다. 일반적으로 선박은 항해 시 약간의 선미트림 상태(선미의 흘수가 선수의 흘수보다 클 때)를 유지하는 것이 추진력과 타효에 유리하다.

299 다음 보기에서 설명하는 것으로 옳은 것은?

> 요트의 돛이 바람을 받으면 활모양의 단면을 이루는데 그 깊이를 말하는 것이다. 항해 중 바람이 강할수록 작게 하고, 미풍 시에는 크게 해야 요트의 추진력을 효과적으로 얻을 수 있다.

 갑. 캠버(Camber)

을. 트림(Trim)

병. 힐(Heel)

정. 드래프트(draft)

캠버(Camber)는 보통 선박의 갑판이 위로 볼록하게 휘어진 형태를 뜻하지만 요트에서는 돛(Sail)의 외측 면이 곡면을 이루는 단면의 형태를 말한다. 메인 세일의 추진력을 가장 크게 하기 위해서는 돛의 형태와 위치 및 캠버를 적절히 조절하여야 한다.

300 해묘(스톰 앵커)에 대한 설명으로 가장 옳지 않은 것은?

갑. 요트에 해묘 설치 시 선미에 설치하여 파도를 뒤에서 받으며 표류한다.

을. 기상 악화 상태에서 기관 고장 시 전복을 방지하기 위한 목적으로 사용된다.

병. 거친 해상의 구명정과 구명뗏목에서는 표류 중 표류속도를 줄이기 위한 기능을 한다.

정. 해묘는 수중에서 끌림으로써 파랑 방향에 대하여 일정한 선체 방향을 유지하는 기능을 한다.

 해묘(海錨)는 해저에 내리는 닻이 아니라 수중에 투하하는 천 등의 재질로 된 장치로, 표류를 억제하는 용도와 기상 악화 시 표류 선박의 전복을 방지하기 위해 선수 방향을 파랑이 오는 방향으로 향하도록 선수에 설치하여 선체 횡방향으로 파랑을 맞아 전복되는 것을 방지한다.

301 다음 중 범주방법과 바람이 불어오는 방향을 기준으로 한 방향각 연결이 옳지 않은 것은?

갑. 클로스 홀드 – 30~40°

을. 클로스 리치 – 50~80°

병. 빔 리치 – 80~120°

정. 브로드 리치 – 120~150°

 클로스 홀드(Close-hauled)는 요트가 진행할 수 없는 No-sail Zone(No Go Zone)의 한계 직전까지 바람을 40~50° 정도로 받으며 범주하는 상태를 말한다.

302 투묘 시 닻줄의 길이는 수심의 몇 배가 좋은가?

갑. 3~5배

을. 7~8배

병. 1~2배

정. 10배 이상

 닻줄의 길이는 기상상태에 따라 달라지지만 악천후를 기준으로 하였을 때 수심의 4배 + α 이상으로 한다.

303 범주에 사용되는 연결용 도구에 대한 다음의 설명 중 바른 것을 고르시오.

갑. 행크(Hank) – 세일의 러프를 마스트나 포어스테이에 연결하는 스프링 장치가 없는 고리

을. 스냅 훅(Snap Hook) – 스프링 없이 고정된 형태의 고리

병. 펠리컨 훅(Pelican Hook) – 힌지가 없는 훅으로 링이 달린 빗장쇠에 의해 잠그는 장치

정. 촉(Chock) – 닻줄이나 계류줄의 방향을 유도하고 선체 훼손을 막기 위해 갑판에 고정된 부착물

- 행크와 스냅 훅은 스프링 장치가 있는 고리이다.
- 펠리컨 훅은 힌지(Hinge)가 달린 훅이다.
- 촉은 줄을 유도하는 장치인 도삭기(導索器)의 영문 명칭이다.

304 강풍에 요트를 안정시키기 위해 돛의 면적을 줄이는 것을 나타내는 말로 옳은 것은?

갑. 레이크(Rake)

을. 풀핏(Pulpit)

병. 프리벤터(Preventer)

정. 리핑(Reefing)

- 레이크 : 돛의 경사도
- 풀핏 : 선수와 선미에 있는 금속 난간으로 승무원의 낙수를 방지하기 위한 장치
- 프리벤터 : 우발적인 상황에서 붐(Boom)이 의도치 않게 선박을 가로질러 움직이는 것을 방지하기 위한 장치

305 창조류에서 낙조류로 바뀔 때 물의 수평운동이 일시 정지하는 현상으로 옳은 것은?

갑. 조 석

을. 계 류

병. 와 류

정. 정 조

- 조석 : 해수면은 하루에 2회 주기적으로 높아졌다 낮아졌다 하는데, 이와 같은 해수의 수직 방향의 운동
- 와류 : 조류가 강한 협수로 등에서 나타나는 소용돌이 현상
- 정조 : 고조와 저조 때 해수면의 승강 운동이 순간적으로 정지한 상태

306 요트가 정지된 상태에서 느끼는 바람을 나타내는 말로 옳은 것은?

갑. 하늬바람

을. 참바람

병. 뵌바람

정. 정지바람

> 해설
> 요트가 정지된 상태에서 느끼는 바람은 참바람(True Wind), 범주 시 느끼는 바람은 뵌바람(Apparent Wind)이다.

307 요트가 풍상 범주 시 뵌바람과 참바람의 세기로 옳은 것은?

갑. 뵌바람이 더 세다.

을. 참바람이 더 세다.

병. 세기가 같다.

정. 바람이 없다.

> 해설
> 풍상 범주 시 뵌바람은 참바람보다 더 세게, 풍하 범주 시 더 약하게 느껴진다.

308 다음 중 각 크루(Crew)별 역할과 책임으로 옳지 않은 것은?

갑. 스키퍼(Skipper) – 정장으로 불리며 선상에서의 최고 책임자

을. 내비게이터(Navigator) – 항해 시 본선의 위치를 알아내고 이후의 코스 판단

병. 바우맨(Bowman) – 마스트보다 앞쪽 갑판에서 작업 담당

정. 헬름즈맨(Helmsman) – 경기의 세밀한 형세에서의 판단을 담당

> 해설
> 헬름즈맨은 키를 잡는 크루를 의미한다. 경기의 세밀한 형세에서 전술적 판단을 담당하는 것은 전술가(Tactician)의 역할이다.

306 을 307 갑 308 정 **정답**

309 세일(돛)이 바람을 받는 각도를 확인 및 조정하기 위해 돛에 부착되는 적색과 녹색의 리본을 무엇이라 하는가?

갑. 텔테일(Telltail)

을. 배튼(Batten)

병. 아웃홀(Outhaul)

정. 피그 테일(Pig Tail)

> **해설**
> • 배튼 : 세일의 리치(Leech) 부분을 팽팽하게 하기 위해 사용되는 자루에 넣는 판
> • 아웃홀 : 붐 끝부분과 돛을 연결하기 위한 로프를 끼우는 구멍

310 세일 요트의 범주에 영향을 미치는 기본적인 요소로 옳은 것은?

갑. 조력과 동력

을. 항력과 양력

병. 항력과 동력

정. 조력과 양력

> **해설**
> • 항력 : 물체가 유체 내에서 운동할 때 받는 저항력
> • 양력 : 유체 속의 물체가 수직방향으로 받는 힘. 요트의 범주 원리인 베르누이의 정리와 연관되어 있음

311 집(Jib)을 이용한 속도변환의 방법으로 가장 간단한 것은?

갑. 시트(Sheet) 조정

을. 포스테이(Forestay) 장력 조절

병. 리드(Lead) 위치 변경

정. 백스테이(Backstay) 당김

> **해설**
> 집(Jib)은 돛대 전방에 설치하는 삼각형의 돛을 뜻한다. 집을 이용하여 속도를 조절하기 위해서는 집 시트(Jib Sheet)를 이용하여야 한다.
> • 포스테이 : 돛대와 선수를 연결하는 로프
> • 리드 : 시트를 잡아당기기 위한 철물
> • 백스테이 : 돛대와 선미를 연결하는 로프

312 풍상코스에서 풍하코스로 방향을 바꾸는 것을 나타내는 말로 옳은 것은?

갑. 러핑(Luffing)

을. 베어링 어웨이(Bearing Away)

병. 태킹(Tacking)

정. 리웨이(Leeway)

> **해설** 베어링 어웨이는 러핑과 반대로 요트를 풍하측으로 방향을 전환하는 기술이다.
> - 러핑 : 선박의 코스를 풍상 쪽으로 바꾸는 것
> - 태킹 : 요트가 풍상으로 범주할 때 바람을 받는 방향을 바꾸는 것(Close Hauled → 맞은 편 Close Hauled)
> - 리웨이 : 바람을 옆에서 받으면 범주할 때 요트가 풍하 측으로 밀리는 것

313 세일면적이 크고 풍하 바람에서 최대의 스피드를 낼 수 있는 장점을 가지고 있지만 조종이 까다로운 돛(Sail)으로 옳은 것은?

갑. 스피니커(Spinnaker)

을. 집 세일(Jib Sail)

병. 메인 세일(Main Sail)

정. 스테이 세일(Stay Sail)

> **해설** 스피니커(Spinnaker)는 러닝(Running)에서 클로스 리치(Close-reach)까지 사용하는 돛으로 세일면적이 크고 풍하 바람에서 최대의 스피드를 낼 수 있는 장점이 있지만 조종이 까다로워 크루와 스키퍼의 호흡이 잘 맞아야 범장할 수 있는 특징이 있다.

314 요트 메인 세일의 부분 명칭에 대한 다음의 설명 중 바르지 못한 것은?

갑. 뱅(Vang) – 붐과 마스트를 연결하는 로프와 도르래, 또는 봉으로 구성

을. 트레블러(Traveler) – 메인 시트리더를 슬라이딩시키는 장치이다.

병. 클루(Clew) – 핼리어드가 연결되는 돛의 상단 쪽 모서리

정. 택(Tack) – 돛의 아래 러프와 풋이 만나는 모서리

> **해설** 클루는 돛의 자유연 쪽 아래의 모서리 부분으로 붐의 끝단과 연결된다.

315 원거리 황천 황해 시 범주요령으로 옳지 않은 것은?

갑. 풍 압

을. 양 력

병. 리헬름(Leehelm)

정. 리웨이(Leeway)

> **해설** 풍압은 어떤 물체를 바람이 미는 압력을 뜻하는 말로 요트 범주요령과는 거리가 멀다.
> • 양력 : 요트가 움직이는 원리인 '베르누이의 정리'와 관련된 힘. 양력을 이용해야 범주할 수 있음
> • 리헬름 : 범주 중 뱃머리가 풍하 쪽으로 향하게 되는 배의 성질
> • 리웨이 : 범주 중 어느 한쪽 현에서 바람을 받아 풍하 쪽으로 떠밀리는 현상

316 요트 집 세일(Jib Sail)의 부분 명칭에 대한 설명으로 가장 옳은 것은?

갑. 헤드스테이(Headstay) – 맞파도인 선수 쪽에서의 파도

을. 리치(Leech) – 세일의 헤드에서 택까지의 전변

병. 풋(Foot) – 세일에서 갑판과 평행한 아랫변

정. 집 시트(Jib Sheet) – 집 세일 돛의 전체 면

> **해설**
> • 헤드스테이 : 돛대를 지지하는 선수 쪽의 와이어
> • 리치 : 세일의 헤드(Head)에서 클루(Clew)까지의 후변으로 풋(세일의 아랫변)과 헤드스테이가 만나는 모서리를 택이라고 하며, 풋과 리치가 만나는 모서리를 클루라고 한다.
> • 집 시트 : 집 세일을 조절하기 위해 사용하는 줄

317 요트 외부 명칭에 대한 다음의 설명 중 가장 옳지 않은 것을 고르시오.

갑. 코밍(Coaming) – 콕핏 주위의 테두리

을. 스윔 래더(Swim Ladder) – 선수 정면에 연결된 사다리

병. 내저릿츠(Nazeretts) – 콕핏 둘레의 물품 보관함

정. 토레일(Toerail) – 갑판 가장자리에 설치된 1인치 이하의 낮은 레일

> **해설** 스윔 래더는 선미 끝단인 트랜섬(Transome)에 연결된 사다리이다.

318 요트의 선수가 풍상과 풍하 쪽으로 치우치려는 힘을 나타내는 말로 옳은 것은?

 갑. 웨더헬름 – 리헬름

을. 시버 – 웨더헬름

병. 레이팅 – 리헬름

정. 리헬름 – 웨더헬름

> 해설
> • 웨더헬름(Weather Helm) : 범주 중 키를 가운데 두었을 때 선수가 풍상 쪽으로 움직이려는 상태
> • 리헬름(Lee Helm) : 범주 중 선수가 풍하 쪽으로 움직이려는 상태

319 요트가 운항한 수면 위 자취를 나타내는 말로 옳은 것은?

갑. 항 적

을. 항 로

병. 항 해

정. 항 행

> 해설
> • 항로 : 선박이 지나다니는 길
> • 항해 : 선박을 조종하여 해양을 항행하는 것
> • 항행 : 넓은 공간에서 목적지를 찾아 이동하는 것

320 크루저 세일링 요트의 경우 복잡한 마스트 상부 구조가 틀어지거나 꼬일 수 있는데 이러한 작업에 가장 필요한 것은 무엇인가?

갑. 안전벨트(Safety Belt)

을. 하네스(Harness)

병. 스키퍼 벨트(Skipper Belt)

 정. 보슨 체어(Bosun's Chair)

> 해설
> • 하네스 : 요트에서 떨어지지 않기 위해 착용하는 갈고리가 달린 반바지 같은 것
> • 스키퍼 벨트 : 요트의 키를 조정하는 스키퍼가 신체의 안전 확보를 위해 착용하는 것

321 국제해상부표시스템(IALA SYSTEM)에서 우리나라는 무슨 지역인가?

갑. A지역

 을. B지역

병. C지역

정. D지역

 국제해상부표시스템
국제항로표지협회(IALA)에서는 각국 부표식의 형식과 적용방법을 통일하여 적용하도록 하였으며, 전 세계를 A와 B 두 지역으로 구분하여 측방표지를 다르게 표시한다. 우리나라는 B방식(좌현 부표 녹색, 우현 부표 적색)을 따르고 있다.

322 항행통보 항 번호 뒤에 표시한 'P'가 의미하는 것으로 옳은 것은?

갑. 긴급고시

 을. 예고고시

병. 일시 관계고시

정. 참고고시

 항행통보 항 번호 뒤에 표시한 'T'는 일시정보, 'P'는 예고정보(예고고시)를 뜻한다.

323 해도의 원판이 마멸되거나 현재 사용 중인 해도의 부족을 충족시킬 목적으로 원판을 약간 수정하여 다시 발행하는 것을 뜻하는 말로 옳은 것은?

갑. 개 판

을. 소개정

병. 보 도

 정. 재 판

- 개판 : 새로운 자료에 의한 내용의 개정 및 포함구역과 축적 등의 변경을 위해서 원판을 새로 만들어 내는 것
- 소개정 : 해도의 신간 또는 개판 후에 항행통보에 의하여 사용자가 직접 오려 붙여 해도를 개보하는 것
- 보도(개보) : 항해에 직접적인 관계가 없거나 적은 사항을 항행통보에 기재하지 않고 직접 원판에서 개보하는 것
- 재판 : 수요가 많은 해도의 원판이 인쇄를 거듭함에 따라 마멸되어 사용할 수 없을 때 다시 원판을 만드는 것

제3과목

324 요트 항해에서 항해 속도와 다섯 가지 주요 원칙에 대한 보기의 설명 중 올바른 것만 짝지어진 것은?

---

① 세일트림 – 세일이 바람에 떨리면 그것이 멈출 때까지 조종줄을 풀어 준다.
② 센터보드 위치 – 바람 쪽으로 가까이 항해하면 할수록 센터보드를 올려야 한다.
③ 요트 균형 – 바람 세기나 코스가 변하면 승무원들은 요트의 균형을 위해 자리를 이동해야 한다.
④ 요트트림 – 약한 바람일 때 선수가 약간 내려가고, 강한 바람일 때 그 반대이다.
⑤ 좋은 항해 코스 – 가장 빠른 루트로 항해하는 목적을 위해 항상 코스는 일직선이어야 한다.

갑. ①, ⑤
을. ②, ④
병. ③, ④
정. ②, ⑤

> **해설**
> ① 세일트림 : 세일이 바람에 떨리면 조종줄을 당긴다.
> ② 센터보드 위치 : 바람 쪽으로 향하면 센터보드를 더 밑으로 내려야 한다.
> ⑤ 좋은 항해 코스 : 풍상으로 항해할 때는 지그재그 코스로 항해해야 하며, 항상 일직선일 필요는 없다.

325 항해 시 변침 목표물로 옳지 않은 것은?

갑. 등 대
을. 부유물
병. 입 표
정. 산꼭대기

> **해설**
> 변침 목표물은 반드시 고정된 것이어야 한다. 부유물은 위치를 이동하기 때문에 변침 목표물로는 부적합하다.

326 닻의 꼬임에 관한 용어 중 반 바퀴 꼬인 것으로 옳은 것은?

갑. Cross

을. Elbow

병. Round Turn

정. Round Turn and Elbow

> **해설**
> • Elbow : 한 바퀴
> • Round Turn : 한 바퀴 반
> • Round Turn and Elbow : 두 바퀴

327 조타명령에서 미드 십(Mid Ship)의 뜻으로 옳은 것은?

갑. 키를 중앙으로 유지하라.

을. 좌현 최대각으로 조타하라.

병. 우현 최대각으로 조타하라.

정. 현재 침로를 유지하라.

> **해설**
> 미드 십(Mid Ship)은 선체 길이의 중앙 부분 혹은 조타명령에서는 키(Rudder)를 중앙으로 돌리는 것이다.

328 등대의 등질에 대한 설명 중, 등색이나 광력이 바뀌지 않고 일정하게 계속 빛을 내는 등으로 옳은 것은?

갑. 부동등   을. 명암등

병. 섬광등   정. 호광등

> **해설**
> • 명암등(Occ) : 일정한 광력으로 비추다가 일정한 간격으로 한 번씩 꺼지며, 등광이 비추는 시간이 꺼진 시간보다 짧지 않은 등
> • 섬광등(Fl) : 일정 시간마다 1회의 섬광을 내며, 등광이 꺼진 시간이 빛을 내는 시간보다 긴 등
> • 호광등(Alt) : 꺼지는 일이 없이 색깔이 다른 종류의 빛(대개 홍, 백 또는 녹, 백)을 교대로 내는 등

329 범주 방향에 따른 범주 방법을 나열하였을 때 풍상에서부터 풍하 쪽 순서대로 나열한 것 중 옳은 것은?

갑. 빔 리치(Beam Reach)-브로드 리치(Broad Reach)-클로스 리치(Close Reach)

을. 쿼터링 런(Quartering Run)-빔 리치(Beam Reach)-클로스 홀드(Close Hauled)

병. 클로스 리치(Close Reach)-클로스 홀드(Close Hauled)-러닝(Running)

정. 클로스 홀드(Close Hauled)-브로드 리치(Broad Reach)-쿼터링 런(Quartering Run)

해설 풍향에 따른 범주

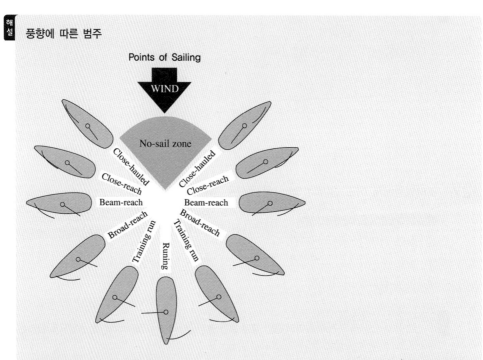

- Close Hauled : 요트가 진행할 수 없는 No-sail Zone의 한계 직전까지 바람을 45° 정도로 받으며 범주하는 상태
- Close Reach : 클로스 홀드보다 풍하로 범주하는 상태
- Beam Reach : 바람이 불어오는 곳을 중심으로 90° 방향으로 범주하는 상태
- Broad Reach : 약간 정횡 뒤쪽으로 범주하는 상태
- Quartering Run(Training Run) : 빔 리치와 러닝 중간 부분의 각도로 범주하는 상태
- Running : 뒤에서 바람을 받으며 범주하는 상태

330 다음에서 설명하는 등대를 해도에 기재한 것으로 옳은 것은?

> 섬광등으로 8초에 1회 빛을 발하며, 등고 20미터, 광달거리는 12마일

갑. Occ. 8sec 20M 12m

을. Fl. 8sec 20m 12M

병. F. 8sec 20m 12m

정. Al. 8sec 20M 12M

331 요트 항해의 기본적 기술인 주요 범주 방향에 대한 설명 중 옳은 것은?

갑. 바람 쪽으로 요트가 돌아가는 것은 베어링 어웨이

을. 바람으로부터 요트가 멀어지는 것은 러핑

~~병.~~ 모든 항해 방향에서 빔리치보다 바람이 부는 방향으로 가까이 항해하는 것이 업윈드(Upwind) 코스

정. 모든 항해 방향에서 빔리치보다 바람 방향으로부터 멀어져서 항해하는 것은 리워드(Leeward) 코스

- 러핑(Luffing) : 바람쪽으로 요트가 돌아가는 것
- 베어링 어웨이(Bearing Aaway) : 러핑과 반대로 바람으로부터 멀어지는 것
- 다운윈드(Downwind) : 모든 항해 방향에서 빔리치보다 바람방향으로부터 멀어져서 항해하는 것

332 풍상 또는 풍하로 코스를 변경하기 위한 보기의 설명으로 올바른 것으로만 짝지어진 것은?

> 풍상 코스로 변경하려면 (①) 하며, 이때 스키퍼는 키를 (②)고 메인 세일의 조종줄을 (③)

	①	②	③
갑.	러 핑	밀어내	당긴다.
을.	베어링 어웨이	당기고	느슨하게 해 준다.
병.	러 핑	당기고	느슨하게 해 준다.
정.	베어링 어웨이	밀어내	당긴다.

러핑은 선박의 코스를 풍상 쪽으로 바꾸는 것으로, 러핑을 위해서 스키퍼는 키를 움직이기 위해 틸러를 천천히 밀면서 붐을 선체 중심쪽으로 당겨 새로운 코스에 맞게 돛을 조절하여야 하며, 크루도 스키퍼의 동작에 맞춰 집 시트를 당기고 센터보드를 더 내려야 한다.

333 풍상 또는 풍하로 코스 변경을 위한 보기의 설명에 해당하는 것은?

> 표면바람은 속도가 빨라지고 배의 기울기가 커지므로 승무원은 요트가 균형을 잡을 수 있도록 자리를 옮기면 요트는 최고속도로 항해할 수 있다.

갑. 풍하코스로 변경하는 베어링 어웨이
을. 풍하코스로 변경하는 러핑
병. 풍상코스로 변경하는 베어링 어웨이
정. 풍상코스로 변경하는 러핑

 풍상 코스로 변경하는 러프에서, 요트가 바람 쪽으로 회전하면 표면바람은 속도가 빨라지고 배의 기울기가 커진다. 따라서 승무원은 요트가 균형을 잡을 수 있도록 자리를 옮기면 최고의 속도로 항해할 수 있다.

334 풍상 또는 풍하로 코스 변경을 위한 보기의 설명에 해당하는 것은?

> 표면바람은 속도가 떨어지고 배의 기울기는 감소하므로 승무원은 자리를 양쪽 현으로 이동한다.

갑. 풍하코스로 변경하는 베어링 어웨이
을. 풍하코스로 변경하는 러핑
병. 풍상코스로 변경하는 베어링 어웨이
정. 풍상코스로 변경하는 러핑

 풍하 코스로 변경하는 베어링 어웨이에서, 요트가 바람을 등지는 방향으로 회전하면 표면바람은 속도가 느려지고 배의 기울기가 작아진다. 따라서 승무원은 요트가 균형을 잡을 수 있도록 자리를 옮겨야 한다.

335 선박에 있는 자기 컴퍼스로 침로를 유지하였을 경우 나타나는 침로로 옳은 것은?

갑. 진침로
을. 자침로
병. 나침로
정. 시침로

해설
• 진침로 : 진자오선과 항적이 이루는 각
• 자침로 : 자기자오선과 선수미선이 이루는 각
• 시침로 : 풍유압차가 있을 때 진자오선과 선수미선이 이루는 각

336 지구상의 모든 자오선과 같은 각도로 만나는 곡선으로 옳은 것은?

갑. 항정선

을. 동서거

병. 위치선

정. 방위선

해설 항정선은 지구표면을 구면으로 나타냈을 때 지구상의 모든 자오선과 같은 각도로 만나는 곡선을 말한다. 즉, 선박이 일정한 침로를 유지하면서 항행할 때 지구표면에 그리는 곡선이다.
- 동서거 : 두 지점을 지나는 항정선을 무수한 자오선으로 등분했을 때, 각 등분점을 지나는 거등권이 서로 이웃하는 자오선 사이에 끼인 미소한 호의 길이로 항해할 때 생기는 동서간의 이동거리
- 위치선 : 어느 물표의 방위·협각·고도를 관측하여 얻은 선으로, 선박이 그 선상에 위치한다고 보는 특정한 선
- 방위선 : 방향과 위치를 표시하기 위하여 그어 놓은 경위선

337 요트가 측면에서 바람을 받아 달리는 상태로 옳은 것은?

갑. 어빔(Abeam)

을. 자이빙(Gybing)

병. 태킹(Tacking)

정. 러닝(Running)

해설
- 자이빙 : 범주 중 뱃머리를 풍하로 향하도록 하는 것
- 태킹 : 요트가 풍상으로 범주할 때 바람을 받는 방향을 바꾸는 것
- 러닝 : 뒤에서 바람을 받아 범주하는 상태

338 요트 장기 항해 중 위생에 관한 설명으로 가장 옳지 않은 것은?

갑. '바라쿠다'와 같은 식중독 위험이 있는 생선은 피한다.

을. 변기 청소 시 화공약품 세제보다 식초 사용이 호스 등 보호에 더 좋다

병. 변기가 잘 안 내려갈 때, 펌프가 뻑뻑할 때 윤활유를 부어주면 좋다.

정. 청수가 넉넉하지 않을 경우 해수에 잘 녹는 세제로 몸을 씻고, 마른 수건으로 염분을 닦는다.

해설 변기 배출 불량 시 식용유를 부어주면 오링(O-Ring)을 매끄럽게 해주어 좋다.

339 다음 중 감염병과 침입 경로의 연결이 옳지 않은 것은?

갑. 피부 계통 – 헤르페스

을. 태반 – 매독

병. 호흡기 계통 – AIDS

정. 소화기 계통 – 장티푸스

> 해설 AIDS는 주로 비뇨기나 생식기 계통으로 침입하는 감염병이다. 호흡기 계통으로 침입하는 감염병에는 감기 등이 있다.

340 선박을 임의로 좌주시키고자 할 때, 피해야 할 저질로 옳은 것은?

갑. 자 갈

을. 모 래

병. 펄 모래

정. 연한 펄

> 해설 선박 충돌 등 사고 후 침몰이 예상될 때는 사람을 대피시킨 후 수심이 낮은 곳에 임의로 좌주시켜야 한다. 펄에 임의좌주를 시킬 경우 선체가 펄 속으로 빨려들어갈 수 있고, 프로펠러나 타가 손상될 수 있기 때문에 임의좌주에 부적합하다.

341 해도상 수심의 기준면으로 옳은 것은?

갑. 평균수면

을. 기본수준면

병. 약최고고조면

정. 저조면

> 해설 **약최저저조면(Approximate Lowest Low Water)**
> • 약최저저조면은 해면이 대체로 그보다 아래로 내려가는 일이 거의 없는 수면을 뜻하나, 장소와 시기에 따라 저조면이 그보다 더 아래로 내려가는 경우 해도상 수심보다 해면이 낮아지므로 주의하여야 함
> • 조고 높이의 기준면 및 수심의 기준면(기본수준면) 모두 약최저저조면을 기준으로 설정

342 야간항해나 황천 시 추락 등에 대비하여 착용하는 것으로 옳은 것은?

갑. 구명부환   을. 라이프라인
병. 하네스   정. 계류삭

> 해설
> • 구명부환 : 물에 빠진 사람에게 던져주는 부력용구로 중량이 다른 구조장비에 비해 무거운 편이라 근거리 구조에 적합
> • 라이프라인 : 구명부표의 한쪽 끝과 보트를 연결하고 있는 줄로, 사람을 안전하게 잡아당길 때 사용
> • 하네스 : 요트에서 떨어지지 않기 위해 착용하는 갈고리가 달린 반바지 같은 것
> • 계류삭 : 선박을 정박할 때 사용하는 밧줄

343 'MPH 게이지'로 확인할 수 있는 것은?

갑. 연료량   을. 오 일
병. 속 도   정. 압 력

> 해설
> MPH는 Mile Per Hour(시간당 마일수)를 뜻한다. 마일은 거리를 나타내는 단위이므로 MPH는 속도와 관련된 것이다.

344 관측자 중심으로 천체고도를 측정하여 현재의 선박의 위치를 구하는 항해계기로 옳은 것은?

갑. 육분의   을. 로 란
병. 데 카   정. 레이더

> 해설
> • 로란(LORAN) : 펄스전파를 이용한 전파위치측정 시스템
> • 데카(Decca) : 영국 데카사에서 제조하는 전파항법 계기
> • 레이더 : 전자파를 통해 물표와의 거리, 방위 등을 계산하는 계기

345 다음 중 중시선을 이용하는 경우로 옳지 않은 것은?

갑. 선위의 측정   을. 조시의 계산
병. 컴퍼스 오차의 측정   정. 좁은 수로 통과시의 피험선

> 해설
> 두 물표가 일직선상에 겹쳐 보일 때 그 물표를 연결한 직선을 중시선이라고 한다. 선박이 항로 위에 있는지 혹은 편위되어 있는지를 중시선을 활용하여 손쉽게 알 수 있다. 조시는 고조 및 저조 상태일 때의 시간을 말하며 중시선과 관련이 없다.

346 「수상레저안전법」상 수상의 정의 중 내수면으로 옳지 않은 것은?

갑. 늪

을. 바다의 수류

병. 댐

정. 기수의 수류

> 해설
>
> 정의(「수상레저안전법」 제2조 제8호)
> "내수면"이란 하천, 댐, 호수, 늪, 저수지, 그 밖에 인공으로 조성된 담수나 기수(汽水)의 수류 또는 수면을 말한다.

347 다음 중 수상레저사업 등록의 유효기간으로 옳은 것은?

갑. 5년

을. 10년

병. 15년

정. 20년

> 해설
>
> 사업등록의 유효기간 등(「수상레저안전법」 제38조 제1항)
> 수상레저사업의 등록 유효기간은 10년으로 하되, 10년 미만으로 영업하려는 경우에는 해당 영업기간을 등록 유효기간으로 한다.

348 수상레저안전관리 기본계획에 대한 설명으로 가장 옳지 않은 것은?

갑. 해양경찰청장은 5년마다 수상레저안전관리 기본계획을 수립·시행하여야 한다.

을. 해양경찰청장은 필요한 경우에는 관계 중앙행정기관의 장 또는 지방자치단체의 장에게 관련 자료의 제출을 요청할 수 있다.

병. 시·도지사 또는 해양경찰서장은 기본계획을 바탕으로 매 2년 수상레저안전관리 시행계획을 수립·시행하여야 한다.

정. 해양경찰청장은 시행계획의 수립·시행에 관하여 필요한 지도·감독을 할 수 있다.

 해설 수상레저안전관리 기본계획의 수립 등(「수상레저안전법」 제4조 제4항)
시·도지사 또는 해양경찰서장은 기본계획을 바탕으로 해양수산부령으로 정하는 바에 따라 매년 수상레저안전관리 시행계획을 수립·시행하여야 한다.

349 다음 중 면허시험에 대한 설명으로 옳지 않은 것은?

갑. 면허시험은 필기시험과 실기시험으로 구분하여 실시한다.

을. 요트조종면허는 필기시험 70점 이상, 실기시험 60점 이상 받은 사람을 합격자로 한다.

병. 면허시험의 필기시험 시행일을 기준으로 조종면허 결격사유(제7조 제1항)에 해당하는 사람은 면허시험에 응시할 수 없다.

정. 면허시험의 과목과 방법 등에 필요한 사항은 대통령령으로 정한다.

 해설 면허시험(「수상레저안전법」 제8조 제3항)
면허시험의 실기시험 시행일을 기준으로 제7조 제1항의 결격사유에 해당하는 사람은 면허시험에 응시할 수 없다.

350 요트조종면허 실기시험에 사용하는 세일링요트 규격기준으로 옳지 않은 것은?

갑. 길이 10미터

을. 최대출력 15마력 이상

병. 6인승 이상일 것

정. 최대속도는 30노트 이상

 실기시험용 동력수상레저기구의 규격(「수상레저안전법 시행령」 별표3 제2호)
• 요트조종면허 실기시험용 세일링요트

길 이	약 10미터 이상	전 폭	제한 없음
최대출력	15마력 이상	최대속도	제한 없음
탑승인원	6인승 이상	기 관	제한 없음

351 조종면허 실기시험에 대한 설명으로 옳지 않은 것은?

갑. 실기시험의 채점기준과 운항코스는 해양수산부령으로 정한다.

을. 요트조종면허의 실기시험은 100점을 만점으로 하되, 60점 이상 받은 사람을 합격자로 한다.

병. 중간점수의 합계가 합격기준에 미달함이 명백 시에도 과제를 전부 마친 후 실격처리한다.

정. 수상레저기구 1대당 시험관 2명을 탑승시켜야 한다.

 실기시험의 채점기준과 운항코스(「수상레저안전법 시행규칙」 별표1 제2호)
이미 감점한 점수의 합계가 합격기준에 미달함이 명백한 경우 시험을 중단하고 "실격"으로 처리한다.

352 요트조종면허 필기시험 과목 중 법규 과목의 범위로 옳지 않은 것은?

갑. 수상레저기구의 등록 및 검사에 관한 법률

을. 선박의 입항 및 출항 등에 관한 법률

병. 선박법

정. 전파법

해설 요트조종면허의 필기시험 과목(「수상레저안전법 시행령」별표2 제2호)

과 목	출제 범위	과목별 배점
요트활동 개요	• 해양학 기초(조석·해류 및 파랑의 이해) • 해양기상학 기초(해양기상의 특성, 기상통보 및 일기도 읽기)	10점
요 트	• 선체와 의장 • 돛[범장(帆裝)]과 기관 • 전기시설 및 설비 • 항해장비, 안전장비 및 인명구조 • 생존술	20점
항해 및 범주	• 항해계획과 항해(항해정보, 각종 항법) • 범주 및 피항(避航) • 식량과 조리·위생	20점
법 규	• 「수상레저안전법」 • 「수상레저기구의 등록 및 검사에 관한 법률」 • 「선박의 입항 및 출항 등에 관한 법률」 • 「해사안전기본법」 및 「해상교통안전법」 • 「해양환경관리법」 • 「전파법」	50점

353 인명구조요원 및 래프팅가이드 교육기관 지정기준에 대한 설명으로 옳지 않은 것은?

갑. 길이 20미터 이상, 최저수심 1미터 이상, 4개 레인 이상의 수영장이 있어야 한다.

을. 바닥면적 65제곱미터 이상의 강의실이 있어야 한다.

병. 수상안전과 관련된 업무를 수행하기 위하여 설립된 법인이어야 한다.

정. 인명구조요원 또는 래프팅가이드 자격을 갖춘 교육 강사를 5명 이상 두어야 한다.

해설 인명구조요원 및 래프팅가이드 교육기관의 지정기준(「수상레저안전법 시행령」별표12 제3호)
수영장은 길이 20미터 이상이고, 최저 수심이 1미터 이상이며, 5개 이상의 레인을 갖추고 있어야 한다.

354 다음은 등록대상 동력수상레저기구의 변경등록과 관련된 설명 중 옳지 않은 것은?

갑. 소유자의 이름 또는 법인의 명칭에 변경이 있는 때에 변경등록을 하여야 한다.

을. 매매·증여 등에 따른 소유권의 변경이 있는 때에 변경등록을 하여야 한다.

병. 구조·장치를 변경하였을 경우 변경등록을 하여야 한다.

정. 구조·장치를 변경하였을 경우 등록기관(지방자치단체)의 변경승인이 필요하다.

 변경등록의 신청 등(「수상레저기구의 등록 및 검사에 관한 법률 시행령」 제7조 제1항)
동력수상레저기구의 등록 사항 중 다음의 어느 하나에 해당하는 변경이 있는 경우에는 그 소유자나 점유자는 그 변경이 발생한 날부터 30일 이내에 해양수산부령으로 정하는 바에 따라 시장·군수·구청장에게 변경등록을 신청해야 한다.
- 매매·증여·상속 등으로 인한 소유권의 변경
- 소유자의 성명(법인인 경우에는 법인명) 또는 주민등록번호(법인인 경우에는 법인등록번호)의 변경
- 동력수상레저기구 명칭의 변경
- 임시검사의 실시 사유에 해당하는 정원, 운항구역, 구조, 설비 또는 장치의 변경
- 용도의 변경
- 그 밖에 동력수상레저기구의 등록 사항 중 해양경찰청장이 정하여 고시하는 사항의 변경

355 행정처분 기준 중 1차 위반으로 조종면허 효력이 정지되는 경우로 옳지 않은 것은?

갑. 과실로 사람에게 3주 미만의 치료가 필요하다고 의사가 진단한 상해를 입힌 경우

을. 면허증을 다른 사람에게 빌려주어 조종하게 한 경우

병. 약물의 영향으로 인하여 정상적으로 조종하지 못할 염려가 있는 상태에서 동력수상레저기구를 조종한 경우

정. 고의 또는 과실로 사람을 죽게 한 경우

 조종면허의 취소 및 효력정지의 세부 기준(「수상레저안전법 시행규칙」 별표6 제2호)
과실로 사람에게 3주 미만의 치료가 필요하다고 의사가 진단한 상해를 입히거나 다른 사람에게 중대한 재산상 손해를 입힌 경우 경고 1차 행정처분 대상이다.

356 조종면허의 취소 또는 정지처분에 대한 설명으로 옳지 않은 것은?

갑. 조종면허의 효력정지 기간에 조종을 한 경우 면허취소 처분한다.

을. 과실로 다른 사람에게 3주 미만의 치료가 필요한 상해를 입힌 경우 1차 경고처분한다.

병. 위반 당시에 이용한 해당 조종면허만을 그 대상으로 한다.

정. 과실로 다른 사람에게 3주 이상의 치료가 필요한 상해를 입힌 경우 1차 면허정지 3개월 처분한다.

> **해설** 조종면허의 취소 및 효력정지의 세부 기준(「수상레저안전법 시행규칙」 별표6 제2호)
> 과실로 다른 사람에게 3주 이상의 치료가 필요한 상해를 입힌 경우 1차 효력 정지 6개월, 2차 면허 취소에 해당한다.

357 다음 중 원거리 수상레저활동 관련 설명으로 옳지 않은 것은?

갑. 원거리 수상레저활동의 신고는 출발항으로부터 10해리 이상 떨어진 곳에서 활동할 경우 신고하여야 한다.

을. 선박안전조업규칙에 의한 신고를 별도로 한 경우에는 원거리 수상레저활동 신고의무의 예외로 본다.

병. 원거리 수상레저활동은 해양경찰관서 또는 경찰관서에 신고한다.

정. 신고방법은 방문, 인터넷, 팩스, 전화 모두 가능하다.

> **해설** 원거리 수상레저활동의 신고(「수상레저안전법」 제23조 제1항 전단)
> 출발항으로부터 10해리 이상 떨어진 곳에서 수상레저활동을 하려는 사람은 해양수산부령으로 정하는 바에 따라 해양경찰관서나 경찰관서에 신고하여야 한다.
>
> 원거리 수상레저활동의 신고(「수상레저안전법 시행규칙」 제26조 제1항)
> 원거리 수상레저활동을 하려는 사람은 원거리 수상레저활동 신고서를 해양경찰관서나 경찰관서에 제출(팩스나 정보통신망을 이용한 전자문서의 제출을 포함)해야 한다.

358 외국인이 국제경기대회에서 수상레저기구를 조종하는 경우 다음 조종면허의 특례 기준에 해당하지 않은 것은?

갑. 국제경기대회 개최일 10일 전부터 국제경기대회 종료시까지 조종할 수 있다.

을. 외국인의 조종면허 특례에 관한 사항은 해양수산부령으로 정한다.

병. 조종지역은 국내 수역에 한정한다.

정. 2개국 이상이 참여하는 국제경기대회에 한정한다.

> **해설** 외국인에 대한 조종면허의 특례(「수상레저안전법 시행규칙」 제3조)
> 외국인이 국내에서 개최되는 국제경기대회에서 수상레저기구를 조종하는 경우에는 다음의 기준에 따라야 한다.
> • 수상레저기구의 종류 : 수상레저기구
> • 조종기간 : 국제경기대회 개최일 10일 전부터 국제경기대회 종료 후 10일까지
> • 조종지역 : 국내 수역
> • 국제경기대회의 종류 및 규모 : 2개국 이상이 참여하는 국제경기대회

359 야간 수상레저활동을 하려는 사람이 갖추어야 할 운항장비로 옳지 않은 것은?

갑. 항해등, 나침반

을. 야간 조난신호장비, 통신기기

병. 자기발연신호, 발연부신호

정. 소화기, 구명부환

> **해설** 야간 운항장비(「수상레저안전법 시행규칙」 제29조 제1항)
> 야간 수상레저활동을 하려는 사람이 갖춰야 하는 운항장비는 항해등, 전등, 야간 조난신호장비, 등(燈)이 부착된 구명조끼, 통신기기, 구명부환, 소화기, 자기점화등, 나침반, 위성항법장치이다.

360 수상레저기구의 등록사항 중 변경사항으로 옳지 않은 것은?

갑. 소유권의 변경이 있는 때

을. 기구의 명칭에 변경이 있는 때

병. 수상레저기구의 그 본래의 기능을 상실한 때

정. 소유자의 성명 또는 주민등록번호의 변경이 있는 때

> **[해설]** **변경등록의 신청 등(「수상레저기구의 등록 및 검사에 관한 법률 시행령」 제7조 제1항)**
> 동력수상레저기구의 등록 사항 중 다음의 어느 하나에 해당하는 변경이 있는 경우에는 그 소유자나 점유자는 그 변경이 발생한 날부터 30일 이내에 해양수산부령으로 정하는 바에 따라 시장·군수·구청장에게 변경등록을 신청해야 한다.
> • 매매·증여·상속 등으로 인한 소유권의 변경
> • 소유자의 성명(법인인 경우에는 법인명) 또는 주민등록번호(법인인 경우에는 법인등록번호)의 변경
> • 동력수상레저기구 명칭의 변경
> • 임시검사의 실시 사유에 해당하는 정원, 운항구역, 구조, 설비 또는 장치의 변경
> • 용도의 변경
> • 그 밖에 동력수상레저기구의 등록 사항 중 해양경찰청장이 정하여 고시하는 사항의 변경

361 안전교육 위탁기관으로 지정받으려는 기관 또는 단체의 장이 제출해야 하는 서류 중 옳지 않은 것은?

갑. 정 관

을. 지정받으려는 기관 또는 단체의 장 사업자등록증

병. 인적기준·시설기준 및 장비기준을 갖추었음을 증명하는 서류와 시설기준에 관한 도면

정. 수상안전 교육내용이 포함된 교육 실시계획서

> **[해설]** **안전교육 위탁기관의 지정신청 등(「수상레저안전법 시행규칙」 제14조 제1항)**
> 안전교육 위탁기관으로 지정받으려는 자는 안전교육 위탁기관 지정신청서에 다음의 서류를 첨부하여 해양경찰청장에게 제출해야 한다.
> • 인적기준·시설기준 및 장비기준을 갖추었음을 증명하는 서류와 시설기준에 관한 도면
> • 교육내용이 포함된 교육 실시계획서
> • 정 관

362 수상레저기구 등록번호판의 부착위치로 옳은 것은?

갑. 옆 면

을. 옆면과 뒷면

병. 뒷면

정. 앞면과 뒷면

 등록번호판의 부착(「수상레저기구의 등록 및 검사에 관한 법률 시행규칙」 제9조)
동력수상레저기구 소유자는 발급받은 동력수상레저기구 등록번호판 2개를 동력수상레저기구의 옆면과 뒷면에 각각 견고하게 부착해야 한다. 다만, 동력수상레저기구 구조의 특성상 뒷면에 부착하기 곤란한 경우에는 다른 면에 부착할 수 있다.

363 조종면허를 취소하거나 효력을 정지하여야 하는 경우로서 옳지 않은 것은?

갑. 부정한 방법으로 면허를 받은 때

을. 수상레저사업이 취소된 때

병. 술에 취한 상태에서 조종을 한 때

정. 조종면허를 이용하여 범죄행위를 한 때

조종면허의 취소·정지(「수상레저안전법」 제17조 제1항)
해양경찰청장은 조종면허를 받은 사람이 다음의 어느 하나에 해당하는 경우에는 해양수산부령으로 정하는 바에 따라 조종면허를 취소하거나 1년의 범위에서 기간을 정하여 그 조종면허의 효력을 정지할 수 있다. 다만, 제1호, 제2호 또는 제4호부터 제6호까지에 해당하면 조종면허를 취소하여야 한다.
1. 거짓이나 그 밖의 부정한 방법으로 조종면허를 받은 경우
2. 조종면허 효력정지 기간에 조종을 한 경우
3. 조종면허를 받은 사람이 동력수상레저기구를 사용하여 살인 또는 강도 등 해양수산부령으로 정하는 범죄행위를 한 경우
4. 제7조 제1항 제2호 또는 제3호에 따라 조종면허를 받을 수 없는 사람에 해당된 경우
5. 제7조 제1항에 따라 조종면허를 받을 수 없는 사람이 조종면허를 받은 경우
6. 제27조 제1항 또는 제2항을 위반하여 술에 취한 상태에서 조종을 하거나 술에 취한 상태라고 인정할 만한 상당한 이유가 있음에도 불구하고 관계공무원의 측정에 따르지 아니한 경우
7. 조종 중 고의 또는 과실로 사람을 사상하거나 다른 사람의 재산에 중대한 손해를 입힌 경우
8. 면허증을 다른 사람에게 빌려주어 조종하게 한 경우
9. 제28조를 위반하여 약물의 영향으로 인하여 정상적으로 조종하지 못할 염려가 있는 상태에서 동력수상레저기구를 조종한 경우
10. 그 밖에 이 법 또는 이 법에 따른 수상레저활동의 안전과 질서 유지를 위한 명령을 위반한 경우

364 수상레저기구 등록·검사 대상에 대한 설명으로 옳지 않은 것은?

갑. 등록대상과 안전검사 대상은 동일하다.

을. 요트는 등록 및 검사에서 제외된다.

병. 모든 수상오토바이는 등록·검사 대상에 포함된다.

정. 책임보험가입 대상과 등록대상은 동일하다.

 적용 범위(「수상레저기구의 등록 및 검사에 관한 법률」제3조 및 제4조)

이 법은 수상레저활동에 사용하거나 사용하려는 것으로서 다음 각 호의 어느 하나에 해당하는 동력수상레저기구에 대하여 적용한다.

1. 수상오토바이
2. 총톤수 20톤 미만의 모터보트
3. 30마력 이상의 고무보트(공기를 넣으면 부풀고 빼면 접어서 운반할 수 있는 형태는 제외)
4. 총톤수 20톤 미만의 세일링요트(돛과 기관이 설치된 것)

동력수상레저기구 소유자의 보험등의 가입(「수상레저안전법 시행령」제30조)

등록대상 동력수상레저기구의 소유자는 동력수상레저기구의 등록기간 동안 계속하여 가입해야 한다.

※ 수상레저사업에 이용되는 수상레저기구는 등록대상에 관계없이 보험가입이 필요하다.

365 「수상레저안전법」상 조종면허에 대한 설명으로 가장 옳지 않은 것은?

갑. 동력수상레저기구를 조종하는 사람은 면허시험에 합격한 후 동력수상레저기구 조종면허를 받아야 한다.

을. 동력수상레저기구는 추진기관의 최대 출력이 5마력 이상인 것을 말한다.

병. 수상레저사업자와 종사자 중 1명 이상은 제1급 조종면허증을 소지하여야 한다.

정. 20톤 이상 모터보트 조종자는 제1급 조종면허 이상 취득하여야 조종이 가능하다.

제2급 조종면허는 요트를 제외한 모터보트, 수상오토바이, 고무보트, 스쿠터, 호버크래프트 등의 동력수상레저기구를 조종하는 자가 취득하여야 하는 면허이다.

조종면허 대상 및 기준(「수상레저안전법 시행령」제4조 제2항)
- 일반조종면허
  - 제1급 조종면허 : 법 제37조 제1항에 따라 등록된 수상레저사업의 종사자, 제17조 제1항 제2호 및 별표9 제1호 나목에 따른 시험대행기관의 시험관
  - 제2급 조종면허 : 제1항에 따라 조종면허를 받아야 하는 동력수상레저기구(세일링요트는 제외)를 조종하려는 사람
- 요트조종면허 : 세일링요트를 조종하려는 사람

366 등록대상 동력수상레저구의 보험 가입에 대한 설명으로 가장 옳지 않은 것은?

갑. 등록 대상 동력수상레저기구의 소유자는 소유한 날로부터 2개월 이내 보험이나 공제에 가입하여야 한다.

을. 수상레저사업자는 종사자와 이용자의 피해를 보전하기 위하여 보험 등에 가입하여야 한다.

병. 수상레저사업자는 보험등의 가입에 관한 정보를 종사자 및 이용자에게 알려야 한다.

정. 해양경찰서장은 보험등의 가입과 관련한 조사・관리를 위하여 보험회사에 필요한 자료 또는 정보의 제공을 요청할 수 있다.

> **해설** 보험등의 가입(「수상레저안전법」 제49조 제1항)
> 등록대상 동력수상레저기구의 소유자는 동력수상레저기구의 사용으로 다른 사람이 사망하거나 부상한 경우에 피해자에 대한 보상을 위하여 소유한 날로부터 1개월 이내에 대통령령으로 정하는 바에 따라 보험이나 공제에 가입하여야 한다.

367 면허시험 면제교육기관, 시험대행기관 종사자의 연간 이수해야 하는 교육시간으로 옳은 것은?

갑. 8시간 이상

을. 14시간 이상

병. 21시간 이상

정. 24시간 이상

> **해설** 종사자에 대한 교육(「수상레저안전법 시행규칙」 제22조 제2항)
> 교육은 교육대상자별로 다음의 구분에 따라 실시한다.
> • 정기교육 : 매년 1회 정기적으로 다음의 구분에 따라 실시하는 교육
> – 면허시험 면제교육기관 및 시험대행기관에 해당하는 교육대상자 : 21시간 이상
> – 안전교육 위탁기관에 해당하는 교육대상자 : 8시간 이상
> • 수시교육 : 정기교육 외의 교육으로서 해양경찰장이 필요하다고 인정하는 경우에 교육대상자에게 실시하는 8시간 이하의 교육

366 갑 367 병 **정답**

368 등록대상 동력수상레저기구 안전검사 대행자의 업무를 전부 또는 일부의 정지를 명할 수 있는 경우가 아닌 것은?

갑. 거짓이나 그 밖의 부정한 방법으로 지정을 받은 경우

을. 고의 또는 중대한 과실로 사실과 다르게 안전검사를 한 경우

병. 업무와 관련하여 부정한 금품을 수수한 경우

정. 검사 관련 기술인력, 시설, 장비 등의 기준에 미치지 못하게 된 경우

> **해설** 면허시험 면제교육기관의 지정취소 등(「수상레저안전법」 제10조 제1항)
> 해양경찰청장은 검사대행자가 다음의 어느 하나에 해당하는 경우 그 지정을 취소하거나 6개월의 범위에서 기간을 정하여 업무의 전부 또는 일부의 정지를 명할 수 있다. 다만, 제1호에 해당하면 그 지정을 취소하여야 한다.
> 1. 거짓이나 그 밖의 부정한 방법으로 지정을 받은 경우
> 2. 고의 또는 중대한 과실로 사실과 다르게 안전검사를 한 경우
> 3. 제18조 제4항에 따른 검사 관련 기술인력·시설·장비 등의 기준에 미치지 못하게 된 경우
> 4. 업무와 관련하여 부정한 금품을 수수하거나 그 밖의 부정한 행위를 한 경우
> 5. 이 법 또는 이 법에 따른 명령을 위반한 경우

369 수상레저사업자가 영업구역 안에서 금지사항으로 옳지 않은 것은?

갑. 영업구역을 벗어나 영업하는 행위

을. 보호자를 동반한 14세 미만자를 수상레저기구에 태우는 행위

병. 수상레저기구에 정원을 초과하여 태우는 행위

정. 수상레저기구 안으로 주류를 반입토록 하는 행위

> **해설** 사업자의 안전점검 등 조치(「수상레저안전법」 제44조 제2항 제1호)
> 수상레저사업자와 그 종사자는 영업구역에서 다음의 행위를 하여서는 아니 된다.
> • 14세 미만인 사람(보호자를 동반하지 아니한 사람으로 한정), 술에 취한 사람 또는 정신질환자를 수상레저기구에 태우거나 이들에게 수상레저기구를 빌려주는 행위

370 일반조종면허 실기시험에 사용하는 수상레저기구의 부대장비로 옳지 않은 것은?

갑. 구명줄 및 구명환 각 1개

을. 예비용 노, 소화기 및 자동정지줄

병. 나침반(지름 10cm 이상) 1개

정. 속도계(MPH) 및 회전속도계(RPM게이지) 각 1개

해설 일반조종면허 실기시험용 동력수상레저기구의 규격(「수상레저안전법 시행령」 별표3 제1호)

구 분	세부 규격
선 체	빗물이나 햇빛을 차단할 수 있도록 조종석에 지붕이 설치되어 있을 것
길 이	5미터 이상
전 폭	2미터 이상
최대출력	100마력 이상
최대속도	30노트 이상
탑승인원	4인승 이상
기 관	제한 없음
그 밖의 장비	나침반(지름 10cm 이상) 1개, 속도계(MPH) 1개, 회전속도계(RPM GAUGE) 1개, 예비용 노, 소화기 및 자동 정지줄

371 다음 중 「수상레저안전법」상 등록대상으로 옳지 않은 것은?

갑. 25톤 선내기 모터보트

을. 수상오토바이

병. 추진기관 35마력인 고무보트

정. 추진기관 20마력인 세일링요트

 적용 범위(「수상레저기구의 등록 및 검사에 관한 법률」 제3조 및 제4조)
이 법은 수상레저활동에 사용하거나 사용하려는 것으로서 다음 각 호의 어느 하나에 해당하는 동력수상레저기구에 대하여 적용한다.
1. 수상오토바이
2. 총톤수 20톤 미만의 모터보트
3. 30마력 이상의 고무보트(공기를 넣으면 부풀고 빼면 접어서 운반할 수 있는 형태는 제외)
4. 총톤수 20톤 미만의 세일링요트(돛과 기관이 설치된 것)

372 다음 중 수상레저기구 중 등록대상으로 옳지 않은 것은?

갑. 수상오토바이

을. 선내기 또는 선외기인 총톤수 20톤 미만의 모터보트

 병. 공기를 넣으면 부풀고 접어서 운반할 수 있는 고무보트

정. 총톤수 20톤 미만인 세일링 요트

해설 371번 해설 참고

373 서프보드를 이용한 수상레저 활동 시 구명조끼를 대체할 수 있는 장비로 옳은 것은?

갑. 구명벨트

을. 헬멧

 병. 보드 리쉬(리쉬코드)

정. 구명환

해설 안전장비의 착용(「수상레저안전법 시행규칙」 제23조 제1항)

수상레저활동을 하는 사람은 관할 해양경찰서장 또는 특별자치시장·제주특별자치도지사·시장·군수 및 구청장(구청장은 자치구의 구청장을, 서울특별시의 관할구역에 있는 한강의 경우에는 서울특별시의 한강 관리에 관한 업무를 관장하는 기관의 장을 말하며, 이하 "시장·군수·구청장"이라 함)이 안전장비에 관하여 특별한 지시를 하지 않는 경우에는 구명조끼[서프보드 또는 패들보드를 사용하여 수상레저활동을 하는 경우에는 보드 리쉬(Board Leash : 서프보드 또는 패들보드와 발목을 연결하여 주는 장비)를 말한다] 를 착용해야 하며, 워터슬레이드를 사용하여 수상레저활동 또는 래프팅을 할 때에는 구명조끼와 함께 안전 모를 착용해야 한다.

374 일반조종면허의 경우, 제2급 조종면허를 취득한 자가 제1급 조종면허를 취득한 경우 조종면허의 효력 관계로 옳은 것은?

갑. 제1급 조종면허의 효력은 상실된다.

을. 제2급 조종면허의 효력은 상실된다.

병. 제1급과 제2급 조종면허 둘 다 유효하며, 제2급 조종면허의 갱신기간에 맞게 갱신만 하면 된다.

정. 제1급과 제2급 조종면허 둘 다 유효하며, 각각의 갱신기간에 맞게 갱신만 하면 된다.

> **해설** 조종면허(「수상레저안전법」 제5조 제3항)
> 일반조종면허의 경우 제2급 조종면허를 받은 사람이 제1급 조종면허를 받은 때에는 제2급 조종면허의 효력은 상실된다.

375 다음 중 동력수상레저기구 조종면허증을 발급 또는 재발급하여야 할 사유로 옳지 않은 것은?

갑. 동력수상레저기구 조종면허시험에 합격한 경우

을. 동력수상레저기구 조종면허증을 친구에게 빌려주어 받지 못하게 된 경우

병. 동력수상레저기구 조종면허증을 잃어버린 경우

정. 동력수상레저기구 조종면허증이 헐어 못쓰게 된 경우

> **해설** 면허증 발급(「수상레저안전법」 제15조 제1항, 제3항)
> 해양경찰청장은 다음의 어느 하나에 해당하는 경우에는 면허증을 발급하여야 하며, 면허증을 잃어버렸거나 면허증이 헐어 못 쓰게 된 경우 해양경찰청장에게 신고하고 다시 발급받을 수 있다.
> • 면허시험에 합격하여 면허증을 발급하는 경우
> • 면허증을 갱신하는 경우

376 대통령령으로 정하는 체육 관련 단체에 동력수상레저기구의 선수로 등록된 사람이 면제되는 면허 및 시험의 종류에 대한 설명으로 옳은 것은?

갑. 제1급 조종면허 및 요트조종면허의 필기시험과 실기시험

을. 제2급 조종면허 및 요트조종면허의 필기시험과 실기시험

병. 제1급 조종면허 및 요트조종면허의 실기시험

정. 제2급 조종면허 및 요트조종면허의 실기시험

> **해설** 면허시험 과목의 면제 기준(「수상레저안전법 시행령」 별표4)
> 대통령령으로 정하는 체육 관련 단체에 동력수상레저기구의 선수로 등록된 사람은 제2급 조종면허 및 요트조종면허 실기시험을 면제한다.

377 다음 중 안전검사에 대한 설명으로 옳지 않은 것은?

갑. 기구를 등록하려는 경우에는 신규검사를 받아야 한다.

을. 개인이 소유하는 경우에는 등록 후 5년마다 정기검사를 받아야 한다.

병. 동력수상레저기구의 구조나 장치를 변경한 경우에는 임시검사를 받아야 한다.

정. 수상레저사업에 이용되는 동력수상레저기구는 2년마다 정기검사를 받아야 한다.

> **해설** 안전검사(「수상레저기구의 등록 및 검사에 관한 법률」 제15조 제2항)
> 안전검사의 대상 동력수상레저기구 중 수상레저사업에 이용되는 동력수상레저기구는 1년마다, 그 밖의 동력수상레저기구는 5년마다 정기검사를 받아야 한다.

378 요트면허 시험대행기관 지정요건에 대한 설명으로 가장 옳지 않은 것은?

갑. 책임운영자 1명, 시험관 4명 이상 갖출 것

을. 책임운영자는 해양경찰청장이 정하여 고시하는 수상레저관련 업무에 5년 이상 종사한 경력이 있는 자

병. 시험관은 요트조종면허와 인명구조요원 자격을 갖춘 자

정. 실기시험용 세일링요트 3대 이상 갖출 것

> **해설** 시험대행기관의 시험장별 인적기준·장비기준 및 시설기준(「수상레저안전법 시행령」 별표9)
> 시험 대행기관 시험장별 실기시험 시설기준에서 요트는 실기시험용 규격에 맞는 요트 2대 이상 갖추어야 한다.

379 다음 빈칸 안에 들어갈 말로 순서대로 옳은 것은?

> 조종면허 실기시험 중 (   )노트 이상으로 운항 시 과속으로 (   )점 감점한다.

갑. 25, 3

을. 30, 3

병. 25, 4

정. 30, 4

> **해설** 실기시험의 채점기준과 운항코스(「수상레저안전법 시행규칙」 별표1)
> 15노트 이하 또는 25노트 이상으로 운항한 경우(저속 또는 과속) 4점 감점한다.

380 다음 중 1,000만원 이하의 벌금에 처하는 경우로 옳지 않은 것은?

갑. 조종면허를 받지 않고 동력수상레저기구를 조종한 자

을. 약물복용 등으로 인하여 정상적으로 조종하지 못할 우려가 있는 상태에서 동력수상레저기구를 조종한 자

병. 등록을 하지 아니하고 동력수상레저기구를 수상레저활동에 이용한 자

정. 술에 취한 상태라고 인정할 만한 상당한 이유가 있는데도 관계공무원의 측정에 따르지 아니한 자

> **해설** 벌칙(「수상레저기구의 등록 및 검사에 관한 법률」 제30조 제1호)
> 등록되지 아니한 동력수상레저기구를 운항한 자는 6개월 이하의 징역 또는 500만원 이하의 벌금에 처한다.

381 등록대상 동력수상레저기구의 말소등록과 관련된 내용으로 옳지 않은 것은?

갑. 동력수상레저기구가 멸실되었을 경우 말소등록을 신청하여야 한다.

을. 동력수상레저기구의 존재 여부가 3개월간 분명하지 아니한 경우 말소등록을 신청하여야 한다.

병. 등록번호판을 분실하여 반납할 수 없는 경우에는 그 사유서를 제출하고 등록번호판을 반납하지 아니할 수 있다.

정. 시장·군수·구청장은 등록번호판을 반납받은 경우에는 일정기간이 지난 후 다시 사용할 수 있다.

> **해설** 말소등록(「수상레저기구의 등록 및 검사에 관한 법률」 제10조 제3항)
> 시장·군수·구청장은 등록번호판을 반납받은 경우에는 다시 사용할 수 없는 상태로 폐기하여야 한다.

382 다음 중 100만원 이하의 과태료에 처하는 경우로 옳지 않은 것은?

갑. 동력수상레저기구의 안전검사를 받지 아니한 수상레저사업자

을. 수상레저활동 시간 외에 수상레저활동을 한 자

병. 등록번호판을 부착하지 아니한 동력수상레저기구의 소유자

정. 동력수상레저기구를 소유한 날부터 1개월 이내 등록신청을 아니한 자

> **해설** 과태료(「수상레저기구의 등록 및 검사에 관한 법률」 제32조 제2항 제3호)
> 등록번호판을 부착하지 아니한 자에게는 50만원 이하의 과태료를 부과한다.

383 다음 중 조종면허 결격 사유와 결격 기간을 연결한 것으로 옳지 않은 것은?

갑. 조종면허가 취소된 경우 – 1년

을. 무면허 조종으로 적발된 경우 – 1년

병. 면허소지자가 술에 취한 상태에서 조종한 경우 – 1년

정. 조종면허 없이 사람을 사상하고 도주한 경우 – 3년

> **해설** 조종면허의 결격사유 등(「수상레저안전법」 제7조 제1항 제5호)
> 조종면허를 받지 아니하고 동력수상레저기구를 조종한 사람으로서 그 위반한 날부터 1년(사람을 사상한 후 구호 등 필요한 조치를 하지 아니하고 달아난 사람은 이를 위반한 날부터 4년)이 지나지 아니한 사람

384 다음 중 100만원 이하의 과태료에 처하는 경우로 옳지 않은 것은?

갑. 동력수상레저기구의 안전검사를 받지 않은 수상레저사업자

을. 수상레저활동 시간 외에 수상레저활동을 한 자

병. 수상레저활동 금지구역에서 수상레저활동을 한 자

정. 영업구역을 위반한 수상레저사업자

 벌칙(「수상레저안전법」 제62조 제3호)
영업구역이나 시간의 제한 또는 영업의 일시정지 명령을 위반한 수상레저사업자는 6개월 이하의 징역 또는 500만원 이하의 벌금에 처한다.

385 동력수상레저기구 시험운항과 관련된 내용 중 잘못된 내용은?

갑. 시험운항허가 관서의 장은 해양경찰서장 또는 시장·군수·구청장이다.

을. 시험운항허가관서의 장은 시험운항허가의 신청을 받은 경우에는 시험운항의 목적, 기간 및 운항구역을 정하여 시험운항을 허가할 수 있다.

병. 시험운항허가를 받은 자는 시험운항허가증에 기재된 기간이 만료된 경우 시험운항허가증은 즉시 폐기하여야 한다.

정. 시험운항허가의 신청 및 반납 등에 필요한 사항은 대통령령으로 정한다.

 시험운항의 허가(「수상레저기구의 등록 및 검사에 관한 법률」 제14조 제4항)
시험운항허가를 받은 자는 시험운항허가증에 기재된 기간이 만료된 경우 시험운항허가증을 반납하여야 한다.

386 수상안전교육 실시에 대한 설명으로 옳지 않은 것은?

갑. 수상안전교육 위탁기관은 해양경찰청장이 감수한 교재를 사용하여 수상안전교육을 실시해야 한다.

을. 신규 면허시험 응시를 위한 수상안전교육은 집합교육 및 온라인 교육으로 구분하여 받을 수 있다.

병. 면허증 갱신을 위한 수상안전교육은 집합교육 및 온라인 교육으로 구분하여 받을 수 있다.

정. 수상안전교육 과목은 수상레저안전 관계 법령, 수상레저기구의 사용·관리, 수상상식, 수상구조가 해당한다.

 수상안전교육의 실시(「수상레저안전법 시행규칙」 별표5 제2호 가목)
신규 면허시험 응시를 위한 수상안전교육 : 집합교육

387 「수상레저안전법」에 의하면 일정한 거리 이상에서 수상레저활동을 하고자 하는 자는 해양경찰관서에 신고하여야 하는데 다음 중 신고 대상으로 옳은 것은?

갑. 해안으로부터 5해리 이상
을. 출발항으로부터 5해리 이상
병. 해안으로부터 10해리 이상
정. 출발항으로부터 10해리 이상

> 해설 원거리 수상레저활동의 신고(「수상레저안전법」 제23조 제1항)
> 출발항으로부터 10해리 이상 떨어진 곳에서 수상레저활동을 하려는 사람은 해양수산부령으로 정하는 바에 따라 해양경찰관서나 경찰관서에 신고하여야 한다. 다만, 「선박의 입항 및 출항 등에 관한 법률」 제4조에 따른 출입 신고를 하거나 「선박안전 조업규칙」 제15조에 따른 출항·입항 신고를 한 선박인 경우에는 그러하지 아니하다.

388 등록번호판에 대한 설명으로 옳지 않은 것은?

갑. 기구의 종류와 등록순서에 따른 일련번호를 문자 또는 숫자로 표시한다.
을. 등록번호판의 두께는 모두 0.3밀리미터 규격이다.
병. 고무재질의 선체에는 반사 원단을 사용한다.
정. 바탕은 옅은 회색, 숫자와 문자는 검은색으로 한다.

> 해설 등록번호판의 규격(「수상레저기구의 등록 및 검사에 관한 법률 시행규칙」 별표2)
> 등록번호판의 두께는 동력수상레저기구의 선체가 강화플라스틱 또는 알루미늄 재질 등인 경우 0.3밀리미터, 동력수상레저기구의 선체가 고무재질인 경우 0.2밀리미터이다.

389 등록대상 동력수상레저기구의 시험운항에 관한 내용 중 옳지 않은 것은?

갑. 임시검사를 받기 전에 국내에서 동력수상레저기구로 시험운항하는 것을 말한다.
을. 시험운항허가증에 기재된 기간이 만료된 경우에는 시험운항허가증을 반납하여야 한다.
병. 시험운항허가관서의 장은 시험운항허가의 신청을 받은 경우에는 시험운항의 목적, 기간 및 운항구역을 정하여 허가할 수 있다.
정. 시험운항을 허가하는 때에는 허가사항이 기재된 시험운항허가증을 발급하여야 한다.

> 해설 시험운항의 허가(「수상레저기구의 등록 및 검사에 관한 법률」 제14조 제1항)
> 시험운항은 신규검사를 받기 전에 국내에서 동력수상레저기구로 시험운항하는 것을 말한다.

제4과목

390 동력수상레저기구 조종면허의 효력발생 시기로 옳은 것은?

갑. 수상 안전교육을 이수한 때

을. 필기시험 합격일로부터 14일 이후

병. 면허시험에 최종 합격한 날

정. 조종면허증을 본인 또는 대리인에게 발급한 때부터

> **해설** 면허증 발급(「수상레저안전법」 제15조 제2항)
> 조종면허의 효력은 면허증을 본인이나 그 대리인에게 발급한 때부터 발생한다.

391 수상레저활동자가 착용하여야 할 인명안전장비 종류를 조정할 수 있는 권한을 가진 자로 옳지 않은 것은?

갑. 해양경찰서장

을. 경찰서장

병. 구청장

정. 시장·군수

> **해설** 안전장비의 착용(「수상레저안전법 시행규칙」 제23조 제2항)
> 관할 해양경찰서장 또는 시장·군수·구청장은 수상레저활동의 형태, 수상레저기구의 종류 및 날씨 등을 고려하여 수상레저활동을 하는 사람이 착용해야 하는 구명조끼·구명복 또는 안전모 등의 인명안전장비의 종류를 특정하여 착용 등의 지시를 할 수 있다.

392 무동력수상레저기구에 해당하지 않는 것은?

갑. 파라세일

을. 수륙양용기구

병. 워터슬레이드

정. 플라이보드

> **해설** 수상레저기구의 종류(「수상레저안전법 시행령」제2조 제2항)
> 법 제2조 제5호에서 "대통령령으로 정하는 것"이란 다음에 해당하는 수상레저기구를 말한다.
> - 수상스키(케이블 수상스키 포함)
> - 카 약
> - 수상자전거
> - 무동력 요트
> - 카이트보드
> - 패들보드
> - 파라세일
> - 카 누
> - 서프보드
> - 윈드서핑
> - 공기주입형 고정식 튜브
> - 조 정
> - 워터슬레이드
> - 노보트
> - 웨이크보드(케이블 웨이크보드 포함)
> - 플라이보드
> - 그 밖에 규정에 따른 수상레저기구와 비슷한 구조·형태 또는 운전방식을 가진 것으로서 해양경찰청장이 정하여 고시하는 수상레저기구

393 조종면허를 가진 자와 동승하여 무면허로 조종할 경우 면허를 소지한 사람의 요건으로 옳지 않은 것은?

갑. 제1급 일반조종면허를 소지할 것

을. 술에 취한 상태가 아닐 것

병. 약물을 복용한 상태가 아닐 것

정. 면허 취득 후 2년이 경과한 사람일 것

> **해설** 무면허조종의 금지(「수상레저안전법」제25조)
> 누구든지 조종면허를 받아야 조종할 수 있는 동력수상레저기구를 조종면허를 받지 아니하고(조종면허의 효력이 정지된 경우를 포함) 조종하여서는 아니 된다. 다만, 다음의 어느 하나에 해당하는 경우에는 그러하지 아니하다.
> - 제1급 조종면허를 가진 사람의 감독하에 수상레저활동을 하는 경우로서 해양수산부령으로 정하는 경우
> - 조종면허를 가진 사람과 동승하여 조종하는 경우로서 해양수산부령으로 정하는 경우
>
> **무면허조종이 허용되는 경우**(「수상레저안전법 시행규칙」제28조 제2항)
> 법 제25조 제2호에서 "해양수산부령으로 정하는 경우"란 제1급 동력수상레저기구 조종면허 또는 요트조종 면허를 가진 사람과 함께 탑승하여 조종하는 경우를 말한다. 다만, 면허를 가진 사람이 법 제27조 또는 제28조를 위반하여 술에 취한 상태나 약물복용 상태에서 탑승하는 경우는 제외한다.

394 「수상레저기구의 등록 및 검사에 관한 법률」상 조종면허 효력정지 기간에 조종을 한 경우 처분 기준으로 옳은 것은?

갑. 과태료

을. 면허취소

병. 징 역

정. 경 고

해설 **조종면허의 취소 및 효력정지(「수상레저안전법 시행규칙」 별표6)**
조종면허 효력정지 기간에 조종을 한 경우 면허취소 사유에 해당한다.

395 동력수상레저기구의 안전검사와 관련된 내용 중 잘못된 것은?

갑. 안전검사의 종류는 신규검사, 정기검사, 임시검사로 나누어진다.

을. 임시검사를 받는 시기가 정기검사 시기와 중복되는 경우에는 임시검사로 대체할 수 있다.

병. 수상레저사업에 이용되는 동력수상레저기구의 안전검사는 1년마다, 그 밖의 동력수상레저기구 는 5년마다 정기검사를 받아야 한다.

정. 등록대상 수상레저기구의 정원기준은 안전검사증에 기재된 정원을 말한다.

해설 **안전검사(「수상레저기구의 등록 및 검사에 관한 법률」 제15조 제4항)**
임시검사를 받는 시기가 정기검사 시기와 중복되는 경우에는 정기검사로 대체할 수 있다.

396 빈칸 안에 들어갈 말로 알맞은 것은?

> 신규검사를 받기 전에 국내에서 동력수상레저기구로 시험운항을 하고자 하는 자는 운항구역이
> 해수면일 경우 (①)에게, 내수면일 경우(②)에게 허가를 받아야 한다.

갑. ① 해양경찰서장 ② 시·도지사

을. ① 해양경찰서장 ② 시장·군수·구청장

병. ① 해양경찰청장 ② 시·도지사

정. ① 해양수산부장관 ② 시장·군수·구청장

해설 **시험운항의 허가(「수상레저기구의 등록 및 검사에 관한 법률 시행령」 제11조 제1항)**
시험운항허가를 받으려는 자는 다음의 구분에 따라 해당 운항구역을 관할하는 해양경찰서장 또는 시장·
군수·구청장에게 시험운항허가를 신청해야 한다.
• 시험운항의 운항구역이 해수면인 경우 : 해당 구역을 관할하는 해양경찰서장
• 시험운항의 운항구역이 내수면인 경우 : 해당 구역을 관할하는 시장·군수·구청장

397 동력수상레저기구의 소유자는 성능 및 안전기준에 적합한 무선설비를 동력수상레저기구에 갖추어
야 한다. 무선설비의 설치가 제외되는 경우로 옳은 것은?

갑. 평수구역을 운항구역으로 지정받은 경우

을. 연안으로부터 10해리까지를 운항구역으로 지정받은 경우

병. 연해구역을 운항구역으로 지정받은 경우

정. 근해구역을 운항구역으로 지정받은 경우

해설 **무선설비의 설치가 제외되는 동력수상레저기구(「수상레저기구의 등록 및 검사에 관한 법률 시행규칙」
제23조)**
"해양수산부령으로 정하는 동력수상레저기구"란 다음에 해당하는 구역을 운항구역으로 지정받은 동력수
상레저기구를 말한다.
• 평수구역
• 내수면

398 다음 중 요트조종면허 필기시험 과목으로 옳지 않은 것은?

갑. 해양기상학 기초

을. 선체와 의장

병. 항해계획과 항해

정. 선원법

 요트조종면허의 필기시험 과목(「수상레저안전법 시행령」 별표2 제2호)

과 목	출제 범위	과목별 배점
요트활동 개요	• 해양학 기초(조석·해류 및 파랑의 이해) • 해양기상학 기초(해양기상의 특성, 기상통보 및 일기도 읽기)	10점
요 트	• 선체와 의장 • 돛[범장(帆裝)]과 기관 • 전기시설 및 설비 • 항해장비, 안전장비 및 인명구조 • 생존술	20점
항해 및 범주	• 항해계획과 항해(항해정보, 각종 항법) • 범주 및 피항(避航) • 식량과 조리·위생	20점
법 규	• 「수상레저안전법」 • 「수상레저기구의 등록 및 검사에 관한 법률」 • 「선박의 입항 및 출항 등에 관한 법률」 • 「해사안전기본법」 및 「해상교통안전법」 • 「해양환경관리법」 • 「전파법」	50점

399 조종면허 효력 등에 관한 사항으로 옳은 것은?

갑. 면허증의 갱신기간 만료에 따른 효력이 정지되어도 언제든지 갱신이 가능하다.

을. 조종면허의 효력은 조종면허시험에 합격한 날부터 발생한다.

병. 거짓이나 그 밖의 부정한 방법으로 조종면허를 받은 경우 조종면허의 효력을 정지할 수 있다.

정. 면허시험장에서의 부정행위로 해당 시험의 중지 또는 무효의 처분을 받은 자는 그 시험 시행일로부터 3년간 면허시험에 응시할 수 없다.

> **해설** 조종면허증의 갱신 등(「수상레저안전법」제12조 제2항)
> 면허증을 갱신하지 아니한 경우에는 갱신기간이 만료한 다음 날부터 조종면허의 효력은 정지된다. 다만, 조종면허의 효력이 정지된 후 면허증을 갱신한 경우에는 갱신한 날부터 조종면허의 효력이 다시 발생한다.

400 수상레저사업장에 배치하는 인명구조요원에 대한 설명 중 옳지 않은 것은?

갑. 래프팅용 수상레저기구 수에 해당하는 래프팅 가이드를 두어야 한다.

을. 해양경찰청장이 인정한 단체에서 소정의 교육을 이수하면 된다.

병. 인명구조요원은 고령자에 대한 제한이 없다.

정. 인명구조요원은 비상구조선 수만큼 두어야 한다.

> **해설** 인명구조요원·래프팅가이드의 자격기준 등(「수상레저안전법 시행령」제26조 제1항)
> • 인명구조요원 : 다음의 어느 하나에 해당하는 사람
> – 별표12에 따른 지정기준을 갖춘 기관이나 단체 중 해양경찰청장이 교육기관으로 지정하는 기관이나 단체(이하 이 조 및 별표12에서 "교육기관"이라 한다)가 운영하는 인명구조 교육과정을 이수한 후 인명구조요원 자격을 취득한 사람
> – 「수상에서의 수색·구조 등에 관한 법률」제30조의2에 따른 수상구조사

401 다음 중 수상안전교육 내용으로 옳지 않은 것은?

갑. 수상레저안전 관계 법령

을. 수상레저기구의 유래

병. 수상상식

정. 수상구조

해설 수상안전교육의 과목 및 내용 등(「수상레저안전법 시행규칙」 별표5 제1호)

과 목	내 용	교육시간	
		신규 면허 시험 응시	면허증의 갱신
수상레저안전 관계 법령	• 「수상레저안전법」, 「수상레저기구의 등록 및 검사에 관한 법률」, 「선박 입항 및 출항에 관한 법률」, 「해사안전법」, 「해양환경관리법」 등 수상레저안전 관계 법령에 규정된 안전 의무 및 금지 사항 • 법령 위반으로 인한 안전사고 및 행정처분 등의 사례 등	30분	20분
수상레저기구의 사용·관리	• 수상레저기구의 구조 및 추진방식 • 수상레저활동 전·후 점검사항 • 소모성 부품의 교환 및 보관 요령 • 자주 발생하는 고장 및 응급조치 방법 등	50분	40분
수상상식	• 해양 위험 기상의 종류와 대처방법 • 수상레저활동에 필요한 기초상식(휴대전화 충전상태 확인, 구명조끼 등의 안전장비 착용방법, 출항 전 기상상태 확인방법 등)	50분	30분
수상구조	• 구명장비의 사용법 등 • 조난 발생 시 또는 물에 빠진 경우 생존 요령 • 응급처치, 인공호흡 및 심폐소생술 • 위급상황 발생 시 사고 및 대처방법	50분	30분

402 다음 중 보험에 가입하지 않고 수상레저기구를 운항한 사람에 대한 과태료 부과금액으로 옳은 것은?

갑. 10일 이내인 경우 1만원, 10일이 초과한 경우 매 1일마다 1만원 추가

을. 10일 이내인 경우 2만원, 10일이 초과한 경우 매 1일마다 2만원 추가

병. 10일 이내인 경우 5만원, 10일이 초과한 경우 매 1일마다 1만원 추가

정. 10일 이내인 경우 5만원, 10일이 초과한 경우 매 1일마다 3만원 추가

> **해설**
> 과태료의 부과기준(「수상레저안전법 시행령」 별표14 제2호 러목)
> 등록대상 동력수상레저기구의 소유자가 법 제49조 제1항을 위반하여 보험 등에 가입하지 않은 경우
> • 위반기간이 10일 이하인 경우 : 1만원
> • 위반기간이 10일을 초과하는 경우 : 위반일수에 1만원을 곱한 금액. 이 경우 부과금액은 30만원을 초과할 수 없다.

403 「수상레저안전법」상 수상레저기구의 정원에 관한 사항으로 옳지 않은 것은?

갑. 수상레저기구의 정원은 안전검사에 따라 결정되는 정원으로 한다.

을. 등록대상 동력수상레저기구가 아닌 수상레저기구의 정원은 해당 수상레저기구의 좌석 수 또는 형태 등을 고려하여 해양경찰청장이 정하여 고시하는 정원 산출 기준에 따라 산출한다.

병. 정원을 산출할 때에는 해난구조의 사유로 승선한 인원은 정원으로 보지 아니한다.

정. 조종면허 시험장에서의 시험을 보기 위한 승선정원은 정원으로 보지 아니한다.

> **해설**
> 수상레저기구의 정원 산출기준(「수상레저안전법 시행령」 제22조)
> • 수상레저기구의 정원은 「수상레저기구의 등록 및 검사에 관한 법률」에 따른 안전검사에 따라 결정되는 정원으로 한다.
> • 등록대상 동력수상레저기구가 아닌 수상레저기구의 정원은 해당 수상레저기구의 좌석 수 또는 형태 등을 고려하여 해양경찰청장이 정하여 고시하는 기준에 따라 산출한다.
> • 정원을 산출할 때에는 수난구호나 그 밖의 부득이한 사유로 승선한 인원은 정원으로 보지 않는다.

404 원거리 수상레저활동 관련 설명으로 옳지 않은 것은?

갑. 출발항으로부터 10해리 이상 떨어진 곳에서 활동할 경우 신고하여야 한다.

을. 선박안전조업규칙에 의한 신고를 별도로 한 경우에는 원거리 수상레저활동 신고의무의 예외로 본다.

병. 신고방법은 방문, 인터넷, 팩스, 전화 모두 가능하다.

정. 원거리 수상레저활동은 해양경찰관서 또는 경찰관서에 신고한다.

> **해설** 원거리 수상레저활동의 신고(「수상레저안전법 시행규칙」 제26조 제1항)
> 원거리 수상레저활동을 하려는 사람은 별지 제23호 서식의 원거리 수상레저활동 신고서를 해양경찰관서나 경찰관서에 제출(팩스나 정보통신망을 이용한 전자문서의 제출을 포함)해야 한다.

405 다음 중 「수상레저안전법」이 적용되는 경우로 옳은 것은?

갑. 낚시어선업 신고를 한 모터보트

을. 유선사업에 이용 중인 오리보트

병. 어선을 이용하는 낚시행위

정. 체육시설업에 이용되는 요트

> **해설** 적용배제(「수상레저안전법」 제3조 제1항)
> 이 법은 다음의 경우에는 적용하지 아니한다.
> • 「유선 및 도선사업법」에 따른 유·도선사업 및 그 사업과 관련된 수상에서의 행위를 하는 경우
> • 「체육시설의 설치·이용에 관한 법률」에 따른 체육시설업 및 그 사업과 관련된 수상에서의 행위를 하는 경우
> • 「낚시 관리 및 육성법」에 따른 낚시어선업 및 그 사업과 관련된 수상에서의 행위를 하는 경우

406 다음 중 수상레저기구에 등록번호판을 부착하여야 할 곳으로 가장 옳은 곳은?

갑. 선수 양현

을. 선미 양현

병. 선체 중앙

정. 옆면 또는 뒷면의 잘 보이는 곳

> **해설** 등록번호판의 부착(「수상레저기구의 등록 및 검사에 관한 법률 시행규칙」 제9조)
> 동력수상레저기구 소유자는 발급받은 동력수상레저기구 등록번호판 2개를 동력수상레저기구의 옆면과 뒷면에 각각 견고하게 부착해야 한다. 다만, 동력수상레저기구 구조의 특성상 뒷면에 부착하기 곤란한 경우에는 다른 면에 부착할 수 있다.

407 수상레저사업장에 비치하는 비상구조선에 대한 설명으로 옳지 않은 것은?

갑. 비상구조선임을 표시하는 주황색 깃발을 달아야 한다.

을. 망원경 1개 이상, 구명튜브 5개 이상 등 인명구조장비를 비치한다.

병. 지정된 비상구조선은 영업을 병행할 수 있다.

정. 수상레저사업에 이용되는 기구 중에서 비상구조선을 정한다.

 수상레저사업 중 비상구조선의 등록기준(「수상레저안전법 시행규칙」 별표8 바목)

• 비상구조선은 수상레저사업자가 해당 수상레저사업에 사용되는 수상레저기구 중에서 지정하여 사용하고, 주황색(RGB 254.97.0) 깃발을 비상구조선에 부착할 것
• 탑승정원이 3명 이상이고 속도가 20노트 이상이어야 하며 다음의 장비를 모두 갖출 것
  – 망원경 1개 이상
  – 구명부환 또는 레스큐 튜브 2개 이상
  – 호루라기 1개 이상
  – 30미터 이상의 구명줄
• 비상구조선은 사업장 구역의 순시(巡視)와 사고 발생 시 인명구조를 위하여 사용해야 하며, 영업 중에는 항상 사용할 수 있도록 할 것

---

408 제2급 조종면허와 요트조종면허의 과목을 모두 면제하는 교육을 실시하는 기관이나 단체로 지정·고시할 수 없는 기관은?

갑. 경찰 관련 업무의 수행을 위하여 동력레저수상기구와 유사한 수상 기구를 운영·관리하는 기관

을. 군 관련 업무의 수행을 위하여 동력레저수상기구와 유사한 수상 기구를 운영·관리하는 기관

병. 해양수산부 관련 업무의 수행을 위하여 동력레저수상기구와 유사한 수상 기구를 운영·관리하는 기관

정. 소방 관련 업무의 수행을 위하여 동력레저수상기구와 유사한 수상 기구를 운영·관리하는 기관

면허시험 면제교육기관의 지정 등(「수상레저안전법 시행령」 제11조 제1항)

해양경찰청장은 다음의 기준을 모두 갖춘 기관이나 단체를 면허시험(제2급 조종면허와 요트조종면허로 한정) 과목의 전부를 면제하는 교육을 실시하는 기관이나 단체로 지정할 수 있다.

• 다음의 어느 하나에 해당하는 기관이나 단체일 것
  – 경찰, 해양경찰, 소방 또는 국방 관련 업무의 수행을 위하여 동력수상레저기구와 유사한 수상기구를 운영·관리하는 기관
  – 「공공기관의 운영에 관한 법률」 제4조에 따른 공공기관 또는 지방자치단체
  – 「고등교육법」 제2조에 따른 학교 중 동력수상레저기구 관련 교육과정을 운영하는 학교
  – 그 밖에 수상레저활동 관련 교육기관이나 단체로서 해양경찰청장이 인정하는 기관이나 단체

409 조종면허의 종류와 기준으로 옳은 것은?

갑. 제1급 조종면허 – 요트를 포함한 동력수상레저기구를 조종하는 자

을. 제1급 조종면허 – 수상레저사업의 종사자

병. 제2급 조종면허 – 수상레저사업자 및 시험대행기관 시험관

정. 제2급 조종면허 – 시험대행기관 시험관

 조종면허 대상 및 기준(「수상레저안전법 시행령」제4조 제2항)
조종면허의 발급대상은 다음의 구분과 같다.
- 일반조종면허
  - 제1급 조종면허 : 수상레저사업의 종사자, 시험대행기관의 시험관
  - 제2급 조종면허 : 조종면허를 받아야 하는 동력수상레저기구(세일링요트는 제외)를 조종하려는 사람
- 요트조종면허 : 세일링요트를 조종하려는 사람

410 수수료 수납 대상이 다른 경우는?

갑. 변경등록을 신청하려는 경우

을. 안전검사증을 재발급하는 경우

병. 등록번호판을 받으려는 경우

정. 안전검사를 받으려는 경우

해설 "을"은 검사대행자에게, 나머지는 해양경찰청장 또는 시·군·구청장에게 수수료를 내야한다.

수수료(「수상레저기구의 등록 및 검사에 관한 법률」제26조 제1항)
다음의 어느 하나에 해당하는 자는 해양수산부령으로 정하는 바에 따라 해양경찰청장 또는 시장·군수·구청장에게 수수료를 내야 한다.
- 등록·변경등록·말소등록 등을 신청하려는 자
- 등록원부 사본의 발급을 신청하려는 자
- 등록번호판을 받으려는 자
- 등록증 및 등록번호판의 재발급을 신청하려는 자
- 안전검사를 받으려는 자

411 다음 중 수상레저 동승자 사고 발생 시 신고사항으로 옳지 않은 것은?

갑. 사고 발생일시 및 장소

을. 사고가 발생한 수상레저기구의 종류

병. 사고자 및 조종자의 인적사항

정. 출발장소 및 도착예정시간

 사고의 신고(「수상레저안전법 시행규칙」 제27조)

사고를 신고하려는 사람은 다음의 사항을 전화·팩스 또는 휴대전화 문자메시지 등의 방법으로 신고해야 한다.

- 사고 발생일시 및 장소
- 사고가 발생한 수상레저기구의 종류
- 사고자 및 조종자의 인적사항
- 피해상황 및 조치사항

412 「수상레저안전법」상 용어의 정의에 대한 설명으로 가장 옳지 않은 것은?

갑. "수상레저활동"이란 수상(水上)에서 수상레저기구를 사용하여 취미·오락·체육·교육 등을 목적으로 이루어지는 활동을 말한다.

을. "래프팅"이란 무동력수상레저기구를 사용하여 계곡이나 하천에서 노를 저으며 급류 또는 물의 흐름 등을 타는 수상레저활동을 말한다.

병. "수상레저기구"란 수상에서 사용되는 선박이나 기구로서 동력수상레저기구와 무동력수상레저기구로 구분된다.

정. "수상"이란 해수면과 내수면을 말한다.

 정의(「수상레저안전법」 제2조 제3호)

"수상레저기구"란 수상레저활동에 사용되는 선박이나 기구로서 동력수상레저기구와 무동력수상레저기구로 구분된다.

413 해양경찰청장 또는 시장·군수·구청장에게 수수료를 납부해야 하는 사유가 아닌 경우는?

갑. 말소등록을 신청하려는 경우

을. 등록원부 사본의 발급을 신청하려는 경우

병. 검사대행자가 안전검사 업무를 대행하는 경우

정. 등록증 및 등록번호판의 재발급을 신청하려는 경우

> **해설** 수수료(「수상레저기구의 등록 및 검사에 관한 법률」제26조 제1항)
> 다음의 어느 하나에 해당하는 자는 해양수산부령으로 정하는 바에 따라 해양경찰청장 또는 시장·군수·
> 구청장에게 수수료를 내야 한다.
> • 등록·변경등록·말소등록 등을 신청하려는 자
> • 등록원부 사본의 발급을 신청하려는 자
> • 등록번호판을 받으려는 자
> • 등록증 및 등록번호판의 재발급을 신청하려는 자
> • 안전검사를 받으려는 자

414 정원을 초과하여 사람을 태우고 수상레저기구를 조종한 경우 과태료 부과금액으로 옳은 것은?

갑. 10만원

을. 20만원

병. 60만원

정. 100만원

> **해설** 과태료의 부과기준(「수상레저안전법 시행령」별표14)
> 정원을 초과하여 사람을 태우고 수상레저기구를 조종한 경우의 과태료는 60만원이다.

415 다음 중 2급 조종면허 필기 또는 실기시험 면제대상이 아닌 자로 옳은 것은?

갑. 해양경찰관서에서 1년 이상 수난구조업무에 종사한 경력이 있는 자

을. 소형선박조종사 면허를 가진 자

병. 대한체육회 가맹 경기단체에서 동력수상레저기구 선수로 등록된 자

정. 선박직원법에 따라 운항사 면허를 취득한 자

면허시험의 면제(「수상레저안전법」 제9조 제1항)

해양경찰청장은 다음의 어느 하나에 해당하는 사람에 대하여 면허시험 과목의 전부 또는 일부를 면제할 수 있다. 다만, 제5호에 해당하는 때에는 면허시험(제2급 조종면허와 요트조종면허에 한정) 과목의 전부를 면제한다.

1. 대통령령으로 정하는 체육 관련 단체(대한체육회나 대한장애인체육회에 가맹된 법인이나 단체 등)에 동력수상레저기구의 선수로 등록된 사람
2. 다음 각 목의 요건을 모두 갖춘 사람
   가. 「고등교육법」 제2조에 따른 학교에서 대통령령으로 정하는 동력수상레저기구 관련 학과를 졸업하였을 것(법령에 따라 이와 같은 수준의 학력이 있다고 인정되는 경우를 포함)
   나. 해당 면허와 관련된 동력수상레저기구에 관한 과목을 이수하였을 것
3. 「선박직원법」 제4조 제2항 각 호에 따른 해기사 면허 중 대통령령으로 정하는 면허(항해사·기관사·운항사·수면비행선박 조종사 또는 소형선박 조종사의 면허)를 가진 사람
4. 「한국해양소년단연맹 육성에 관한 법률」에 따른 한국해양소년단연맹 또는 「국민체육진흥법」 제2조 제11호에 따른 경기단체에서 동력수상레저기구의 사용 등에 관한 교육·훈련업무에 1년 이상 종사한 사람으로서 해당 단체의 장의 추천을 받은 사람
5. 해양경찰청장이 지정·고시하는 기관이나 단체(이하 "면허시험 면제교육기관"이라 한다)에서 실시하는 교육을 이수한 사람
6. 제1급 조종면허 필기시험에 합격한 후 제2급 조종면허 실기시험으로 변경하여 응시하려는 사람

416 다음 중 「수상레저안전법」상 동력수상레저기구는 모두 몇 개인가?

㉠ 모터보트	㉡ 스쿠터
㉢ 딩기요트	㉣ 노보트
㉤ 호버크라프트	㉥ 세일링요트

갑. 2개   을. 3개
병. 4개   정. 5개

 수상레저기구의 종류(「수상레저안전법 시행령」 제2조 제1항)

동력수상레저기구란 다음에 해당하는 수상레저기구를 말한다.

- 수상오토바이
- 모터보트
- 고무보트
- 세일링요트(돛과 기관이 설치된 것)
- 스쿠터
- 공기부양정(호버크라프트)
- 수륙양용기구
- 그 밖에 규정에 따른 수상레저기구와 비슷한 구조·형태·추진기관 또는 운전방식을 가진 것으로서 해양경찰청장이 정하여 고시하는 수상레저기구

417 조종면허 갱신기간 내에 갱신할 수 없어 갱신을 연기할 수 있는 사유로 옳지 않은 것은?

갑. 질병에 걸리거나 부상을 입어 움직일 수 없는 경우

을. 법령에 따라 신체의 자유를 구속당한 경우

병. 국외에 체류 중인 경우

정. 금치산자가 된 경우

 조종면허증의 갱신 연기 등(「수상레저안전법 시행령」제13조 제1항)
면허증을 갱신하려는 사람이 군복무 등 대통령령으로 정하는 사유로 인하여 그 기간 이내에 면허증을 갱신할 수 없는 경우에는 대통령령으로 정하는 바에 따라 갱신을 미리 하거나 연기할 수 있다. "군복무 등 대통령령으로 정하는 사유"란 다음의 경우를 말한다.
• 군 복무 중(「병역법」제25조에 따라 의무소방원 또는 의무경찰대원으로 전환복무 중인 경우를 포함)이거나 「대체역의 편입 및 복무 등에 관한 법률」에 따라 대체복무요원으로 복무 중인 경우
• 국외에 체류 중인 경우
• 재해 또는 재난을 당한 경우
• 질병에 걸리거나 부상을 입어 움직일 수 없는 경우
• 법령에 따라 신체의 자유를 구속당한 경우
• 그 밖에 사회통념상 부득이하다고 인정할 만한 사유가 있는 경우

418 해양경찰청장이 지정·고시하는 기관이나 단체에서 실시하는 교육을 이수한 사람의 요트 조종면허 시험 과목의 면제 기준으로 옳은 것은?

갑. 실기시험 과목의 전부

을. 필기시험 과목의 전부

병. 필기시험 및 실기시험 과목의 전부

정. 필기시험 및 실기시험 과목의 일부

 면허시험의 면제(「수상레저안전법」제9조 제1항)
해양경찰청장이 지정·고시하는 기관이나 단체에서 실시하는 교육을 이수한 사람은 제2급 조종면허와 요트 조종면허에 한정하여 필기시험 및 실기시험 과목의 전부를 면제받을 수 있다.

419 「수상레저안전법」상 빈칸 안에 들어갈 내용으로 옳은 것은?

> 기상특보 중 풍랑·폭풍해일·호우·대설·강풍 (   )가 발효된 구역에서 파도 또는 바람만을 이용하여 활동이 가능한 수상레저기구를 운항할 경우 관할 해양경찰서장 또는 시장·군수·구청장에게 (   )를 제출해야 한다.

갑. 주의보, 운항신고서

을. 경보, 기상특보활동신고서

병. 경보, 운항신고서

정. 주의보, 기상특보활동신고서

 수상레저활동 제한의 예외(「수상레저안전법 시행령」 제21조)
법 제22조 각 호 외의 부분 단서에서 "대통령령으로 정하는 경우"란 기상특보 중 풍랑·폭풍해일·호우·대설·강풍 주의보가 발효된 경우로서 수상레저활동을 하기 위하여 관할 해양경찰서장 또는 특별자치시장·제주특별자치도지사·시장·군수 및 구청장(구청장은 자치구의 구청장을, 서울특별시의 관할구역에 있는 한강의 경우에는 서울특별시의 한강 관리에 관한 업무를 관장하는 기관의 장을 말하며, 이하 "시장·군수·구청장"이라 함)에게 해양수산부령으로 정하는 기상특보활동신고서를 제출한 경우를 말한다.

420 조종면허 시험 중 부정행위자에 대한 제재조치로서 옳지 않은 것은?

갑. 당해 시험을 중지시킬 수 있다.

을. 당해 시험을 무효로 할 수 있다.

병. 공무집행방해가 인정될 경우 형사처벌을 받을 수 있다.

정. 1년간 조종면허시험에 응시할 수 없다.

 부정행위자에 대한 제재(「수상레저안전법」 제11조)
① 해양경찰청장은 면허시험에서 부정행위를 한 사람에 대하여 그 시험을 중지하게 하거나 무효로 할 수 있다.
② 제1항에 따른 해당 시험의 중지 또는 무효의 처분을 받은 사람은 그 처분이 있는 날부터 2년간 면허시험에 응시할 수 없다.

421 조종면허시험 면제를 위해 동력수상레저기구 관련 학과에서 이수하여야 할 동력수상레저기구에 관한 과목의 학점으로 옳은 것은?

갑. 2학점 이상
 을. 6학점 이상
병. 10학점 이상
정. 15학점 이상

> **해설** 면허시험의 면제 등(「수상레저안전법 시행령」 제10조 제2항)
> "대통령령으로 정하는 동력수상레저기구 관련 학과"란 동력수상레저기구와 관련된 과목을 6학점 이상 필수적으로 취득해야 하는 학과를 말한다.

422 다음 중 조종면허를 받을 수 없는 경우로 옳지 않은 것은?

갑. 무면허 조종으로 단속된 날부터 1년이 지난 자
을. 조종면허가 취소된 날부터 1년이 지나지 아니한 자
병. 정신질환자 중 수상레저활동을 수행할 수 없다고 정하는 자
정. 마약중독자 중 수상레저활동을 수행할 수 없다고 정하는 자

> **해설** 조종면허의 결격사유 등(「수상레저안전법」 제7조 제1항)
> 다음의 어느 하나에 해당하는 사람은 조종면허를 받을 수 없다.
> • 14세 미만(제1급 조종면허의 경우에는 18세 미만)인 사람. 다만, 제9조 제1항 제1호에 해당하는 자는 제외한다.
> • 정신질환자 중 수상레저활동을 할 수 없다고 인정되어 대통령령으로 정하는 사람
> • 마약·향정신성의약품 또는 대마(「마약류 관리에 관한 법률」 제2조 제2호부터 제4호까지의 규정의 마약·향정신성의약품·대마를 말한다. 이하 같다) 중독자 중 수상레저활동을 할 수 없다고 인정되어 대통령령으로 정하는 사람
> • 제17조 제1항에 따라 조종면허가 취소된 날부터 1년이 지나지 아니한 사람
> • 제25조 각 호 외의 부분 본문을 위반하여 조종면허를 받지 아니하고 동력수상레저기구를 조종한 사람으로서 그 위반한 날부터 1년(사람을 사상한 후 구호 등 필요한 조치를 하지 아니하고 달아난 사람은 이를 위반한 날부터 4년)이 지나지 아니한 사람

423 다음 중 「수상레저안전법」에 대한 설명으로 옳지 않은 것은?

갑. 해양경찰청장은 면허시험에서 부정행위를 한 자에 대하여 그 시험을 중지하게 하거나 무효로 할 수 있다.

을. 시험의 중지 또는 무효의 처분을 받은 자는 그 시험 시행일부터 1년간 면허시험에 응시할 수 없다.

병. 최초의 면허증 갱신 기간은 면허증 발급일부터 기산하여 7년이 되는 날부터 6개월 이내

정. 면허증을 갱신하지 아니한 경우에는 갱신기간이 만료한 다음 날부터 조종면허의 효력은 정지된다.

> **해설** 부정행위자에 대한 제재(「수상레저안전법」 제11조)
> ① 해양경찰청장은 면허시험에서 부정행위를 한 사람에 대하여 그 시험을 중지하게 하거나 무효로 할 수 있다.
> ② 제1항에 따른 해당 시험의 중지 또는 무효의 처분을 받은 사람은 그 처분이 있는 날부터 2년간 면허시험에 응시할 수 없다.

424 수상레저기구의 정원초과금지와 관련된 사항으로 옳지 않은 것은?

갑. 당해 기구의 정원을 초과하여 사람이 탑승하면 과태료 200만원이 부과된다.

을. 등록대상 수상레저기구의 정원기준은 안전검사증에 기재된 정원을 말한다.

병. 해난구조 등 기타 부득이한 사유로 인하여 승선한 경우는 예외로 한다.

정. 등록대상이 아닌 레저기구는 별도의 고시에 따른 정원 산출 계산 기준에 의해 정원을 산출한다.

> **해설** 과태료의 부과기준(「수상레저안전법 시행령」 별표14)
> 정원을 초과하여 사람을 태우고 수상레저기구를 조종한 경우의 과태료는 60만원이다.

425 다음 중 「수상레저안전법」이 적용되는 행위로 옳은 것은?

갑. 낚시관리 및 육성법에 따른 낚시어선의 영업행위

을. 국민체육진흥법에 의한 경기단체의 주관으로 실시되는 요트대회

병. 체육시설의 설치·이용에 관한 법률에 의해 등록된 요트의 영업행위

정. 유선 및 도선사업법에 의해 신고된 모터보트의 유선행위

> **해설** 적용 배제(「수상레저안전법」 제3조 제1항)
> 이 법은 다음의 경우에는 적용하지 아니한다.
> • 「유선 및 도선사업법」에 따른 유·도선사업 및 그 사업과 관련된 수상에서의 행위를 하는 경우
> • 「체육시설의 설치·이용에 관한 법률」에 따른 체육시설업 및 그 사업과 관련된 수상에서의 행위를 하는 경우
> • 「낚시 관리 및 육성법」에 따른 낚시어선업 및 그 사업과 관련된 수상에서의 행위를 하는 경우

426 수상레저사업장에 대한 안전점검 항목으로 가장 옳지 않은 것은?

갑. 수상레저기구의 형식승인 여부

을. 수상레저기구의 안전성

병. 사업장 시설·장비 등이 등록기준에 적합한지 여부

정. 인명구조요원이나 래프팅가이드의 자격 및 배치기준 준수 의무

> **해설** 안전점검의 대상 및 절차 등(「수상레저안전법 시행령」 제25조 제1항)
> 안전점검의 대상 및 항목은 다음과 같다.
> • 수상레저기구의 안전성(「수상레저기구의 등록 및 검사에 관한 법률」 제15조에 따른 안전검사의 대상이 되는 동력수상레저기구는 제외)
> • 법 제37조 제1항에 따른 수상레저사업(이하 "수상레저사업")의 사업장에 설치된 시설·장비 등이 등록기준에 적합한지 여부
> • 법 제44조 제1항 각 호에 따른 수상레저사업자와 그 종사자의 조치 의무
> • 법 제44조 제1항 제5호에 따른 인명구조요원이나 래프팅가이드의 자격 및 배치기준 준수 의무
> • 법 제44조 제2항 각 호에 따른 수상레저사업자와 그 종사자의 행위제한 등의 준수 의무

427 「수상레저안전법」상 제1급 조종면허를 받을 수 있는 나이의 기준으로 옳은 것은?

갑. 19세 이상

을. 14세 이상

병. 15세 이상

정. 18세 이상

 조종면허의 결격사유 등(「수상레저안전법」 제7조 제1항 제1호)
14세 미만(제1급 조종면허의 경우에는 18세 미만)인 사람. 다만, 체육 관련 단체에 동력수상레저기구의
선수로 등록된 자는 제외한다.

428 다음 중 「수상레저안전법」에 대한 설명으로 옳지 않은 것은?

갑. 해양경찰청장은 면허시험에서 부정행위를 한 자에 대하여 그 시험을 중지하게 하거나 무효로
할 수 있다.

을. 시험의 중지 또는 무효의 처분을 받은 자는 그 시험 시행일부터 1년간 면허시험에 응시할 수
없다.

병. 최초의 면허증 갱신 기간은 면허증 발급일부터 기산하여 7년이 되는 날부터 6개월 이내

정. 면허증을 갱신하지 아니한 경우에는 갱신기간이 만료한 다음 날부터 조종면허의 효력은 정지
된다.

 부정행위자에 대한 제재(「수상레저안전법」 제11조)
시험의 중지 또는 무효의 처분을 받은 사람은 그 처분이 있는 날부터 2년간 면허시험에 응시할 수 없다.

429 다음 중 동력수상레저기구의 검사대행자가 갖추어야 하는 일반장비로 옳지 않은 것을 모두 고른 것은?

① 마이크로미터	② 절연저항 측정기
③ 반사경	④ 육각렌치
⑤ 청음기	⑥ 나침반

갑. ①, ⑥

을. ②, ③

병. ②, ⑤

정. ④, ⑥

> **해설** 검사대행자의 기술인력·시설 및 장비 기준(「수상레저기구의 등록 및 검사에 관한 법률 시행령」 별표2)
> • 일반장비
>   - 마이크로미터   - 절연저항 측정기
>   - 버니어캘리퍼스(Vernier Calipers)   - 반사경
>   - 청음기(聽音機)   - 회전 측정기
>   - 온도 측정기   - 디지털카메라
>   - 테스트 해머(Test Hammer)   - 두께 측정용 게이지
>   - 틈새 게이지   - 속도측정장치(GPS, DGPS 등)

430 다음 중 응시원서의 유효기간으로 옳은 것은?

갑. 접수일부터 6개월

을. 접수일부터 1년

병. 필기시험 합격일부터 6개월

정. 필기시험 합격일부터 2년

> **해설** 면허시험 응시원서의 제출 및 접수 등(「수상레저안전법 시행규칙」 제6조 제4항)
> 응시표의 유효기간은 해당 응시원서의 접수일부터 1년까지로 하며, 면허시험의 필기시험에 합격한 경우에
> 는 그 필기시험 합격일부터 1년까지로 한다.

431 「수상레저안전법」상 해양경찰청장이 조종면허를 취소해야 하는 사유로 옳지 않은 것은?

갑. 거짓이나 그 밖의 부정한 방법으로 조종면허를 받은 경우

을. 조종면허 효력정지 기간에 조종을 한 경우

병. 조종 중 고의 또는 과실로 사람을 사상한 경우

정. 조종면허를 받을 수 없는 사람이 조종면허를 받은 경우

> 해설
> **조종면허의 취소·정지(「수상레저안전법」 제17조 제1항)**
> 해양경찰청장은 조종면허를 받은 사람이 다음의 어느 하나에 해당하는 경우에는 해양수산부령으로 정하는 바에 따라 조종면허를 취소하거나 1년의 범위에서 기간을 정하여 그 조종면허의 효력을 정지할 수 있다. 다만, 제1호, 제2호 또는 제4호부터 제6호까지에 해당하면 조종면허를 취소하여야 한다.
> 1. 거짓이나 그 밖의 부정한 방법으로 조종면허를 받은 경우
> 2. 조종면허 효력정지 기간에 조종을 한 경우
> 3. 조종면허를 받은 사람이 동력수상레저기구를 사용하여 살인 또는 강도 등 해양수산부령으로 정하는 범죄행위를 한 경우
> 4. 제7조 제1항 제2호 또는 제3호에 따라 조종면허를 받을 수 없는 사람에 해당된 경우
> 5. 제7조 제1항에 따라 조종면허를 받을 수 없는 사람이 조종면허를 받은 경우
> 6. 제27조 제1항 또는 제2항을 위반하여 술에 취한 상태에서 조종을 하거나 술에 취한 상태라고 인정할 만한 상당한 이유가 있음에도 불구하고 관계공무원의 측정에 따르지 아니한 경우
> 7. 조종 중 고의 또는 과실로 사람을 사상하거나 다른 사람의 재산에 중대한 손해를 입힌 경우
> 8. 면허증을 다른 사람에게 빌려주어 조종하게 한 경우
> 9. 제28조를 위반하여 약물의 영향으로 인하여 정상적으로 조종하지 못할 염려가 있는 상태에서 동력수상레저기구를 조종한 경우
> 10. 그 밖에 이 법 또는 이 법에 따른 수상레저활동의 안전과 질서 유지를 위한 명령을 위반한 경우

432 다음 중 수상레저사업자의 안전점검에 대한 내용으로 옳지 않은 것은?

갑. 수상레저기구와 시설의 안전점검

을. 영업구역의 기상·수상의 상태의 확인

병. 종사자에 대한 안전교육

정. 비상구조선의 배치

> 해설
> **사업자의 안전점검 등 조치(「수상레저안전법」 제44조 제1항)**
> 수상레저사업자와 그 종사자는 수상레저활동의 안전을 위하여 다음의 조치를 하여야 한다.
> • 수상레저기구와 시설의 안전점검
> • 영업구역의 기상·수상 상태의 확인
> • 영업구역에서 사고가 발생하는 경우 구호조치 및 해양경찰관서·경찰관서·소방관서 등 관계 행정기관에 통보
> • 이용자에 대한 안전장비 착용조치 및 탑승 전 안전교육
> • 사업장 내 인명구조요원이나 래프팅가이드의 배치 또는 탑승
> • 비상구조선(수상레저사업장과 그 영업구역의 순시 및 인명구조를 위하여 사용되는 동력수상레저기구를 말함. 이하 이 조에서 같음)의 배치

433 수상레저기구가 다이빙대·계류장·교량 등 위험발생요소가 많은 지역을 근접하여 운항하는 때에 지켜야 할 제한속력으로 옳은 것은?

 갑. 10knot 이하의 속력

을. 15knot 이하의 속력

병. 20knot 이하의 속력

정. 25knot 이하의 속력

> 해설
>
> **운항방법 및 기구의 속도 등에 관한 준수사항**(「수상레저안전법 시행령」 별표11)
> • 수상레저기구의 속도 등에 관한 사항
> – 다이빙대·계류장 및 교량으로부터 20미터 이내의 구역이나 해양경찰서장 또는 시장·군수·구청장이 지정하는 위험구역에서는 10노트 이하의 속력으로 운항해야 하며, 해양경찰서장 또는 시장·군수·구청장이 별도로 정한 운항지침을 따라야 한다.

434 등록대상 동력수상레저기구에 대한 안전검사의 종류로 옳지 않은 것은?

갑. 신규검사

을. 정기검사

병. 임시검사

정. 중간검사

> 해설
>
> **안전검사**(「수상레저기구의 등록 및 검사에 관한 법률」 제15조 제1항)
> 동력수상레저기구의 소유자는 해양경찰청장이 실시하는 다음의 구분에 따른 검사(이하 "안전검사")를 받아야 한다.
> • 신규검사 : 제6조에 따른 등록을 하려는 경우 실시하는 검사
> • 정기검사 : 제6조에 따른 등록 이후 일정 기간마다 정기적으로 실시하는 검사
> • 임시검사 : 다음의 사항을 변경하려는 경우 실시하는 검사
> – 정원 또는 운항구역. 이 경우 정원의 변경은 해양경찰청장이 정하여 고시하는 최대승선정원의 범위 내로 한정한다.
> – 해양수산부령으로 정하는 구조, 설비 또는 장치

435 빈칸 안에 들어갈 말을 순서대로 짝지은 것으로 옳은 것은?

> 면허증을 다른 사람에게 빌려주어 조종하게 한 경우에는 조종면허를 취소하거나 (①)의 범위에서 기간을 정하여 그 조종면허 효력을 정지할 수 있고, 조종면허가 취소되거나 그 효력이 정지된 날부터 (②) 이내 해양경찰청장에게 면허증을 반납하여야 한다.

갑. ① 3월 ② 5일
을. ① 6월 ② 6일
병. ① 1년 ② 7일
정. ① 2년 ② 10일

 조종면허의 취소·정지(「수상레저안전법」 제17조 제1항 제8호, 제2항)
• 해양경찰청장은 조종면허를 받은 사람이 다음의 어느 하나에 해당하는 경우에는 해양수산부령으로 정하는 바에 따라 조종면허를 취소하거나 1년의 범위에서 기간을 정하여 그 조종면허의 효력을 정지할 수 있다(제17조 제1항).
 – 면허증을 다른 사람에게 빌려주어 조종하게 한 경우(제8호)
• 제1항에 따라 조종면허가 취소되거나 그 효력이 정지된 사람은 조종면허가 취소되거나 그 효력이 정지된 날부터 7일 이내에 해양경찰청장에게 면허증을 반납하여야 한다(제17조 제2항).

436 안전검사대행기관으로 지정받으려는 자가 해양경찰청장에게 제출해야 하는 서류로 옳지 않은 것은?

갑. 인적기준·시설기준 및 장비기준을 갖추었음을 증명하는 서류
을. 조종면허증 보유현황
병. 수상안전교육 내용이 포함된 교육 실시계획서
정. 시설기준에 관한 도면

 안전교육 위탁기관의 지정신청 등(「수상레저안전법 시행규칙」 제14조 제1항)
영 제15조 제2항에 따라 안전교육 위탁기관으로 지정받으려는 자는 별지 제12호서식의 안전교육 위탁기관 지정신청서에 다음의 서류를 첨부하여 해양경찰청장에게 제출해야 한다.
• 영 제15조 제1항 제3호 및 별표7에 따른 인적기준·시설기준 및 장비기준을 갖추었음을 증명하는 서류와 시설기준에 관한 도면
• 별표5(수상안전교육의 과목 및 내용 등)의 교육내용이 포함된 교육 실시계획서
• 정 관

437 다음은 수상레저기구 속도 등에 관한 준수사항이다. 빈칸 안에 들어갈 말을 순서대로 짝지은 것으로 옳은 것은?

> 계류장, 공기주입형 고정식 튜브 등 수상에 띄우는 수상레저기구 및 설비가 설치된 곳으로부터
> (   ) 이내의 구역에서는 인위적으로 파도를 발생시키는 특수장치가 설치된 동력수상레저기구를
> 운항해서는 안 된다. 다만, 동력수상레저기구에 설치된 특수장치를 이용하여 인위적으로 파도를
> 발생시키지 않고 (   ) 이하의 속력으로 운항하는 경우에는 그렇지 않다.

갑. 250미터, 10노트
을. 200미터, 10노트
병. 150미터, 5노트
정. 100미터, 5노트

운항방법 및 기구의 속도 등에 관한 준수사항(「수상레저안전법 시행령」 별표11 제2호)
• 다음의 어느 하나에 해당하는 곳으로부터 150미터 이내의 구역에서는 인위적으로 파도를 발생시키는
특수장치가 설치된 동력수상레저기구를 운항해서는 안 된다. 다만, 동력수상레저기구에 설치된 특수장
치를 이용하여 인위적으로 파도를 발생시키지 않고 5노트 이하의 속력으로 운항하는 경우에는 그렇지
않다.
– 계류장
– 공기주입형 고정식 튜브 등 수상에 띄우는 수상레저기구 및 설비가 설치된 곳

438 「수상레저안전법」상 금지사항에 대한 설명으로 가장 옳지 않은 것은?

갑. 누구든지 조종면허를 받아야 조종할 수 있는 동력수상레저기구를 조종면허를 받지 아니하고
조종하여서는 아니 된다.
을. 누구든지 해진 후 30분부터 해뜨기 전 30분까지는 수상레저 활동을 하여서는 아니 된다.
병. 누구든지 술에 취한 상태에서 동력수상레저기구를 조종하여서는 아니 된다.
정. 누구든지 수상레저기구의 준공검사에서 결정되는 정원을 초과하여 사람을 태우고 운항하여서
는 아니 된다.

수상레저기구의 정원 산출기준(「수상레저안전법 시행령」 제22조 제1항)
수상레저기구의 정원은 「수상레저기구의 등록 및 검사에 관한 법」 제15조에 따른 안전검사에 따라 결정되
는 정원으로 한다.

439 「수상레저안전법」상 빈칸에 들어갈 내용으로 옳은 것은?

> 동력수상레저기구 조종면허를 받아야 조종할수 있는 동력수상레저기구로서 추진기관의 최대 출력이 5마력 이상(출력 단위가 킬로와트인 경우에는 ( )킬로와트 이상을 말한다)인 동력수상레저기구로 한다.

갑. 2

을. 3

병. 2.75

정. 3.75

 조종면허 대상 및 기준(「수상레저안전법 시행령」 제4조 제1항)
동력수상레저기구를 조종하는 사람이 법 제5조 제1항에 따라 동력수상레저기구 조종면허(이하 "조종면허")를 받아야 하는 동력수상레저기구는 제2조 제1항 각 호에 해당하는 동력수상레저기구로서 추진기관의 최대 출력이 5마력 이상(출력 단위가 킬로와트인 경우에는 3.75킬로와트 이상)인 동력수상레저기구로 한다.

440 다음 중 수상레저기구의 변경등록 대상으로 옳지 않은 것은?

갑. 매매·증여 등으로 소유권의 변경이 있는 때

을. 소유자의 성명이나 수상레저기구의 명칭에 변경이 있을 때

병. 수상레저기구가 말소되었을 때

정. 용도의 변경이 있을 때

 변경등록(「수상레저기구의 등록 및 검사에 관한 법률」 제9조)
동력수상레저기구의 등록 사항 중 변경 사항이 있는 경우(말소등록은 제외) 그 소유자나 점유자는 대통령령으로 정하는 바에 따라 시장·군수·구청장에게 변경등록을 신청하여야 한다.

변경등록의 신청 등(「수상레저기구의 등록 및 검사에 관한 법률 시행령」 제7조 제1항)
법 제9조에 따라 동력수상레저기구의 등록 사항 중 다음의 어느 하나에 해당하는 변경이 있는 경우에는 그 소유자나 점유자는 그 변경이 발생한 날부터 30일 이내에 해양수산부령으로 정하는 바에 따라 시장·군수·구청장에게 변경등록을 신청해야 한다.
- 매매·증여·상속 등으로 인한 소유권의 변경
- 소유자의 성명(법인인 경우에는 법인명) 또는 주민등록번호(법인인 경우에는 법인등록번호)의 변경
- 동력수상레저기구 명칭의 변경
- 법 제15조 제1항 제3호 가목 또는 나목에 따른 임시검사의 실시 사유에 해당하는 정원, 운항구역, 구조, 설비 또는 장치의 변경
- 용도의 변경
- 그 밖에 동력수상레저기구의 등록 사항 중 해양경찰청장이 정하여 고시하는 사항의 변경

441 수상레저활동 사고 발생 시 신고할 사항으로 옳지 않은 것은?

갑. 사고 발생 일시 및 장소

을. 수상레저기구의 종류

병. 수상레저기구 소유자의 인적사항

정. 피해상황 및 조치사항

 사고의 신고(「수상레저안전법 시행규칙」 제27조)
법 제24조 제1항에 따라 사고를 신고하려는 사람은 다음의 사항을 전화·팩스 또는 휴대전화 문자메시지 등의 방법으로 신고해야 한다.
- 사고 발생 일시 및 장소
- 사고가 발생한 수상레저기구의 종류
- 사고자 및 조종자의 인적사항
- 피해상황 및 조치사항

442 다음 중 빈칸에 알맞은 말을 순서대로 나열한 것으로 옳은 것은?

> - 다른 수상레저기구 등과 정면으로 충돌할 위험이 있을 때에는 (　　)쪽으로 진로를 피해야 한다.
> - 진로를 횡단하는 경우에는 (　　)에 두고 있는 수상레저기구가 진로를 피해야 한다.
> - 같은 방향으로 운항하는 경우에는 (　　)미터 이내로 접근하여 운항하여서는 아니 된다.

갑. 우현, 오른쪽, 2　　　　　　　　　　을. 우현, 왼쪽, 2

병. 좌현, 오른쪽, 5　　　　　　　　　　정. 좌현, 왼쪽, 5

 운항방법 및 기구의 속도 등에 관한 준수사항(「수상레저안전법 시행령」 별표11)
- 운항방법에 관한 사항
  - 주위의 상황 및 다른 수상레저기구 또는 선박(이하 이 별표에서 "수상레저기구등")과의 충돌위험을 충분히 판단할 수 있도록 시각·청각과 그 밖에 당시의 상황에 적합하게 이용할 수 있는 모든 수단을 이용하여 항상 적절한 경계를 해야 한다.
  - 다른 수상레저기구 등과 정면으로 충돌할 위험이 있을 때에는 음성신호·수신호 등 적절한 방법으로 상대에게 이를 알리고 우현(뱃머리를 향하여 오른쪽에 있는 뱃전) 쪽으로 진로를 피해야 한다.
  - 다른 수상레저기구 등의 진로를 횡단하는 경우에 충돌의 위험이 있을 때에는 다른 수상레저기구 등을 오른쪽에 두고 있는 수상레저기구가 진로를 피해야 한다.
  - 다른 수상레저기구 등과 같은 방향으로 운항하는 경우에는 2미터 이내로 근접하여 운항해서는 안 된다.
  - 다른 수상레저기구 등을 앞지르기하려는 경우에는 앞지르기당하는 수상레저기구등을 완전히 앞지르기하거나 그 수상레저기구등에서 충분히 멀어질 때까지 그 수상레저기구등의 진로를 방해해서는 안 된다.
  - 다른 사람 또는 다른 수상레저기구 등의 안전을 위협하거나 수상레저기구의 소음기를 임의로 제거하거나 굉음을 발생시켜 놀라게 하는 행위를 해서는 안 된다.

443 다음 중 조종면허증의 갱신기간으로 가장 옳은 것은?

갑. 면허증 발급일로부터 5년이 되는 날부터 3월 이내

을. 면허증 발급일로부터 5년이 되는 날부터 6월 이내

병. 면허증 발급일로부터 7년이 되는 날부터 3월 이내

정. 면허증 발급일로부터 7년이 되는 날부터 6월 이내

 조종면허증의 갱신 등(「수상레저안전법」 제12조 제1항)
조종면허를 받은 사람은 다음에 따른 동력수상레저기구 조종면허증(이하 "면허증"이라 한다) 갱신 기간 이내에 해양경찰청장으로부터 면허증을 갱신하여야 한다. 다만, 면허증을 갱신하려는 사람이 군복무 등의 사유로 인하여 그 기간 이내에 갱신할 수 없는 경우 갱신을 미리 하거나 연기할 수 있다.
• 최초의 면허증 갱신 기간은 면허증 발급일부터 기산하여 7년이 되는 날부터 6개월 이내
• 제1호 외의 면허증 갱신 기간은 직전의 면허증 갱신 기간이 시작되는 날부터 기산하여 7년이 되는 날부터 6개월 이내

444 다음 중 무면허 조종이 허용되는 경우로 옳지 않은 것은?

갑. 면허시험을 위하여 수상레저기구를 조종하는 경우

을. 제1급 동력수상레저기구 조종면허를 가진 사람이 동시에 감독하는 수상레저기구가 3대 이하인 경우

병. 수상레저사업을 등록한 자의 사업장 안에서 탑승 정원이 4명 이하인 수상레저기구를 조종하는 경우

정. 약물을 복용한 1급 조종면허 소지자와 탑승하여 동력수상레저기구를 조종하는 경우

 무면허조종이 허용되는 경우(「수상레저안전법 시행규칙」 제28조 제1항)
법 제25조 제1호에서 "해양수산부령으로 정하는 경우"란 다음의 모두에 해당하는 경우를 말한다.
• 제1급 동력수상레저기구 조종면허를 가진 사람이 동시에 감독하는 수상레저기구가 3대 이하인 경우
• 해당 수상레저기구가 다른 수상레저기구를 견인하고 있지 않은 경우
• 다음의 어느 하나에 해당하는 경우
 – 면허시험을 위하여 수상레저기구를 조종하는 경우
 – 법 제37조 제1항에 따른 수상레저사업을 등록한 재(이하 "수상레저사업자")의 사업장 안에서 탑승 정원이 4명 이하인 수상레저기구를 조종하는 경우(수상레저사업자 또는 그 종사자가 이용객을 탑승시켜 조종하는 경우는 제외)
 – 「고등교육법」 제2조에 따른 학교 또는 「초·중등교육법」 제2조에 따른 학교에서 실시하는 교육·훈련을 위하여 수상레저기구를 조종하는 경우
 – 수상레저활동 관련 단체로서 해양경찰청장이 정하여 고시하는 단체가 실시하는 비영리목적의 교육·훈련을 위하여 수상레저기구를 조종하는 경우

445 다음 중 수상레저기구의 정원초과금지와 관련된 사항으로 옳지 않은 것은?

갑. 등록대상 수상레저기구의 정원기준은 안전검사증에 기재된 정원을 말한다.

을. 당해 기구의 정원을 초과하여 사람을 탑승하면 과태료 100만원이 부과된다.

병. 등록대상이 아닌 레저기구는 별도의 고시에 따른 정원 산출기준에 따른다.

정. 해난구조 등 기타 부득이한 사유로 인하여 승선한 경우는 예외로 한다.

 과태료의 부과기준(「수상레저안전법 시행령」 별표14)
정원을 초과하여 사람을 태우고 수상레저기구를 조종한 경우 과태료 60만원이 부과된다.

446 다음 중 「수상레저안전법」의 목적으로 가장 옳은 것은?

갑. 수상레저 제도 마련을 통해 수상레저사업의 건전한 발전과 복리 증진

을. 마리나산업의 건전한 발전과 요트시설을 확충하여 공공의 복리 증진 도모

병. 수상레저활동의 안전·질서 유지 및 수상레저사업의 건전한 발전 도모

정. 수상레저시설의 확충과 수상레저사업장 질서유지와 진흥 도모

 목적(「수상레저안전법」 제1조)
이 법은 수상레저활동의 안전과 질서를 확보하고 수상레저사업의 건전한 발전을 도모함을 목적으로 한다.

447 다음 중 요트조종면허의 필기시험을 면제받을 수 있는 사람으로 옳은 것은?

갑. 대통령령이 정하는 체육관련 단체에 동력수상레저기구의 선수로 등록된 사람

을. 한국해양소년단연맹육성법상 동력수상레저기구의 교육업무에 1년이상 종사한자로서 단체장의 추천을 받은 사람

~~병.~~ 면허시험 면제교육기관에서 실시하는 교육을 이수한 사람

정. 조종면허 1급 필기시험을 합격한 후 요트면허 실기시험으로 변경하여 응시하고자 하는 사람

해설

면허시험의 면제(「수상레저안전법」 제9조 제1항)
해양경찰청장은 다음의 어느 하나에 해당하는 사람에 대하여 면허시험 과목의 전부 또는 일부를 면제할 수 있다. 다만, 제5호에 해당하는 때에는 면허시험(제2급 조종면허와 요트조종면허에 한정) 과목의 전부를 면제한다.

1. 대통령령으로 정하는 체육 관련 단체(대한체육회나 대한장애인체육회에 가맹된 법인이나 단체 등)에 동력수상레저기구의 선수로 등록된 사람
2. 다음의 요건을 모두 갖춘 사람
   • 「고등교육법」 제2조에 따른 학교에서 대통령령으로 정하는 동력수상레저기구 관련 학과를 졸업하였을 것(법령에 따라 이와 같은 수준의 학력이 있다고 인정되는 경우를 포함)
   • 해당 면허와 관련된 동력수상레저기구에 관한 과목을 이수하였을 것
3. 「선박직원법」 제4조 제2항 각 호에 따른 해기사 면허 중 대통령령으로 정하는 면허(항해사·기관사·운항사·수면비행선박 조종사 또는 소형선박 조종사의 면허)를 가진 사람
4. 「한국해양소년단연맹 육성에 관한 법률」에 따른 한국해양소년단연맹 또는 「국민체육진흥법」 제2조 제11호에 따른 경기단체에서 동력수상레저기구의 사용 등에 관한 교육·훈련업무에 1년 이상 종사한 사람으로서 해당 단체의 장의 추천을 받은 사람
5. 해양경찰청장이 지정·고시하는 기관이나 단체(이하 "면허시험 면제교육기관")에서 실시하는 교육을 이수한 사람
6. 제1급 조종면허 필기시험에 합격한 후 제2급 조종면허 실기시험으로 변경하여 응시하려는 사람

면허시험 과목의 면제 기준(「수상레저안전법 시행령」 별표 4)

면제 대상자	면제되는 면허시험 과목	
	조종면허의 종류	면허시험 과목
법 제9조 제1항 제1호에 해당하는 사람	제2급 조종면허 및 요트조종면허	실기시험 과목의 전부
법 제9조 제1항 제2호에 해당하는 사람	제2급 조종면허 및 요트조종면허	필기시험 과목의 전부
법 제9조 제1항 제3호 또는 제6호에 해당하는 사람	제2급 조종면허	필기시험 과목의 전부
법 제9조 제1항 제4호에 해당하는 사람	제2급 조종면허	실기시험 과목의 전부
법 제9조 제1항 제5호에 해당하는 사람	제2급 조종면허 및 요트조종면허	필기시험 및 실기시험 과목의 전부

448 수상레저활동자가 착용하는 인명안전장비인 구명조끼와 안전모를 착용해야 하는 경우로 가장 옳지 않은 것은?

갑. 워터슬레이드를 사용하여 수상레저활동을 하는 경우

을. 래프팅 수상레저활동을 하는 경우

병. 관할 해양경찰서장, 시장, 군수, 구청장이 수상레저활동 형태 등을 고려하여 인명안전장비 종 류를 특정하여 착용 지시한 경우

정. 서프보드 또는 패들보드를 사용하여 수상레저활동을 하는 경우

> **해설** 안전장비의 착용(「수상레저안전법 시행규칙」 제23조 제1항)
> 서프보드 또는 패들보드를 사용하여 수상레저활동을 하는 경우에는 보드 리쉬(Board Leash)를 착용해야 한다.

449 「수상레저안전법」상 해양경찰서장 또는 시장·군수·구청장이 수상레저활동의 안전을 위하여 수 상레저 활동을 하는 자에게 명할 수 있는 사항으로 옳지 않은 것은?

갑. 수상레저기구의 탑승 인원의 제한

을. 수상레저활동의 일시정지

병. 수상레저기구의 압류

정. 수상레저 조종자의 교체

> **해설** 시정명령(「수상레저안전법」 제31조)
> 해양경찰서장 또는 시장·군수·구청장은 수상레저활동의 안전을 위하여 필요하다고 인정하면 수상레저 활동을 하는 사람 또는 수상레저활동을 하려는 사람에게 다음의 사항을 명할 수 있다. 다만, 수상레저활동 을 하려는 사람에 대한 시정명령은 사고의 발생이 명백히 예견되는 경우로 한정한다.
> • 수상레저기구의 탑승(수상레저기구에 의하여 밀리거나 끌리는 경우를 포함함. 이하 같음) 인원의 제한 또는 조종자의 교체
> • 수상레저활동의 일시정지
> • 수상레저기구의 개선 및 교체

450 다음 중 동력수상레저기구의 안전검사 대행자가 갖추어야 하는 시설기준으로 옳지 않은 것은?

갑. 30㎡ 이상의 민원실 및 검사행정실

 을. 20대 이상의 주차가능 공간

병. 남·여 구분이 되어 있는 화장실

정. 상담실과 문서고의 합이 15㎡ 이상

해설 검사대행자의 기술인력·시설 및 장비 기준(「수상레저기구의 등록 및 검사에 관한 법률 시행령」 별표2)
• 시설기준 : 다음의 시설을 모두 갖출 것

구 분	세부 기준
기본시설	• 민원실과 검사행정실을 합산한 면적이 30제곱미터 이상일 것 • 상담실과 문서고를 합산한 면적이 15제곱미터 이상일 것
부대시설	• 주차장 : 승용차 10대 이상이 주차할 수 있는 공간일 것 • 화장실 : 남성용과 여성용으로 구분되어 있을 것

451 다음 중 공무원의 일시정지나 면허증·신분증의 제시를 거부한 경우 과태료 부과금액으로 옳은 것은?

갑. 10만원

 을. 20만원

병. 30만원

정. 40만원

해설 과태료의 부과기준(「수상레저안전법 시행령」 별표14)
법 제32조에 따른 일시정지나 면허증·신분증의 제시명령을 거부한 경우의 과태료 부과금액은 20만원이다.

452 다음 중 수상레저사업의 자격기준에 관한 설명 중 가장 옳지 않은 것은?

갑. 수상레저사업자 또는 그 종사자 중 1명 이상은 제1급 조종면허 또는 요트조종면허(세일링 요트만을 사용한 수상레저사업을 경영하는 경우에만 해당)를 갖추어야 한다.

을. 래프팅용 수상레저기구만을 이용하여 수상레저사업을 하는 경우에는 조종면허를 갖춘 사람을 확보하지 않아도 된다.

병. 무동력 수상레저기구만을 이용하여 수상레저사업을 하는 경우에는 수상레저사업자 또는 종사자 중 1명 이상이 제1급 조종면허 이상의 자격을 갖추어야 한다.

정. 조종면허를 갖고서 수상레저사업장에 종사하고 있는 사람은 수상레저사업에 종사하고 있는 기간 동안 다른 수상레저사업장에 종사하여서는 아니 된다.

> **해설** 수상레저사업의 등록기준(「수상레저안전법 시행규칙」 별표8)
> • 인력기준
> 수상레저사업자와 그 종사자 중에서 1명 이상은 다음의 구분에 따른 면허를 소지할 것. 이 경우 1)에 따른 조종면허를 갖추고 수상레저사업장에 종사하는 사람은 해당 수상레저사업장에 종사하는 기간 동안 다른 수상레저사업장 등에 종사해서는 안 된다.
> 1) 동력수상레저기구를 사용하여 수상레저사업을 하는 경우 : 1급 조종면허
> 2) 무동력수상레저기구(래프팅용 수상레저기구는 제외한다)만을 사용하여 수상레저사업을 하는 경우 : 2급 이상의 조종면허
> 3) 세일링요트만을 사용하여 수상레저사업을 하는 경우 : 요트조종면허

453 수상레저사업장의 구명조끼 보유기준으로 가장 옳지 않은 것은?

갑. 구명조끼는 5년마다 교체하여야 한다.

을. 탑승 정원의 110%에 해당하는 구명조끼를 갖추어야 한다.

병. 탑승 정원의 10%는 소아용으로 한다.

정. 구명조끼는 전기용품 및 생활용품 안전관리법 안전기준이나 해양수산부장관이 정하여 고시하는 선박의 구명설비 기준에 적합한 제품이어야 한다.

> **해설** 수상레저사업의 등록기준(「수상레저안전법 시행규칙」 별표8)
> 마. 인명구조용 장비
> • 구명조끼
> – 「전기용품 및 생활용품 안전관리법」 제15조 제3항에 따른 안전기준이나 해양수산부장관이 정하여 고시하는 선박 또는 어선의 구명설비기준에 적합한 제품일 것
> – 수상레저기구 탑승 정원의 110퍼센트 이상에 해당하는 수의 구명조끼를 갖추고, 그 탑승 정원의 10퍼센트는 소아용으로 갖출 것

454 「수상레저안전법」상 등록의 대상이 되는 수상레저기구로 옳지 않은 것은?

갑. 수상오토바이

을. 총톤수가 20톤 이상의 모터보트

병. 추진기관 30마력 이상의 고무보트

정. 총톤수 20톤 미만으로 대통령령으로 정하는 요트

 적용 범위(「수상레저기구의 등록 및 검사에 관한 법률」 제3조)
이 법은 수상레저활동에 사용하거나 사용하려는 것으로서 다음의 어느 하나에 해당하는 동력수상레저기구에 대하여 적용한다. 다만, 동력수상레저기구의 총톤수, 출력 등을 고려하여 대통령령으로 정하는 경우에는 그러하지 아니하다.

- 수상오토바이
- 모터보트
- 고무보트
- 세일링요트(돛과 기관이 설치된 것)

적용 제외(「수상레저기구의 등록 및 검사에 관한 법률 시행령」 제3조)
법 제3조 각 호 외의 부분 단서에서 "대통령령으로 정하는 경우"란 다음의 어느 하나에 해당하는 경우를 말한다.

- 모터보트의 총톤수가 20톤 이상인 경우
- 고무보트가 다음의 어느 하나에 해당하는 경우
  - 공기를 넣으면 부풀고 공기를 빼면 접어서 운반할 수 있는 형태인 경우
  - 고무보트의 추진기관이 30마력 미만(출력 단위가 킬로와트인 경우에는 22킬로와트 미만)인 경우
- 세일링요트(돛과 기관이 설치된 것)의 총톤수가 20톤 이상인 경우

455 다음 중 「수상레저안전법」상 동력수상레저기구에 포함되지 않는 것을 모두 고른 것으로 옳은 것은?

① 수상오토바이	② 스쿠터
③ 워터슬레이드	④ 파라세일
⑤ 세일링요트	

갑. ①, ②   을. ②, ③

병. ③, ④   정. ④, ⑤

> **해설** 동력수상레저기구의 종류(「수상레저안전법 시행령」 제2조 제1항)
> • 수상오토바이
> • 모터보트
> • 고무보트
> • 세일링요트(돛과 기관이 설치된 것. 이하 같음)
> • 스쿠터
> • 공기부양정(호버크라프트)
> • 수륙양용기구
> • 그 밖에 제1호부터 제7호까지의 규정에 따른 수상레저기구와 비슷한 구조 · 형태 · 추진기관 또는 운전방식을 가진 것으로서 해양경찰청장이 정하여 고시하는 수상레저기구

456 「수상레저안전법」상 수상레저기구 소유자의 등록번호판 부착방법으로 가장 옳은 것은?

갑. 등록번호판 1개를 수상레저기구의 옆면에 견고하게 부착

을. 등록번호판 2개를 수상레저기구의 옆면과 뒷면에 견고하게 부착

병. 등록번호판 2개를 수상레저기구의 앞면과 옆면에 견고하게 부착

정. 등록번호판 3개를 수상레저기구의 앞면, 옆면, 뒷면에 견고하게 부착

> **해설** 등록번호판의 부착(「수상레저기구의 등록 및 검사에 관한 법률 시행규칙」 제9조)
> 동력수상레저기구 소유자는 법 제13조 제1항에 따라 발급받은 동력수상레저기구 등록번호판 2개를 동력수상레저기구의 옆면과 뒷면에 각각 견고하게 부착해야 한다. 다만, 동력수상레저기구 구조의 특성상 뒷면에 부착하기 곤란한 경우에는 다른 면에 부착할 수 있다.

457 1급 조종면허가 있는 자의 감독하에 면허 없는 사람이 동력수상레저기구를 조종할 수 있는 장소로 옳지 않은 것은?

갑. 수상레저사업장 을. 조종면허시험장

병. 경정 경기장 정. 관련 학교

 무면허조종이 허용되는 경우(「수상레저안전법 시행규칙」 제28조 제1항)
- 제1급 동력수상레저기구 조종면허를 가진 사람이 동시에 감독하는 수상레저기구가 3대 이하인 경우
- 해당 수상레저기구가 다른 수상레저기구를 견인하고 있지 않은 경우
- 다음의 어느 하나에 해당하는 경우
  – 면허시험을 위하여 수상레저기구를 조종하는 경우
  – 법 제37조 제1항에 따른 수상레저사업을 등록한 자(이하 "수상레저사업자")의 사업장 안에서 탑승 정원 이 4명 이하인 수상레저기구를 조종하는 경우(수상레저사업자 또는 그 종사자가 이용객을 탑승시켜 조종하는 경우는 제외)
  – 「고등교육법」 제2조에 따른 학교 또는 「초·중등교육법」 제2조에 따른 학교에서 실시하는 교육·훈 련을 위하여 수상레저기구를 조종하는 경우
  – 수상레저활동 관련 단체로서 해양경찰청장이 정하여 고시하는 단체가 실시하는 비영리목적의 교육· 훈련을 위하여 수상레저기구를 조종하는 경우

458 다음 중 관할 해양경찰관서에 운항신고 한 경우 풍랑주의보 기상특보가 발효된 구역에서 파도 또는 바람만을 이용하여 활동이 가능한 수상레저기구로 옳지 않은 것은?

갑. 서프보드

을. 웨이크보드

병. 윈드서핑

정. 딩기요트

 웨이크보드는 동력수상레저기구에 연결되어 견인되는 수상레저기구로 풍력이 아닌 전기를 사용한다.

기상에 따른 수상레저활동의 제한(「수상레저안전법」 제22조)
누구든지 수상레저활동을 하려는 구역이 다음의 어느 하나에 해당하는 경우에는 수상레저활동을 하여서는 아니 된다. 다만, 파도 또는 바람만을 이용하는 수상레저기구의 특성을 고려하여 대통령령으로 정하는 경우에는 그러하지 아니하다.
- 태풍·풍랑·폭풍해일·호우·대설·강풍과 관련된 주의보 이상의 기상특보가 발효된 경우
- 안개 등으로 가시거리가 0.5킬로미터 이내로 제한되는 경우

수상레저활동 제한의 예외(「수상레저안전법 시행령」 제21조)
법 제22조 각 호 외의 부분 단서에서 "대통령령으로 정하는 경우"란 기상특보 중 풍랑·폭풍해일·호우· 대설·강풍 주의보가 발효된 경우로서 수상레저활동을 하기 위하여 관할 해양경찰서장 또는 특별자치시 장·제주특별자치도지사·시장·군수 및 구청장(구청장은 자치구의 구청장을, 서울특별시의 관할구역에 있는 한강의 경우에는 서울특별시의 한강 관리에 관한 업무를 관장하는 기관의 장을 말하며, 이하 "시장· 군수·구청장"이라 함)에게 해양수산부령으로 정하는 기상특보활동신고서를 제출한 경우를 말한다.

459 빈칸 안에 들어갈 단어로 가장 옳은 것은?

> 수상레저안전법상 수상레저사업에 이용되는 동력수상레저기구는 (㉠) 마다, 그 외 동력 수상레
> 저기구는 (㉡) 마다 정기검사를 받아야 한다.

갑. ㉠ 6개월 ㉡ 1년
을. ㉠ 1년 ㉡ 2년
병. ㉠ 6개월 ㉡ 3년
정. ㉠ 1년 ㉡ 5년

> **해설** 안전검사(「수상레저기구의 등록 및 검사에 관한 법률」 제15조 제2항)
> 안전검사의 대상 동력수상레저기구 중 「수상레저기구의 등록 및 검사에 관한 법률」 제37조에 따른 수상레
> 저사업에 이용되는 동력수상레저기구는 1년마다, 그 밖의 동력수상레저기구는 5년마다 정기검사를 받아
> 야 한다.

460 다음 중 풍랑주의보가 발효된 구역에서 관할 해양경찰관서에 기상특보활동신고서를 제출 후 활동
가능한 수상레저기구로 옳은 것은?

갑. 워터슬레이드
을. 고무보트
병. 딩기요트
정. 모터보트

> **해설** 딩기요트는 파도 또는 바람만을 이용하여 활동이 가능한 수상레저기구이다. 고무보트, 모터보트는 동력수
> 상레저기구이고 워터슬레이드는 동력수상레저기구가 필요한 수상레저기구이다.
>
> **기상에 따른 수상레저활동의 제한(「수상레저안전법」 제22조)**
> 누구든지 수상레저활동을 하려는 구역이 다음의 어느 하나에 해당하는 경우에는 수상레저활동을 하여서는
> 아니 된다. 다만, 파도 또는 바람만을 이용하는 수상레저기구의 특성을 고려하여 대통령령으로 정하는
> 경우에는 그러하지 아니하다.
> • 태풍·풍랑·폭풍해일·호우·대설·강풍과 관련된 주의보 이상의 기상특보가 발효된 경우
> • 안개 등으로 가시거리가 0.5킬로미터 이내로 제한되는 경우
>
> **수상레저활동 제한의 예외(「수상레저안전법 시행령」 제21조)**
> 법 제22조 각 호 외의 부분 단서에서 "대통령령으로 정하는 경우"란 기상특보 중 풍랑·폭풍해일·호우·
> 대설·강풍 주의보가 발효된 경우로서 수상레저활동을 하기 위하여 관할 해양경찰서장 또는 특별자치시
> 장·제주특별자치도지사·시장·군수 및 구청장(구청장은 자치구의 구청장을, 서울특별시의 관할구역에
> 있는 한강의 경우에는 서울특별시의 한강 관리에 관한 업무를 관장하는 기관의 장을 말하며, 이하 "시장·
> 군수·구청장"이라 함)에게 해양수산부령으로 정하는 기상특보활동신고서를 제출한 경우를 말한다.

461 수상레저사업 등록의 결격사유로 옳지 않은 것은?

갑. 수상레저사업 등록이 취소되고 2년이 경과되지 않은 자

을. 징역 이상의 형의 집행유예 선고를 받고 그 기간 중에 있는 자

병. 미성년자, 피성년후견인, 피한정후견인

정. 징역 이상의 형 집행 종료 후 3년이 경과되지 않은 자

> **해설** 수상레저사업 등록의 결격사유(「수상레저안전법」 제39조)
> 다음의 어느 하나에 해당하는 자는 수상레저사업 등록을 할 수 없다.
> 1. 미성년자, 피성년후견인, 피한정후견인
> 2. 이 법을 위반하여 징역 이상의 실형(實刑)을 선고받고 그 집행이 끝나거나 집행이 면제된 날부터 2년이 지나지 아니한 사람
> 3. 이 법을 위반하여 징역 이상의 형의 집행유예를 선고받고 그 유예기간 중에 있는 사람
> 4. 제48조에 따라 등록이 취소(이 조 제1호에 해당하여 등록이 취소된 경우는 제외)된 날부터 2년이 지나지 아니한 자

462 다음 요트조종면허에 관련된 설명 중 옳은 것은?

갑. 요트를 조종하는 사람들은 모두 요트조종면허가 필요하다.

을. 면허 없이 요트에 탑승해서 조종하는 사람들은 모두 요트조종면허가 필요하다.

병. 바람만을 이용하여 활동이 가능한 딩기요트를 조종하는 사람들은 요트조종면허가 필요하다.

정. 요트는 추진기관의 최대출력 5마력 이상인 세일링요트로 조종하고자 하는 경우 요트조종면허가 필요하다.

> **해설** 조종면허 대상 및 기준(「수상레저안전법 시행령」 제4조)
> ① 동력수상레저기구를 조종하는 사람이 동력수상레저기구 조종면허(조종면허)를 받아야 하는 동력수상레저기구는 제2조 제1항 각 호에 해당하는 동력수상레저기구로서 추진기관의 최대 출력이 5마력 이상(출력 단위가 킬로와트인 경우에는 3.75킬로와트 이상)인 동력수상레저기구로 한다.
> ② 조종면허의 발급대상은 다음의 구분과 같다.
> 1. 일반조종면허
>   가. 제1급 조종면허 : 법 제37조 제1항에 따라 등록된 수상레저사업의 종사자, 제17조 제1항 제2호 및 별표9 제1호 나목에 따른 시험대행기관의 시험관
>   나. 제2급 조종면허 : 제1항에 따라 조종면허를 받아야 하는 동력수상레저기구(세일링요트는 제외)를 조종하려는 사람
> 2. 요트조종면허 : 세일링요트를 조종하려는 사람

463 요트면허 시험대행기관의 시험장별 장비기준에 대한 설명으로 가장 옳지 않은 것은?

갑. 비상구조선 1대 이상, 속력은 시속 20노트 이상, 승선정원은 4명 이상

을. 구명조끼 20개 이상

병. 구명부환 10개 이상

정. 인명구조교육용 상반신형 마네킹 1개 이상

> **해설** 시험대행기관의 시험장별 인적기준·장비기준 및 시설기준(「수상레저안전법 시행령」 별표9 제2호)
> 구명부환 5개 이상

464 「수상레저안전법」상 외국인에 대한 조종면허 특례에 대한 설명으로 옳지 않은 것은?

갑. 수상레저활동을 하려는 외국인은 국내에서 개최되는 국제경기대회에 참가하여 수상레저기구를 조종하는 경우에는 조종면허를 받지 않아도 된다.

을. 국제경기대회 개최일 10일 전부터 국제경기대회 종료 후 10일까지 특례가 적용된다.

병. 국내 수역에 특례가 적용된다.

정. 3개국 이상이 참여하는 국제경기대회에 특례가 적용된다.

> **해설** 외국인에 대한 조종면허의 특례(「수상레저안전법 시행규칙」 제3조)
> 외국인이 국내에서 개최되는 국제경기대회에서 수상레저기구를 조종하는 경우에는 다음의 기준에 따라야 한다.
> • 수상레저기구의 종류 : 「수상레저안전법 시행령」(이하 "영") 제2조 제1항에 따른 수상레저기구
> • 조종기간 : 국제경기대회 개최일 10일 전부터 국제경기대회 종료 후 10일까지
> • 조종지역 : 국내 수역
> • 국제경기대회의 종류 및 규모 : 2개국 이상이 참여하는 국제경기대회

465 다음 빈칸 안에 들어갈 말로 옳은 것은?

> 안전교육 위탁기관, 시험대행기관, 검사대행자 등이 수수료를 결정하는 경우에는 이해관계인의
> 의견을 수렴할 수 있도록 대행기관 등의 인터넷 홈페이지에 (   )일간 그 내용을 게시하여야 한다.

갑. 5

을. 10

병. 20

정. 30

 수수료(「수상레저안전법 시행규칙」 제40조 제2항)
안전교육 위탁기관 및 시험대행기관이 수수료를 결정하려는 경우에는 이해관계인의 의견을 수렴할 수
있도록 해당 기관의 인터넷 홈페이지에 20일간 그 내용을 게시해야 한다. 다만, 긴급하다고 인정되는 경우
에는 해당 기관의 인터넷 홈페이지에 그 사유를 밝히고 10일간 게시할 수 있다.

466 조종면허를 취소하거나 효력을 정지하여야 하는 경우에 해당하지 않는 것은?

갑. 부정한 방법으로 면허를 받은 경우

을. 혈중 알코올농도 0.03 이상의 술에 취한 상태에서 조종한 경우

병. 조종 중 고의 또는 과실로 사람을 사상한 때

정. 수상레저사업이 취소된 때

 조종면허의 취소·정지(「수상레저안전법」 제17조 제1항)
해양경찰청장은 조종면허를 받은 사람이 다음의 어느 하나에 해당하는 경우에는 해양수산부령으로 정하는
바에 따라 조종면허를 취소하거나 1년의 범위에서 기간을 정하여 그 조종면허의 효력을 정지할 수 있다.
다만, 제1호, 제2호 또는 제4호부터 제6호까지에 해당하면 조종면허를 취소하여야 한다.
1. 거짓이나 그 밖의 부정한 방법으로 조종면허를 받은 경우
2. 조종면허 효력정지 기간에 조종을 한 경우
3. 조종면허를 받은 사람이 동력수상레저기구를 사용하여 살인 또는 강도 등 해양수산부령으로 정하는
   범죄행위를 한 경우
4. 조종면허를 받을 수 없는 사람에 해당된 경우
5. 조종면허를 받을 수 없는 사람이 조종면허를 받은 경우
6. 술에 취한 상태에서 조종을 하거나 술에 취한 상태라고 인정할 만한 상당한 이유가 있음에도 불구하고
   관계공무원의 측정에 따르지 아니한 경우
7. 조종 중 고의 또는 과실로 사람을 사상하거나 다른 사람의 재산에 중대한 손해를 입힌 경우
8. 면허증을 다른 사람에게 빌려주어 조종하게 한 경우
9. 약물의 영향으로 인하여 정상적으로 조종하지 못할 염려가 있는 상태에서 동력수상레저기구를 조종한
   경우
10. 그 밖에 이 법 또는 이 법에 따른 수상레저활동의 안전과 질서 유지를 위한 명령을 위반한 경우

467 수상레저기구에 동승한 사람이 사망하거나 실종된 경우, 해양경찰관서에 신고할 내용으로 적당하지 않은 것은?

갑. 사고발생 장소

을. 수상레저기구 종류

병. 사고자 인적사항

정. 레저기구의 엔진상태

> **해설** 사고의 신고(「수상레저안전법 시행규칙」 제27조)
> 사고를 신고하려는 사람은 다음의 사항을 전화·팩스 또는 휴대전화 문자메시지 등의 방법으로 신고해야 한다.
> • 사고 발생 일시 및 장소
> • 사고가 발생한 수상레저기구의 종류
> • 사고자 및 조종자의 인적사항
> • 피해상황 및 조치사항

468 조종면허 결격사유에 대한 설명으로 가장 옳지 않은 것은?

갑. 14세 미만(제1급 조종면허의 경우에는 19세 미만)인 사람

을. 정신질환자 중 수상레저활동을 할 수 없다고 인정되어 대통령령으로 정하는 사람

병. 마약·향정신성의약품 또는 대마 중독자 중 수상레저활동을 할 수 없다고 인정되어 대통령령으로 정하는 사람

정. 조종면허가 취소된 날부터 1년이 지나지 아니한 사람

> **해설** 조종면허의 결격사유 등(「수상레저안전법」 제7조 제1항)
> 조종면허 결격사유 중 1급 조종면허의 경우에는 18세 미만인 사람은 조종면허를 받을 수 없다.

469 조종면허증 갱신이 연기된 사람이 갱신하여야 하는 시기로 옳은 것은?

갑. 그 사유가 없어진 날부터 7일 이내

을. 그 사유가 없어진 날부터 14일 이내

병. 그 사유가 없어진 날부터 3개월 이내

정. 그 사유가 없어진 날부터 6개월 이내

> **해설** 조종면허증의 갱신 연기 등(「수상레저안전법 시행령」 제13조 제4항)
> 면허증의 갱신이 연기된 사람은 그 사유가 없어진 날부터 3개월 이내에 면허증을 갱신해야 한다.

470 다음은 수상레저기구의 안전검사를 받아야 하는 기간으로 바른 것은?

갑. 검사유효기간 만료일을 기준으로 하여 전후 각각 10일 이내로 한다.

을. 검사유효기간 만료일을 기준으로 하여 전후 각각 30일 이내로 한다.

병. 검사유효기간 만료일을 기준으로 하여 전후 각각 60일 이내로 한다.

정. 검사유효기간 만료일을 기준으로 하여 전후 각각 90일 이내로 한다.

> **해설**
> 안전검사의 대상 및 실시 시기 등(「수상레저기구의 등록 및 검사에 관한 법률 시행규칙」 제11조 제2항)
> 정기검사를 받아야 하는 기간은 정기검사의 유효기간(검사유효기간) 만료일 전후 각각 30일 이내의 기간 (검사기간)으로 하며, 해당 검사기간 내에 정기검사에 합격한 경우에는 검사유효기간 만료일에 정기검사를 받은 것으로 본다. 다만, 동력수상레저기구 소유자가 요청하는 경우에는 검사유효기간 만료일 전 30일이 되기 전에 정기검사를 받을 수 있다.

제4과목

471 해양경찰서장 또는 시장·군수·구청장이 영업구역 또는 영업시간의 제한이나 영업의 일시정지를 명할 수 있는 경우로 옳지 않은 것은?

갑. 사업장에 대한 안전점검을 하려고 할 때

을. 기상·수상 상태가 악화된 때

병. 수상사고가 발생한 때

정. 부유물질 등 장애물이 발생한 경우

> **해설**
> 영업의 제한 등(「수상레저안전법」 제46조 제1항)
> 해양경찰서장 또는 시장·군수·구청장은 다음의 어느 하나에 해당하는 경우에는 수상레저사업자에게 영업구역이나 시간의 제한 또는 영업의 일시정지를 명할 수 있다. 다만, 제3호부터 제5호까지에 해당하는 경우에는 이용자의 신체가 직접 수면에 닿는 수상레저기구 등 대통령령으로 정하는 수상레저기구를 이용한 영업행위에 대해서만 이를 명할 수 있다.
> 1. 기상·수상 상태가 악화된 경우
> 2. 수상사고가 발생한 경우
> 3. 유류·화학물질 등의 유출 또는 녹조·적조 등의 발생으로 수질이 오염된 경우
> 4. 부유물질 등 장애물이 발생한 경우
> 5. 사람의 신체나 생명에 피해를 줄 수 있는 유해생물이 발생한 경우
> 6. 그 밖에 대통령령으로 정하는 사유가 발생한 경우

472 「수상레저안전법」상 제2급 조종면허를 받을 수 있는 나이의 기준으로 옳은 것은?

갑. 12세 이상

을. 13세 이상

병. 14세 이상

정. 18세 이상

 조종면허의 결격사유 등(「수상레저안전법」 제7조 제1항 제1호)
다음의 어느 하나에 해당하는 사람은 조종면허를 받을 수 없다.
• 14세 미만(제1급 조종면허의 경우에는 18세 미만)인 사람. 다만, 대통령령으로 정하는 체육 관련 단체에 동력수상레저기구의 선수로 등록된 사람에 해당하는 자는 제외한다.

473 수상레저사업의 휴업 또는 폐업 시 등록관청에 신고해야 하는 날짜로 옳은 것은?

갑. 1일

을. 3일

병. 5일

정. 10일

 휴업 등의 신고(「수상레저안전법 시행규칙」 제35조 제1항)
수상레저사업의 휴업 또는 폐업 신고를 하려는 자는 수상레저사업 휴업·폐업 신고서에 수상레저사업 등록증 원본을 첨부하여 휴업 또는 폐업하기 3일 전까지 해양경찰서장 또는 시장·군수·구청장에게 제출해야 한다. 다만, 재해나 그 밖의 부득이한 사유로 본문에 따른 기간 내에 제출할 수 없는 경우에는 휴업 또는 폐업하는 날까지 제출할 수 있다.

474 수상레저기구의 직권말소에 대한 설명으로 옳지 않은 것은?

갑. 직권말소 시 소유자가 동의한 경우, 통지하지 않을 수 있다.

을. 직권말소 시 소유자에게 사유를 통지하여야 한다.

병. 직권말소 시 소유자는 등록증을 파기하여야 한다.

정. 직권말소 전 1개월간 소유자에게 말소등록을 권하여야 한다.

 말소등록(「수상레저기구의 등록 및 검사에 관한 법률」 제10조 제3항)
시장·군수·구청장은 등록번호판을 반납받은 경우에는 다시 사용할 수 없는 상태로 폐기하여야 한다.

475 다음 중 수상레저사업 취소사유로 옳은 것은?

갑. 종사자의 과실로 사람이 사망하게 한 때

을. 거짓이나 그 밖의 부정한 방법으로 수상레저사업을 등록한 때

병. 보험에 가입하지 않고 영업 중인 때

정. 이용요금 변경 신고를 하지 아니하고 영업을 계속한 때

 수상레저사업의 등록 취소 등(「수상레저안전법」 제48조 제1호)
거짓이나 그 밖의 부정한 방법으로 등록을 한 경우 수상레저사업의 등록을 취소하여야 한다.

476 영업구역이 내수면인 경우 수상레저사업 등록기관으로 옳은 것은?

갑. 해양경찰서장

을. 해양경찰청장

병. 광역시장·도지사

정. 시장·군수·구청장

 수상레저사업의 등록 등(「수상레저안전법」 제37조 제1항)
수상레저기구를 빌려주는 사업 또는 수상레저활동을 하는 사람을 수상레저기구에 태우는 사업(수상레저사업)을 경영하려는 자는 하천이나 그 밖의 공유수면의 점용 또는 사용의 허가 등에 관한 사항을 다음의 구분에 따른 자에게 등록을 하여야 한다. 이 경우 수상레저기구를 빌려주는 사업을 경영하려는 수상레저사업자에게는 해양수산부령으로 정하는 바에 따라 등록기준을 완화할 수 있다.
• 영업구역이 해수면인 경우 : 해당 지역을 관할하는 해양경찰서장
• 영업구역이 내수면인 경우 : 해당 지역을 관할하는 시장·군수·구청장
• 영업구역이 둘 이상의 해양경찰서장 또는 시장·군수·구청장의 관할 지역에 걸쳐 있는 경우 : 수상레저사업에 사용되는 수상레저기구를 주로 매어두는 장소를 관할하는 해양경찰서장 또는 시장·군수·구청장

477 등록대상 동력수상레저기구를 취득한 자는 취득한 날부터 몇 개월 이내에 주소지를 관할하는 시장·군수·구청장에게 등록신청을 하여야 하는가?

갑. 1개월
을. 2개월
병. 3개월
정. 6개월

> **해설** 등록(「수상레저기구의 등록 및 검사에 관한 법률」 제6조 제1항)
> 동력수상레저기구를 취득한 자는 주소지를 관할하는 시장·군수·구청장에게 동력수상레저기구를 취득한 날부터 1개월 이내에 등록신청을 하여야 하고, 등록되지 아니한 동력수상레저기구를 운항하여서는 아니 된다.

478 다음 빈칸 안에 들어갈 말로 옳은 것은?

> 누구든지 조종면허를 받지 아니하고 동력수상레저기구를 조종하여서는 아니 되나, 이에 대한 예외로서 (   )와 함께 탑승하여 조종하는 경우는 그러하지 아니한다.

갑. 수상레저사업자
을. 3년 이상의 경력이 있는 조종면허 소지자
병. 제1급조종면허 소지자 또는 제2급조종면허 소지자
정. 제1급조종면허 소지자 또는 요트조종면허 소지자

> **해설** 무면허조종의 금지(「수상레저안전법」 제25조 제2호)
> 누구든지 조종면허를 받아야 조종할 수 있는 동력수상레저기구를 조종면허를 받지 아니하고(조종면허의 효력이 정지된 경우를 포함한다) 조종하여서는 아니 된다. 다만, 제1급 조종면허를 가진 사람 또는 제1급 동력수상레저기구 조종면허나 요트조종면허를 가진 사람과 동승하여 조종하는 경우는 그러하지 아니하다.

479 빈칸 안에 들어갈 말로 옳은 것은?

> 수상레저사업장 안에서 탑승 정원 (   )명 이상인 동력수상레저기구에는 선실, 조타실, 기관실에
> 각각 1개 이상의 소화기를 갖추어야 한다.

갑. 3

을. 5

병. 10

정. 13

 수상레저사업의 등록기준(「수상레저안전법 시행규칙」 별표8)
- 소화기
  - 탑승 정원이 13명 이상인 동력수상레저기구에는 선실, 조타실(操舵室) 및 기관실에 각 1개 이상의 소화기를 갖출 것
  - 탑승 정원이 4명 이상인 동력수상레저기구(수상오토바이는 제외)에는 1개 이상의 소화기를 갖출 것

480 조종면허를 받은 사람이 지켜야 할 의무로 옳지 않은 것은?

갑. 타인에게 면허증을 빌려 주어서는 아니 된다.

을. 주소가 변경된 때에는 면허증상의 주소도 즉시 변경하여야 한다.

병. 동력수상레저기구를 조종할 때에는 항시 지니고 있어야 한다.

정. 관계 공무원이 면허증의 제시를 요구하면 면허증을 내보여야 한다.

 면허증 휴대 등 의무(「수상레저안전법」 제16조)
① 동력수상레저기구를 조종하는 사람은 면허증을 지니고 있어야 한다.
② 제1항의 조종자는 조종 중에 관계 공무원이 면허증의 제시를 요구하면 면허증을 내보여야 한다.
③ 누구든지 면허증을 빌리거나 빌려주거나 이를 알선하는 행위를 하여서는 아니 된다.

481 다음 중 「수상레저안전법 시행규칙」 제28조 규정에 의해 일정한 조건하에 무면허 조종이 허용되는 수상레저활동 관련 단체로 옳지 않은 것은?

갑. 청소년기본법에 의한 한국청소년단체협의회 가맹단체

을. 사단법인 한국수상레저협회

병. 정부 및 지방자치단체의 청소년 수련원

정. 국민체육진흥법에 의한 대한체육회 가맹단체

> **해설** **무면허조종이 허용되는 경우**(「수상레저안전법 시행규칙」 제28조 제1항 제3호 라목)
> 수상레저활동 관련 단체로서 해양경찰청장이 정하여 고시하는 단체가 실시하는 비영리목적의 교육·훈련을 위하여 수상레저기구를 조종하는 경우
>
> **수상레저활동 관련 단체**(「수상레저안전업무 처리규칙」 제7조)
> 수상레저활동 관련 단체로서 해양경찰청장이 정하여 고시하는 단체는 다음과 같다.
> • 청소년기본법에 따른 한국청소년단체협의회의 가맹단체
> • 국민체육진흥법에 따른 대한체육회의 가맹단체
> • 정부 및 지방자치단체의 청소년 수련원

482 빈칸 안에 들어갈 말로 옳은 것은?

> 영업구역이 (   )해리 이상인 경우에는 수상레저기구에 사업장 또는 가까운 무선국과 연락할 수 있는 통신장비를 갖추어야 한다.

갑. 1

을. 2

병. 3

정. 4

> **해설** **수상레저사업의 등록기준**(「수상레저안전법 시행규칙」 별표8)
> • 통신장비
>   영업구역이 2해리 이상인 경우에는 수상레저기구에 해당사업장 또는 가까운 무선국과 연락할 수 있는 통신장비를 갖추어야 한다.

483 「수상레저안전법」상 야간 수상레저활동을 하려는 사람이 갖추어야 하는 운항장비로 옳지 않은 것은?

갑. 항해등

을. 호루라기

병. 통신기기

정. 야간 조난신호장비

> **[해설]** 야간 운항장비(「수상레저안전법 시행규칙」제29조 제1항)
> 야간 수상레저활동을 하려는 사람이 갖추어야 하는 운항장비는 다음과 같다.
>
> - 항해등
> - 야간 조난신호장비
> - 통신기기
> - 소화기
> - 나침반
> - 전 등
> - 등(燈)이 부착된 구명조끼
> - 구명부환
> - 자기점화등
> - 위성항법장치

484 동력수상레저기구 조종면허시험의 합격자에게 합격일로부터 며칠 이내에 조종면허증을 발급해야 하는가?

갑. 7일

을. 14일

병. 20일

정. 30일

> **[해설]** 면허증의 발급 등(「수상레저안전법 시행규칙」제16조 제2항)
> 해양경찰서장은 동력수상레저기구 조종면허시험의 합격자, 재발급 신청자 및 갱신 신청자에게 합격일(재발급의 경우에는 재발급 신청일, 갱신의 경우에는 갱신 신청일)부터 14일 이내에 동력수상레저기구 조종면허증을 발급해야 한다.

485 무동력수상레저기구만을 사용하여 수상레저사업을 하는 경우 2급 이상의 조종면허 소지가 필요한데, 여기에 해당하는 수상레저기구로 옳지 않은 것은?

갑. 카 약
을. 수상자전거
병. 래프팅용 수상레저기구
정. 공기주입형 고정식 튜브

> 해설
> 수상레저사업의 인력기준(「수상레저안전법 시행규칙」 별표8 제1호)
> 무동력수상레저기구(래프팅용 수상레저기구는 제외)만을 사용하여 수상레저사업을 하는 경우 2급 이상의
> 조종면허가 필요하다.

486 다음 중 「수상레저안전법」상 수상레저활동 시 구명조끼를 착용하지 않아도 되는 경우로 옳은 것은?

갑. 요트 승선자
을. 맨몸 수영자
병. 모터보트 동승자
정. 수상자전거 동승자

> 해설
> 안전장비의 착용(「수상레저안전법」 제20조)
> 수상레저활동을 하는 자는 구명조끼 등 인명 안전에 필요한 장비를 해양수산부령으로 정하는 바에 따라
> 착용하여야 한다. 여기서 수상레저활동은 수상에서 수상레저기구를 이용하여 이루어지는 활동을 의미하
> 므로 맨몸 수영자는 해당하지 않는다.

487 「수상레저안전법」상 등록대상 동력수상레저기구의 정기검사에 대한 설명으로 옳지 않은 것은?

갑. 개인소유 동력수상레저기구는 등록 후 5년마다 정기적으로 한다.
을. 영업구역이 해수면인 경우 해양경찰청장에게 받는다.
병. 수상레저사업에 이용되는 동력수상레저기구는 매 2년마다 검사한다.
정. 검사를 하지 아니거나 검사에 합격하지 못한 동력수상레저기구는 수상레저활동에 사용하여서
　　는 아니 된다.

> 해설
> 안전검사(「수상레저기구의 등록 및 검사에 관한 법률」 제15조 제2항)
> 안전검사의 대상 동력수상레저기구 중 수상레저사업에 이용되는 동력수상레저기구는 1년마다, 그 밖의
> 동력수상레저기구는 5년마다 정기검사를 받아야 한다.

488 다음 중 면허 없는 사람이 면허가 필요한 수상레저기구를 조종할 수 있는 경우로 옳지 않은 것은?

갑. 2급 조종면허 소지자와 동승하여 고무보트 조종
을. 1급 조종면허 소지자 감독하에 시험장에서 시험선 조종
병. 1급 조종면허 소지자 감독하에 수상레저사업장에서 수상 오토바이 조종
정. 1급 조종면허 소지자 감독하에 학교에서 모터보트 조종

> 해설 무면허조종의 금지(「수상레저안전법」 제25조)
> 누구든지 조종면허를 받아야 조종할 수 있는 동력수상레저기구를 조종면허를 받지 아니하고 조종하여서는
> 아니 된다. 다만, 다음에 해당하는 경우에는 그러하지 아니하다.
> 1. 1급 조종면허가 있는 자의 감독하에 수상레저활동을 하는 경우로서 해양수산부령으로 정하는 경우
> 2. 조종면허를 가진 자와 동승하여 조종하는 경우로서 해양수산부령으로 정하는 경우
>
> 무면허조종이 허용되는 경우(「수상레저안전법 시행규칙」 제28조 제2항)
> 법 제25조 제2호에서 "해양수산부령으로 정하는 경우"란 제1급 동력수상레저기구 조종면허 또는 요트조종
> 면허를 가진 사람과 함께 탑승하여 조종하는 경우를 말한다.

489 수상레저활동자가 수상레저기구에 동승한 자의 사고로 인한 사망 또는 실종 시에 사고사실을 신고 하여야 할 기관으로 옳지 않은 것은?

갑. 해양경찰관서·경찰관서
을. 관계 행정기관
병. 소방관서
정. 시험 대행기관

> 해설 사고의 신고 등(「수상레저안전법」 제24조 제1항 제1호)
> 수상레저활동을 하는 사람은 다음에 해당할 때에는 해양수산부령으로 정하는 바에 따라 지체 없이 해양경
> 찰관서, 경찰관서 또는 소방관서 등 관계 행정기관에 신고하여야 한다.
> • 수상레저기구에 동승한 사람이 사고로 사망·실종 또는 중상을 입은 경우

490 원거리 수상레저 활동의 신고내용으로 옳은 것은?

갑. 출발항으로부터 10해리 이상 떨어진 곳에서 수상레저활동을 하고자 할 경우 해양경찰관서 또는 소방관서에 신고한다.

을. 원거리 수상레저활동 신고방법은 해양경찰관서 또는 경찰관서에 직접 방문하여야 한다.

병. 동승한 자가 사고로 인하여 사망, 실종 또는 중상을 입은 경우에는 해양경찰관서 등 관계 행정기관에 신고한다.

정. 동승한 자가 사고로 인하여 사망, 실종 또는 중상을 입은 경우의 신고사항으로는 사고의 원인, 가해자와 피해자, 가입된 보험회사명이다.

> **해설**
>
> **원거리 수상레저활동의 신고(「수상레저안전법」 제23조 제1항)**
> 출발항으로부터 10해리 이상 떨어진 곳에서 수상레저활동을 하려는 사람은 해양수산부령으로 정하는 바에 따라 해양경찰관서나 경찰관서에 신고하여야 한다.
>
> **사고의 신고 등(「수상레저안전법」 제24조 제1항 제1호)**
> 수상레저활동을 하는 사람은 다음에 해당할 때에는 지체 없이 해양경찰관서, 경찰관서 또는 소방관서 등 관계 행정기관에 신고하여야 한다.
> • 수상레저기구에 동승한 사람이 사고로 사망·실종 또는 중상을 입은 경우
>
> **사고의 신고(「수상레저안전법 시행규칙」 제27조)**
> 사고를 신고하려는 사람은 다음의 사항을 전화·팩스 또는 휴대전화 문자메시지 등의 방법으로 신고해야 한다.
> • 사고 발생 일시 및 장소
> • 사고가 발생한 수상레저기구의 종류
> • 사고자 및 조종자의 인적사항
> • 피해상황 및 조치사항

491 수상레저기구 안전검사 유효기간 만료일 이후 검사를 받아야 하는 기한으로 옳은 것은?

갑. 30일 이내

을. 60일 이내

병. 90일 이내

정. 100일 이내

> **해설**
>
> **안전검사의 대상 및 실시 시기 등(「수상레저기구의 등록 및 검사에 관한 법률 시행규칙」 제11조 제2항)**
> 정기검사를 받아야 하는 기간은 정기검사의 유효기간 만료일 전후 각각 30일 이내의 기간으로 하며, 해당 검사기간 내에 정기검사에 합격한 경우에는 검사유효기간 만료일에 정기검사를 받은 것으로 본다.

492 다음 중 주취조종자에 대한 단속권이 있는 사람으로 옳지 않은 것은?

갑. 해양경찰청 소속 경찰공무원

을. 시험대행기관장

병. 서울특별시 한강관리사업소의 수상레저업무에 종사하는 자

정. 시·군 또는 자치구의 수상레저업무에 종사하는 자

> **주취 중 조종 금지(「수상레저안전법」 제27조 제2항)**
> 다음에 해당하는 사람은 동력수상레저기구를 조종한 사람이 제1항을 위반하였다고 인정할 만한 상당한 이유가 있는 경우에는 술에 취하였는지를 측정할 수 있다. 이 경우 동력수상레저기구를 조종한 사람은 그 측정에 따라야 한다.
> • 경찰공무원
> • 시·군·구 소속 공무원 중 수상레저안전업무에 종사하는 사람

493 다음 중 수상레저사업 등록관청과 영업구역의 연결이 옳은 것은?

갑. 해양경찰서장 – 내수면, 해수면

을. 자치구청장 – 인접 해수면, 내수면

병. 경찰서장 – 내수면

정. 시장·군수·구청장 – 내수면

> **수상레저사업의 등록 등(「수상레저안전법」 제37조 제1항)**
> 수상레저사업을 경영하려는 자는 하천이나 그 밖의 공유수면의 점용 또는 사용의 허가 등에 관한 사항을 다음의 자에게 등록을 하여야 한다.
> • 영업구역이 해수면인 경우 : 해당 지역을 관할하는 해양경찰서장
> • 영업구역이 내수면인 경우 : 해당 지역을 관할하는 시장·군수·구청장
> • 영업구역이 둘 이상의 해양경찰서장 또는 시장·군수·구청장의 관할 지역에 걸쳐 있는 경우 : 수상레저사업에 사용되는 수상레저기구를 주로 매어두는 장소를 관할하는 해양경찰서장 또는 시장·군수·구청장

494 다음 수상레저사업장의 시설기준 중 옳지 않은 것은?

갑. 노 또는 상앗대가 있는 수상레저기구는 그 수의 10%에 해당하는 수의 예비용 노 또는 상앗대를 갖추어야 한다.

을. 탑승 정원 13인 이상인 동력수상레저기구에는 선실, 조타실, 기관실에 각각 1개 이상의 소화기를 갖추어야 한다.

병. 무동력 수상레저기구에는 구명부환 대신 스로 백을 갖출 수 있다.

정. (수상오토바이를 제외한) 탑승 정원 5명 이상인 수상레저기구에는 그 탑승 정원의 30%에 해당하는 수의 구명부환을 갖추어야 한다.

> **해설** 수상레저사업의 등록기준(「수상레저안전법 시행규칙」 별표8)
> • 구명부환
>   탑승 정원이 4명 이상인 수상레저기구(수상오토바이 및 워터슬레이드 제외)에는 그 탑승 정원의 30%에 해당하는 수 이상의 구명부환을 갖추어야 한다.

495 수상레저기구 운항규칙에 대한 설명으로 옳은 것은?

갑. 다이빙대, 계류장 및 교량으로부터 10m 이내의 구역이나 별도 고시된 구역에서는 20노트 이하의 속력으로 운항

을. 다이빙대, 계류장 및 교량으로부터 30m 이내의 구역이나 별도 고시된 구역에서는 20노트 이하의 속력으로 운항

병. 다이빙대, 계류장 및 교량으로부터 50m 이내의 구역이나 별도 고시된 구역에서는 10노트 이하의 속력으로 운항

정. 다이빙대, 계류장 및 교량으로부터 20m 이내의 구역이나 별도 고시된 구역에서는 10노트 이하의 속력으로 운항

> **해설** 운항방법 및 기구의 속도 등에 관한 준수사항(「수상레저안전법 시행령」 별표11 제2호 가목)
> 다이빙대, 계류장 및 교량으로부터 20m 이내의 구역이나 해양경찰서장 또는 시장·군수·구청장이 지정하는 위험구역에서는 10노트 이하의 속력으로 운항해야 한다.

196 PART 01 | 필기시험 문제은행 700제   494 정   495 정   **정답**

496 레저기구 운항 규칙에 대한 설명으로 옳지 않은 것은?

갑. 안전검사증에 지정된 항해구역 준수

을. 충돌의 위험이 있는 때 다른 수상레저기구를 왼쪽에 두고 있는 수상레저기구가 진로를 피하여야 한다.

병. 정면충돌 위험시 우현 쪽 변침

정. 다른 기구와 같은 방향으로 운항 시 2m 이내 근접 금지

> **해설** 운항방법 및 기구의 속도 등에 관한 준수사항(「수상레저안전법 시행령」 별표11 제1호 나목)
> 다른 수상레저기구의 진로를 횡단하는 경우에 충돌의 위험이 있을 때에는 다른 수상레저기구를 오른쪽에 두고 있는 수상레저기구가 진로를 피하여야 한다.

497 다음 중 수상레저기구에 대한 검사를 받지 않고 운항한 사람에 대한 과태료 부과금액으로 옳은 것은?

갑. 10일 이내의 경우 5만원, 10일 이후 매 1일마다 1만원

을. 10일을 초과한 경우 3만원, 10일 이후 매 1일마다 2만원

병. 10일을 초과한 경우 10만원, 10일 이후 매 1일마다 1만원

정. 10일을 초과한 경우 10만원, 10일 이후 매 1일마다 2만원

> **해설** 과태료의 부과기준(「수상레저기구의 등록 및 검사에 관한 법률 시행령」 별표5 제2호 자목)
> 정당한 사유없이 법 제15조 제1항을 위반하여 동력수상레저기구의 안전검사를 받지 않은 경우 10일 이내의 기간이 지난 자는 5만원, 10일이 초과한 경우 1일 초과할 때마다 1만원 추가. 다만 과태료의 총액은 30만원을 초과할 수 없다.

498 야간 수상레저활동을 하려는 사람이 갖추어야 하는 운항장비로 옳지 않은 것은?

① 항해등	② 나침반
③ 호각이 부착된 구명조끼	④ 구명부환
⑤ 통신기기	⑥ 해 도
⑦ 소화기	⑧ 위성항법장치

갑. ①, ③   을. ③, ⑤

병. ③, ⑥   정. ②, ⑥

> **해설** **야간운항장비(「수상레저안전법 시행규칙」 제29조 제1항)**
> 야간 수상레저활동을 하려는 사람이 갖춰야 하는 운항장비는 다음과 같다.
> • 항해등   • 구명부환
> • 전 등   • 소화기
> • 야간 조난신호장비   • 자기점화등
> • 등(燈)이 부착된 구명조끼 • 나침반
> • 통신기기   • 위성항법장치

499 요트조종면허 실기시험에서 로프 묶기에 해당하는 매듭으로 옳지 않은 것은?

갑. 8자 묶기

을. 보우라인(Bowline) 묶기

병. 클리트(Cleat) 묶기

정. 옭매듭 묶기

> **해설** **실기시험의 채점기준과 운항코스(「수상레저안전법 시행규칙」 별표1)**
> • 요트조종면허
>
> | 과 제 | 항 목 | 세부 내용 |
> |---|---|---|
> | 출발 전
점검 및
확인 | 로프 취급 미숙 | • 8자 묶기를 하지 못한 경우(8자 묶기)
• 보라인(Bowline) 묶기를 하지 못한 경우(Bowline 묶기)
• 클로브(Clove) 묶기를 하지 못한 경우(Clove 묶기)
• 클리트(Cleat) 묶기를 하지 못한 경우(Cleat 묶기) |

500 수상레저활동의 안전을 위하여 해양경찰서장, 시장, 군수, 구청장의 시정명령을 이행하지 아니한 자의 과태료 기준으로 옳은 것은?

갑. 1회 20만원

을. 2회 20만원

병. 3회 이상 30만원

정. 3회 이상 40만원

> **해설** 과태료의 부과기준(「수상레저안전법 시행령」 별표14)
> 시정명령을 이행하지 않은 경우 : 1회 위반 시 20만원, 2회 위반 시 30만 원, 3회 이상 위반 시 50만 원

501 수상레저활동자가 원거리 수상레저활동 시 신고하여야 할 기관으로 옳은 것은?

갑. 해양경찰관서 또는 경찰관서

을. 소방관서

병. 기초지자체 소속관서

정. 군 소속기관

> **해설** 원거리 수상레저활동의 신고(「수상레저안전법」 제23조 제1항)
> 출발항으로부터 10해리 이상 떨어진 곳에서 수상레저활동을 하려는 사람은 해양수산부령으로 정하는 바에 따라 해양경찰관서나 경찰관서에 신고하여야 한다.

502 요트조종면허 실기시험에서 채점기준 중 과제에 해당하는 것으로 옳지 않은 것은?

① 출발 전 점검 및 확인	② 출발 및 기주
③ 범 주	④ 사 행
⑤ 인명구조	⑥ 입 항

갑. ①, ②

을. ③, ④

병. ④, ⑤

정. ⑤, ⑥

> **해설** 요트조종면허 실기시험의 채점기준 및 운항코스(「수상레저안전법 시행규칙」 별표1)
> • 요트조종면허 실기시험 채점기준 과제는 다음과 같다.
> – 출발 전 점검 및 확인
> – 출발 및 기주
> – 범 주
> – 입 항

503 요트조종면허 실기시험에서 사용되는 용어의 정의로 옳지 않은 것은?

갑. "크루"란 스키퍼 외에 요트의 운항을 돕는 승조원을 말한다.

을. "이안"이란 계류줄을 걷고 계류장에서 이탈하여 출발할 수 있도록 준비하는 행위를 말한다.

병. "브로드 리치"란 바람방향에서 70°~75° 정도로 바람을 거슬러 범주하는 것을 말한다.

정. "범주"란 돛만을 이용하여 운항하는 것을 말한다.

> **해설** 요트조종면허 실기시험의 채점기준(「수상레저안전법 시행규칙」 별표1 제2호 가목)
> "브로드 리치"란 바람방향에서 뒤쪽(110°~120°)으로 바람을 받아 범주하는 것을 말한다.

504 주취 중 조종으로 면허가 취소된 사람은 취소된 날부터 얼마간 조종면허를 받을 수 없는가?

갑. 1년

을. 2년

병. 3년

정. 4년

해설
조종면허의 결격사유 등(「수상레저안전법」 제7조 제1항 제4호)
• 제17조 제1항에 따라 조종면허가 취소된 날부터 1년이 지나지 아니한 사람

조종면허의 취소·정지(「수상레저안전법」 제17조 제1항 제6호)
해양경찰청장은 조종면허를 받은 사람이 다음에 해당하는 경우에는 해양수산부령으로 정하는 바에 따라 조종면허를 취소하거나 1년의 범위에서 기간을 정하여 그 조종면허의 효력을 정지할 수 있다.
• 술에 취한 상태에서 조종을 하거나 술에 취한 상태라고 인정할 만한 상당한 이유가 있음에도 불구하고 관계공무원의 측정에 따르지 아니한 경우

505 다음 중 야간 수상레저활동 시간을 조정할 수 있는 권한을 가진 사람으로 옳지 않은 것은?

갑. 해양경찰서장

을. 시장·군수

병. 한강 관리기관의 장

정. 경찰서장

해설
야간 수상레저활동시간의 조정(「수상레저안전법 시행규칙」 제30조)
해양경찰서장이나 시장·군수·구청장(서울특별시 한강의 경우에는 서울특별시의 한강 관리에 관한 업무를 관장하는 기관의 장)은 해가 진 후 30분부터 24시까지의 범위에서 야간 수상레저활동의 시간을 조정해야 한다.

506 다음 중 수상레저기구에 동승한 사람이 사망하거나 실종된 경우 신고사항으로 옳지 않은 것은?

갑. 사고발생 장소

을. 관련 수상레저기구 종류

병. 사고자 인적사항

정. 운항규칙 준수여부

해설
사고의 신고(「수상레저안전법 시행규칙」 제27조)
사고를 신고하려는 사람은 다음의 사항을 전화·팩스 또는 휴대전화 문자메시지 등의 방법으로 신고해야 한다.
• 사고 발생 일시 및 장소
• 사고가 발생한 수상레저기구의 종류
• 사고자 및 조종자의 인적사항
• 피해상황 및 조치사항

507 다음 중 (   )안에 들어갈 숫자로 옳은 것은?

> 「수상레저안전법」상 영업구역이 (   )해리 이상인 경우에는 수상레저기구에 사업장 또는 가까운 무선국과 연락할 수 있는 통신장비를 갖추어야 한다.

갑. 1

을. 2

병. 3

정. 4

 수상레저사업의 등록기준(「수상레저안전법 시행규칙」 별표8)
영업구역이 2해리 이상인 경우에는 수상레저기구에 해당 사업장 또는 가까운 무선국과 연락할 수 있는 통신장비를 갖추어야 한다.

508 원거리 수상레저활동에 대한 설명으로 옳지 않은 것은?

갑. 원거리 수상레저활동의 신고는 출발항으로부터 10해리 이상 떨어진 곳에서 수상레저활동을 할 경우 신고하여야 한다.

을. 원거리 수상레저활동의 신고는 해양경찰관서나 경찰관서 또는 소방관서에 하여야 한다.

병. 「선박안전 조업규칙」에 따른 출·입항 신고를 한 선박은 신고의무 예외이다.

정. 신고는 방문, 인터넷, 팩스 방법으로 제출할 수 있다.

 원거리 수상레저활동의 신고(「수상레저안전법 시행규칙」 제26조 제1항)
원거리 수상레저활동을 하려는 사람은 원거리 수상레저활동 신고서를 해양경찰관서나 경찰관서에 제출 (팩스나 정보통신망을 이용한 전자문서의 제출을 포함)해야 한다.

509 시험운항허가를 받은 자가 시험운항허가증에 기재된 허가기간이 만료될 경우 몇 일 이내에 반납해야 하는가?

갑. 허가기간이 만료된 날부터 3일 이내

을. 허가기간이 만료된 날부터 5일 이내

병. 허가기간이 만료된 날부터 7일 이내

정. 허가기간이 만료된 날부터 10일 이내

 시험운항의 허가(「수상레저기구의 등록 및 검사에 관한 법률 시행령」 제11조 제4항)
시험운항허가를 받은 자는 시험운항허가증에 기재된 허가기간이 만료된 날부터 3일 이내에 시험운항허가 관서의 장에게 시험운항허가증을 반납해야 한다.

510 빈칸 안에 들어갈 말로 옳은 것은?

> 사람을 사상한 후 구호조치 등 필요한 조치를 하지 아니하고 도주한 자는 그 위반한 날부터 ( )
> 년간 조종면허를 받을 수 없다.

갑. 1년
을. 2년
병. 3년
정. 4년

조종면허의 결격사유 등(「수상레저안전법」 제7조 제1항 제5호)
조종면허를 받지 아니하고 동력수상레저기구를 조종한 사람으로서 그 위반한 날부터 1년(사람을 사상한
후 구호 등 필요한 조치를 하지 아니하고 달아난 사람은 이를 위반한 날부터 4년)이 지나지 아니한 사람

511 해양경찰서장이 수상레저활동의 안전을 위하여 필요하다고 인정하면 명할 수 있는 사항으로 옳지
않은 것은?

갑. 수상레저기구의 탑승인원의 제한 또는 조종자의 교체
을. 수상레저활동의 일시정지
병. 수상레저기구의 개선 및 교체
정. 수상레저활동 구역 변경

시정명령(「수상레저안전법」 제31조)
해양경찰서장 또는 시장·군수·구청장은 수상레저활동의 안전을 위하여 필요하다고 인정하면 수상레저
활동을 하는 사람 또는 수상레저활동을 하려는 사람에게 다음의 사항을 명할 수 있다. 다만, 수상레저활동
을 하려는 사람에 대한 시정명령은 사고의 발생이 명백히 예견되는 경우로 한정한다.
• 수상레저기구의 탑승(수상레저기구에 의하여 밀리거나 끌리는 경우를 포함. 이하 같음) 인원의 제한 또
는 조종자의 교체
• 수상레저활동의 일시정지
• 수상레저기구의 개선 및 교체

512 수상레저안전법상 조종면허를 받은 사람이 지켜야 할 의무로 옳지 않은 것은?

갑. 동력수상레저기구를 조종할 때에는 면허증을 항상 지니고 있어야 한다.

을. 조종면허가 취소된 사람은 취소된 날부터 10일 이내에 해양경찰청장에게 면허증을 반납해야 한다.

병. 타인에게 면허증을 빌려주어서는 아니 된다.

정. 관계 공무원이 면허증의 제시를 요구하면 면허증을 내보여야 한다.

> **해설** 면허증 휴대 등 의무(「수상레저안전법」 제16조)
> ① 동력수상레저기구를 조종하는 사람은 면허증을 지니고 있어야 한다.
> ② 제1항의 조종자는 조종 중에 관계 공무원이 면허증의 제시를 요구하면 면허증을 내보여야 한다.
> ③ 누구든지 면허증을 빌리거나 빌려주거나 이를 알선하는 행위를 하여서는 아니 된다.
>
> 조종면허의 취소·정지(「수상레저안전법」 제17조 제2항)
> 조종면허가 취소되거나 그 효력이 정지된 사람은 조종면허가 취소되거나 그 효력이 정지된 날부터 7일 이내에 해양경찰청장에게 면허증을 반납하여야 한다.

513 전문의가 정상적으로 수상레저활동을 할 수 없다고 인정하는 경우의 조종면허의 결격사유로 옳지 않은 것은?

갑. 조현병

을. 정서불안

병. 조현 정동장애

정. 치 매

> **해설** 조종면허의 결격사유(「수상레저안전법 시행령」 제5조 제1항)
> '정신질환자 중 수상레저활동을 할 수 없다고 인정되는 사람'이란 치매, 조현병, 조현정동장애, 양극성 정동장애(조울병), 재발성 우울장애 또는 알코올 중독의 정신질환이 있는 사람으로서 해당 분야 전문의가 정상적으로 동력수상레저기구를 조종할 수 없다고 인정하는 사람을 말한다.

514 다음 수상레저사업장 비상구조선의 기준으로 옳지 않은 것은?

갑. 주황색 깃발을 달아야 함

을. 탑승 정원 5명 이상, 시속 20노트 이상

병. 망원경 1개 이상

정. 30미터 이상의 구명줄

 해설 수상레저사업의 등록기준(「수상레저안전법 시행규칙」 별표8)
• 비상구조선
비상구조선은 탑승정원이 3명 이상이고 속도가 20노트 이상이어야 하며 다음의 장비를 모두 갖추어야
한다.
 – 망원경 1개 이상
 – 구명부환 또는 레스큐 튜브 2개 이상
 – 호루라기 1개 이상
 – 30미터 이상의 구명줄

515 수상레저사업장의 기구가 31대 이상 50대 이하인 경우 필요한 비상구조선의 수는?

갑. 1대   을. 2대

병. 3대   정. 4대

 해설 수상레저사업의 등록기준(「수상레저안전법 시행규칙」 별표8)
• 비상구조선
수상레저기구(래프팅에 사용되는 수상레저기구와 수상스키, 파라세일, 워터슬레이드 등 견인되는 수상
레저기구는 제외)의 수에 따라 다음의 구분에 따른 비상구조선을 갖출 것. 다만, 케이블 수상스키 또는
케이블 웨이크보드 등 케이블을 사용하는 수상레저기구만을 갖춘 수상레저사업장의 경우에는 다른 수상
레저기구가 없더라도 반드시 1대 이상의 비상구조선을 갖춰야 한다.
 – 수상레저기구가 30대 이하인 경우 : 1대 이상
 – 수상레저기구가 31대 이상 50대 이하인 경우 : 2대 이상
 – 수상레저기구가 51대 이상인 경우 : 50대를 초과하는 50대마다 1대씩 더한 수 이상

516 빈칸 안에 들어갈 말로 옳은 것은?

> 수상레저사업장 안에서 탑승 정원이 (   )명 이상인 동력수상레저기구(수상오토바이는 제외)에는 1개 이상의 소화기를 두어야 한다.

갑. 4

을. 5

병. 10

정. 13

 수상레저사업의 등록기준(「수상레저안전법 시행규칙」 별표8)
- 인명구조용 장비
  - 소화기 : 탑승 정원이 4명 이상인 동력수상레저기구(수상오토바이는 제외)에는 1개 이상의 소화기를 갖추어야 한다.

517 「수상레저안전법」상 동력수상레저기구로 옳지 않은 것은?

갑. 수상오토바이

을. 스쿠터

병. 호버크라프트

정. 워터슬레이드

 정의(「수상레저안전법」 제2조 제4호)
'동력수상레저기구'란 추진기관이 부착되어 있거나 추진기관을 부착하거나 분리하는 것이 수시로 가능한 수상레저기구로서 수상오토바이, 모터보트, 고무보트, 세일링요트(돛과 기관이 설치된 것) 등 대통령령으로 정하는 것을 말한다.

수상레저기구의 종류(「수상레저안전법률 시행령」 제2조 제1항)
「수상레저안전법」 제2조 제4호에서 '수상오토바이, 모터보트, 고무보트, 세일링요트(돛과 기관이 설치된 것) 등 대통령령으로 정하는 것'이란 다음에 해당하는 수상레저기구를 말한다.
- 수상오토바이
- 모터보트
- 고무보트
- 세일링요트(돛과 기관이 설치된 것을 말함. 이하 같음)
- 스쿠터
- 공기부양정(호버크라프트)
- 수륙양용기구
- 그 밖에 제1호부터 제7호까지의 규정에 따른 수상레저기구와 비슷한 구조·형태·추진기관 또는 운전방식을 가진 것으로서 해양경찰청장이 정하여 고시하는 수상레저기구

518 수상레저기구 변경등록 시 필요한 서류로 옳지 않은 것은?

갑. 안전검사증 사본

을. 보험이나 공제에 가입한 사실을 증명하는 서류

병. 동력수상레저기구 조종면허증

정. 변경내용을 증명할 수 있는 서류

> **해설** 변경등록의 신청 등(「수상레저기구의 등록 및 검사에 관한 법률 시행규칙」 제5조 제1항)
> 변경등록을 신청하려는 자는 동력수상레저기구 등록사항 변경신청서에 다음의 서류를 첨부하여 시장·군수·구청장에게 제출해야 한다.
> • 변경 내용을 증명할 수 있는 서류
> • 등록증
> • 안전검사증 사본
> • 보험이나 공제에 가입한 사실을 증명하는 서류

519 동력수상레저기구 등록원부를 열람하거나 사본을 발급받으려는 자는 누구에게 등록원부 열람·발급신청서를 제출해야 하는가?

갑. 시·도지사

을. 시장·군수·구청장

병. 해양경찰서장

정. 소방서장

> **해설** 등록원부의 열람·발급 신청(「수상레저기구의 등록 및 검사에 관한 법률 시행령」 제6조)
> 동력수상레저기구 등록원부를 열람하거나 사본을 발급받으려는 자는 등록원부 열람·발급신청서를 시장·군수·구청장에게 제출해야 한다.

520 수상레저사업장에서 갖추어야 할 인명구조용 장비에 대한 설명으로 옳지 않은 것은?

갑. 탑승 정원의 110퍼센트 이상에 해당하는 수의 구명조끼를 갖추어야 한다.

을. 수상레저기구가 30대 이하인 경우에는 1대 이상의 비상구조선을 갖추어야 한다.

병. 영업구역이 1마일 이상인 경우에는 수상레저기구에 사업장 또는 무선국과 연락할 수 있는 통신장비를 갖추어야 한다.

정. 탑승 정원이 13명 이상인 동력수상레저기구에는 선실, 조타실, 및 기관실에 각각 1개 이상의 소화기를 갖추어야 한다.

> **해설** 수상레저사업의 등록기준(「수상레저안전법 시행규칙」 별표8)
> • 인명구조용 장비
> – 통신장비 : 영업구역이 2해리 이상인 경우에는 수상레저기구에 해당 사업장 또는 가까운 무선국과 연락할 수 있는 통신장비를 갖추어야 한다.

521 해양경찰서장 또는 기초지방자치단체의 장이 처벌을 결정할 수 있는 「수상레저안전법」 위반 행위로 옳지 않은 것은?

갑. 안전장비 미착용
을. 무면허 조종

병. 수상레저활동시간 위반
정. 운항규칙 미준수

> **해설** 벌칙(벌금)은 법규위반에 대한 형벌로서 국가에서 처벌을 가하는 것이지만, 과태료는 형벌이 아닌 행정처분의 일종이다.
>
> **벌칙(「수상레저안전법」 제61조)**
> 조종면허를 받지 아니하고 동력수상레저기구를 조종한 사람은 1년 이하의 징역 또는 1천만원 이하의 벌금에 처한다.
>
> **과태료(「수상레저안전법」 제64조)**
> • 수상레저활동 시간 외에 수상레저활동을 한 사람에게는 100만원 이하의 과태료를 부과한다.
> • 인명안전장비를 착용하지 아니하거나 운항규칙 등을 준수하지 아니한 사람에게는 50만원 이하의 과태료를 부과한다.
> • 과태료는 해수면은 해양경찰청장, 지방해양경찰청장 또는 해양경찰서장이, 내수면은 시장·군수·구청장이 부과·징수한다.

522 시험대행기관에서 시험업무에 종사하는 책임운영자 및 시험관이 받아야 하는 해양경찰청장이 실시하는 정기교육의 연간 이수시간으로 옳은 것은?

갑. 12시간   을. 21시간

병. 24시간   정. 36시간

> **해설** 종사자에 대한 교육(「수상레저안전법 시행규칙」 제22조 제1항 제1호)
> - 정기교육 : 매년 1회 정기적으로 다음의 구분에 따라 실시하는 교육
>   - 면허시험 면제교육기관의 강사(강사 업무를 수행하는 책임운영자를 포함), 시험대행기관의 시험관(시험관 업무를 수행하는 책임운영자를 포함) : 21시간 이상

523 「수상레저안전법」을 위반한 사람에 대한 과태료 처분권한이 없는 사람으로 옳은 것은?

갑. 서울시장   을. 강동소방서장

병. 연수구청장   정. 인천해양경찰서장

> **해설** 과태료(「수상레저안전법」 제64조 제3항)
> 과태료는 해수면의 경우에는 해양경찰청장, 지방해양경찰청장 또는 해양경찰서장이, 내수면의 경우에는 시장·군수·구청장이 부과·징수한다.

524 조종면허를 반드시 취소하여야 하는 경우로 옳지 않은 것은?

갑. 거짓이나 그 밖의 부정한 방법으로 조종면허를 받은 경우

을. 조종면허 효력정지 기간에 조종을 한 경우

병. 면허증을 다른 사람에게 빌려주어 조종하게 한 경우

정. 술에 취한 상태에서 조종을 한 경우

> **해설** 조종면허의 취소·정지(「수상레저안전법」 제17조 제1항 단서)
> 해양경찰청장은 조종면허를 취소하거나 1년의 범위에서 기간을 정하여 정지할 수 있지만 다음의 경우에는 반드시 취소하여야 한다.
> - 거짓이나 그 밖의 부정한 방법으로 조종면허를 받은 경우
> - 조종면허 효력정지 기간에 조종을 한 경우
> - 조종면허를 받을 수 없는 사람에 해당된 경우
> - 조종면허를 받을 수 없는 사람이 조종면허를 받은 경우
> - 술에 취한 상태에서 조종을 하거나 술에 취한 상태라고 인정할 만한 상당한 이유가 있음에도 불구하고 관계공무원의 측정에 따르지 아니한 경우

525 신규검사를 받기 전에 국내에서 동력수상레저기구로 시험운항을 하고자 하는 경우 시험운항허가의 기간 및 운항구역에 대한 설명으로 옳은 것은?

갑. 기간 − 7일 이내 (해 뜨기 전 30분부터 해 진 후 30분까지로 한정한다)

을. 기간 − 5일 이내 (해 뜨기 전 30분부터 해 진 후 30분까지로 한정한다)

병. 운항구역 − 출발지로부터 직선거리로 10km 이내

정. 운항구역 − 해안으로부터 직선거리로 10해리 이내.

> **해설** 시험운항의 허가(「수상레저기구의 등록 및 검사에 관한 법률 시행령」 제11조 제3항)
> • 기간 : 7일 이내(해 뜨기 전 30분부터 해 진 후 30분까지로 한정)
> • 운항구역 : 출발지로부터 직선거리로 10해리 이내

526 안전검사필증의 색상에 대한 설명으로 옳지 않은 것은?

갑. 동력수상레저기구의 소유자가 개인일 경우 안전검사필증의 바탕색은 파란색으로 한다.

을. 동력수상레저기구의 소유자가 수상레저사업자일 경우 안전검사필증의 바탕색은 녹색으로 한다.

병. 테두리 색상은 검은색으로 한다.

정. 숫자 및 문자 색상은 흰색으로 한다.

> **해설** 안전검사필증의 규격(「수상레저기구의 등록 및 검사에 관한 법률 시행규칙」 별표5 제4호)
> 안전검사필증의 바탕색은 동력수상레저기구의 소유자가 개인일 경우 파란색, 수상레저사업자일 경우 주황색으로 한다.

527 수상레저사업자와 그 종사자가 영업구역에서 해도 되는 행위로 옳은 것은?

갑. 보호자를 동반한 14세 이상인 자를 수상레저기구에 태우는 행위

을. 술에 취한 자를 수상레저기구에 태우거나 빌려주는 행위

병. 수상레저기구의 정원을 초과하여 태우는 행위

정. 영업구역을 벗어나 영업을 하는 행위

> **해설** **사업자의 안전점검 등 조치(「수상레저안전법」 제44조 제2항)**
> 수상레저사업자와 그 종사자는 영업구역에서 다음의 행위를 하여서는 아니 된다.
> • 14세 미만인 사람(보호자를 동반하지 아니한 사람으로 한정), 술에 취한 사람 또는 정신질환자를 수상레저기구에 태우거나 이들에게 수상레저기구를 빌려 주는 행위
> • 수상레저기구의 정원을 초과하여 태우는 행위
> • 영업구역을 벗어나 영업을 하는 행위

528 동력수상레저기구를 등록하려는 사람은 누구에게 등록신청서를 제출하여야 하는가?

갑. 주소지를 관할하는 해양경찰서장

을. 본적지를 관할하는 해양경찰서장

병. 주소지를 관할하는 시장·군수·구청장

정. 본적지를 관할하는 시장·군수·구청장

> **해설** **등록의 신청 등(「수상레저기구의 등록 및 검사에 관한 법률 시행령」 제4조 제1항)**
> 동력수상레저기구를 등록하려는 자는 주소지를 관할하는 특별자치시장·제주특별자치도지사시장·군수·구청장에게 등록신청서를 제출해야 한다.

529 다음 중 1년 이하의 징역 또는 1,000만원 이하의 벌금에 해당하는 행위로 옳은 것은?

갑. 등록 또는 변경등록을 하지 아니하고 수상레저사업을 한 자

을. 등록되지 아니하고 동력수상레저기구를 운항한 자

병. 검사를 받지 아니하거나 검사에 합격하지 못한 수상레저기구를 수상레저활동에 사용한 자

정. 정비·원상복구의 명령을 위반한 수상레저사업자

> **해설** **벌칙(「수상레저안전법」 제61조 제6호)**
> 등록 또는 변경등록을 하지 아니하고 수상레저사업을 한 자는 1년 이하의 징역 또는 1천만원 이하의 벌금에 처한다.

530 다음 중 6개월 이하의 징역 또는 500만원 이하의 벌금에 해당하는 행위로 옳지 않은 것은?

갑. 약물복용 등으로 인하여 정상적으로 조종하지 못할 우려가 있는 상태에서 동력수상레저기구를 조종한 자

을. 등록되지 아니한 동력수상레저기구를 운항한 자

병. 정비·원상복구의 명령을 위반한 수상레저사업자

정. 검사를 받지 아니하거나 검사에 합격하지 못한 수상레저기구를 수상레저활동에 사용한 자

> **해설** 벌칙(「수상레저안전법」 제61조 제5호)
> 약물복용 등으로 인하여 정상적으로 조종하지 못할 우려가 있는 상태에서 동력수상레저기구를 조종한 사람은 1년 이하의 징역 또는 1천만원 이하의 벌금에 처한다.
>
> 벌칙(「수상레저기구의 등록 및 검사에 관한 법률」 제30조)
> 다음의 어느 하나에 해당하는 자는 6개월 이하의 징역 또는 500만원 이하의 벌금에 처한다.
> • 등록되지 아니한 동력수상레저기구를 운항한 자
> • 시험운항허가를 받지 아니하고 동력수상레저기구를 운항한 자
> • 안전검사를 받지 아니하거나 검사에 합격하지 못한 동력수상레저기구를 운항한 자

531 「수상레저안전법」상 주취 중 조종으로 면허가 취소된 사람이 취소된 날부터 얼마간 조종면허를 받을 수 없는가?

갑. 1년 　　　　　　　　　　　　을. 2년

병. 3년 　　　　　　　　　　　　정. 4년

> **해설** 조종면허의 결격사유 등(「수상레저안전법」 제7조 제1항 제4호)
> 「수상레저기구의 등록 및 검사에 관한 법률」 제17조 제1항에 따라 조종면허가 취소된 날로부터 1년이 지나지 아니한 사람은 조종면허를 받을 수 없다.

532 수상레저사업자가 등록취소 후 또는 영업정지기간에 영업을 하였다면 해당하는 벌칙으로 옳은 것은?

갑. 3년 이하의 징역 또는 3천만원 이하의 벌금

을. 2년 이하의 징역 또는 2천만원 이하의 벌금

병. 1년 이하의 징역 또는 1천만원 이하의 벌금

정. 6개월 이하의 징역 또는 500만원 이하의 벌금

> 해설 벌칙(「수상레저안전법」 제61조 제7호)
> 수상레저사업 등록취소 후 또는 영업정지기간에 수상레저사업을 한 자는 1년 이하의 징역 또는 1천만원 이하의 벌금에 처한다.

533 다음 중 과태료 금액이 다른 하나는?

갑. 등록번호판을 부착하지 아니한 동력수상레저기구를 운항한 자

을. 거짓이나 그 밖의 부정한 방법으로 검사대행자로 지정을 받은 자

병. 정당한 사유없이 위치발신장치를 작동하지 아니한 자

정. 고의 또는 중대한 과실로 사실과 다르게 안전검사를 한 자

> 해설 과태료(「수상레저안전법」 제64조)
> "병"은 과태료 50만원 이하, 나머지는 100만원 이하의 과태료 부과 대상자이다.

534 다음 중 50만원 이하의 과태료에 해당하는 사항으로 옳지 않은 것은?

갑. 인명안전장비를 착용하지 아니한 자

을. 사고의 신고를 하지 아니한 자

병. 일시정지나 면허증·신분증의 제시명령을 거부한 자

정. 수상레저활동 시간 외에 수상레저활동을 한 자

> 해설 과태료(「수상레저안전법」 제64조 제1항 제2호)
> 수상레저활동 시간 외에 수상레저활동을 한 사람에게는 100만원 이하의 과태료를 부과한다.

535 수상레저활동 인구 증가와 급변하는 환경에서 법의 미비점을 보완하고 탄력적 대응을 위해 개정된 「수상레저안전법」을 설명한 것이다. 가장 옳지 않은 것은?

갑. 제1급 조종면허에 한정하여 연령에 따른 조종면허 결격사유 18세 미만으로 한다.

을. 해양경찰청장은 수상레저활동의 체계적인 안전관리를 위하여 수상레저종합정보시스템을 구축·운영할 수 있다.

병. 인명안전장비의 미착용하거나 사고의 신고의무를 위반한 자는 50만원 이하의 과태료를 부과한다.

정. 누구든지 면허증을 빌리거나 빌려주거나 이를 알선하는 행위를 한 자는 6개월 이하의 징역 또는 500만원 이하의 벌금에 처한다.

> **[해설]** 벌칙(「수상레저안전법」 제61조 제1호)
> 누구든지 면허증을 빌리거나 빌려주거나 이를 알선하는 행위를 금지하고, 이를 위반하는 경우 1년 이하의 징역 또는 1천만원 이하의 벌금에 처한다.

536 면허시험 면제교육기관의 장비기준에 대한 설명으로 가장 옳지 않은 것은?

갑. 실기시험용 동력수상레저기구 1대 이상

을. 비상구조선 1대 이상이며 속력은 시속 30노트 이상

병. 구명조끼 20개 이상

정. 구명부환 5개 이상

> **[해설]** 면허시험 면제교육기관의 인적기준·장비기준 및 시설기준(「수상레저안전법 시행령」 별표5 제2호)
> 비상구조선 1대 이상. 이 경우 비상구조선의 시속은 20노트 이상이어야 한다.

535 정 536 을 **정답**

537 수상레저사업의 등록기준 중 인력 기준에 대한 설명으로 가장 옳지 않은 것은?

~~갑~~. 수상레저사업자와 그 종사자 중에서 2명 이상 해당 조종면허를 소지해야 한다.

을. 동력수상레저기구를 사용하여 수상레저사업을 하는 경우 1급 조종면허가 필요하다.

병. 무동력수상레저기구만을 사용하여 수상레저사업을 하는 경우 2급 이상의 조종면허가 필요하다.

정. 세일링요트만을 사용하여 수상레저사업을 하는 경우 요트조종면허가 필요하다.

> **[해설]** 수상레저사업의 등록기준 중 인력기준(「수상레저안전법 시행규칙」 별표8 제1호 다목)
> 수상레저사업자와 그 종사자 중에서 1명 이상은 다음의 구분에 따른 면허를 소지할 것. 이 경우 1)에 따른 조종면허를 갖추고 수상레저사업장에종사하는 사람은 해당 수상레저사업장에 종사하는 기간 동안 다른 수상레저사업장 등에 종사해서는 안 된다.
> 1) 동력수상레저기구를 사용하여 수상레저사업을 하는 경우 : 1급 조종면허
> 2) 무동력수상레저기구(래프팅용 수상레저기구는 제외)만을 사용하여 수상레저사업을 하는 경우 : 2급 이상의 조종면허
> 3) 세일링요트만을 사용하여 수상레저사업을 하는 경우 : 요트조종면허

538 과태료 부과권자가 2분의 1 범위에서 그 금액을 늘려 부과할 수 있는 사항으로 가장 옳지 않은 것은?

갑. 위반의 내용·정도가 중대하여 이용자 등에게 미치는 피해가 크다고 인정되는 경우

~~을~~. 법 위반상태의 기간이 3개월 이상인 경우

병. 법 위반상태의 기간이 6개월 이상인 경우

정. 위반행위의 정도, 위반행위의 동기와 그 결과 등을 고려하여 과태료 금액을 늘릴 필요가 있다고 인정되는 경우

> **[해설]** 과태료 부과기준(「수상레저안전법 시행령」 별표14 제1호 라목)
> • 부과권자는 다음의 어느 하나에 해당하는 경우에는 제2호의 개별기준에 따른과태료의 2분의 1 범위에서 그 금액을 늘려 부과할 수 있다. 다만, 늘려 부과하는 경우에도 법 제64조 제1항 및 제2항에 따른 과태료의 상한을 넘을 수 없다.
> - 위반의 내용·정도가 중대하여 이용자 등에게 미치는 피해가 크다고 인정되는 경우
> - 법 위반상태의 기간이 6개월 이상인 경우
> - 그 밖에 위반행위의 정도, 위반행위의 동기와 그 결과 등을 고려하여 과태료 금액을 늘릴 필요가 있다고 인정되는 경우

539 시장·군수·구청장이 동력수상레저기구 등록을 한 후 그 등록에 착오나 빠진 부분이 있는 것을 발견한 경우 조치사항으로 옳은 것은?

갑. 해당 등록에 착오나 빠진 부분이 시장·군수·구청장의 잘못으로 인한 것인 경우 그 등록을 직권으로 경정하고 그 사실을 지체 없이 소유자 및 이해관계자에게 통지한다.

을. 해당 등록에 착오나 빠진 부분이 시장·군수·구청장의 잘못으로 인한 것인 경우 그 등록을 직권으로 경정하고 그 사실을 3일 이내에 소유자 및 이해관계자에게 통지한다.

병. 해당 등록에 착오나 빠진 부분이 시장·군수·구청장의 잘못으로 인한 것이 아닌 경우 그 등록을 직권으로 경정하고 그 사실을 지체 없이 소유자 및 이해관계자에게 통지한다.

정. 해당 등록에 착오나 빠진 부분이 시장·군수·구청장의 잘못으로 인한 것이 아닌 경우 그 사실을 3일 이내에 소유자 및 이해관계자에게 통지한다.

> **해설** 등록의 경정(「수상레저기구의 등록 및 검사에 관한 법률 시행령」 제10조 제1항)
> 시장·군수·구청장은 법 제6조, 제9조, 제10조, 제12조 또는 「자동차 등 특정동산 저당법」 제5조에 따른 등록을 한 후 그 등록에 착오나 빠진 부분이 있는 것을 발견한 경우에는 다음의 구분에 따른 조치를 해야 한다.
> • 해당 등록에 착오나 빠진 부분이 시장·군수·구청장의 잘못으로 인한 것인 경우 : 그 등록을 직권으로 경정하고 그 사실을 지체 없이 소유자 및 이해관계자에게 통지
> • 해당 등록에 착오나 빠진 부분이 시장·군수·구청장의 잘못으로 인한 것이 아닌 경우 : 그 사실을 지체 없이 소유자 및 이해관계자에게 통지

540 「수상레저기구의 등록 및 검사에 관한 법률」상 수상레저기구 말소등록을 신청하여야 하는 사유로 가장 옳지 않은 것은?

갑. 동력수상레저기구가 멸실된 경우

을. 동력수상레저기구의 존재 여부가 6개월간 분명하지 아니한 경우

병. 수상레저활동 외의 목적으로 사용하게 된 경우

정. 수상레저기구를 수출하는 경우

> **해설** 말소등록(「수상레저기구의 등록 및 검사에 관한 법률」 제10조 제1항)
> 소유자는 등록된 동력수상레저기구가 다음의 어느 하나에 해당하는 경우에는 해양수산부령으로 정하는 바에 따라 등록증 및 등록번호판을 반납하고 시장·군수·구청장에게 말소등록을 신청하여야 한다. 다만, 등록증 및 등록번호판을 분실 등의 사유로 반납할 수 없는 경우에는 그 사유서를 제출하고 등록증 및 등록번호판을 반납하지 아니할 수 있다.
> • 동력수상레저기구가 멸실되거나 수상사고 등으로 본래의 기능을 상실한 경우
> • 동력수상레저기구의 존재 여부가 3개월간 분명하지 아니한 경우
> • 총톤수·추진기관의 변경 등 해양수산부령으로 정하는 사유로 동력수상레저기구에서 제외된 경우
> • 동력수상레저기구를 수출하는 경우
> • 수상레저활동 외의 목적으로 사용하게 된 경우

541 안전검사증 및 안전검사필증에 관한 설명으로 옳지 않은 것은?

갑. 해양경찰청장은 안전검사증에 해당 동력수상레저기구의 정원은 지정하나, 운항구역은 소유자의 의사에 따른다.

을. 동력수상레저기구의 소유자는 안전검사증이 알아보기 곤란하게 된 경우에는 재발급받을 수 있다.

병. 안전검사필증을 발급받은 동력수상레저기구 소유자는 잘 보이는 곳에 안전검사필증을 부착하여야 한다.

정. 동력수상레저기구의 소유자가 개인일 경우 안전검사필증의 바탕색은 파란색이다.

 안전검사증·안전검사필증의 발급 등(「수상레저기구의 등록 및 검사에 관한 법률」 제16조 제2항)
해양경찰청장은 안전검사증에 해당 동력수상레저기구의 정원·운항구역 등을 지정하고, 그 내용을 기재하여야 한다.

542 「수상레저기구의 등록 및 검사에 관한 법률」상 동력수상레저기구를 이용한 범죄의 종류로 옳지 않은 것은?

갑. 살인·사체유기 또는 방화

을. 강도·강간 또는 강제추행

병. 약취·유인 또는 감금

정. 방수방해 또는 수리방해

 동력수상레저기구를 사용한 범죄의 종류(「수상레저안전법 시행규칙」 제19조)
법 제17조 제1항 제3호에서 "동력수상레저기구를 사용하여 살인 또는 강도 등 해양수산부령으로 정하는 범죄행위"란 다음의 어느 하나에 해당하는 범죄행위를 말한다.
• 「국가보안법」 제4조부터 제9조까지 및 제12조 제1항을 위반한 범죄행위
• 「형법」 등을 위반한 다음의 범죄행위
  – 살인·사체유기 또는 방화
  – 강도·강간 또는 강제추행
  – 약취·유인 또는 감금
  – 상습절도(절취한 물건을 운반한 경우로 한정)

543 「수상레저기구의 등록 및 검사에 관한 법률」상 조종면허의 효력 발생 시기는?

 갑. 면허증을 본인이나 그 대리인에게 발급한 때부터

을. 실기시험에 합격하고 면허증 발급을 신청한 때부터

병. 면허증을 형제·자매에게 발급한 때부터

정. 실기시험 합격 후 안전교육을 이수한 경우

> **해설** 면허증 발급(「수상레저안전법」 제15조 제2항)
> 조종면허의 효력은 면허증을 본인이나 그 대리인에게 발급한 때부터 발생한다.

544 동력수상레저기구에 대한 압류등록의 촉탁이 있는 경우 해당 등록원부에 기재해야 하는 내용이 아닌 것은?

갑. 촉탁기관

을. 압류원인

병. 압류등록일

 정. 압류등록기관의 연락처

> **해설** 압류등록 등(「수상레저기구의 등록 및 검사에 관한 법률 시행령」 제9조 제1항)
> 시장·군수·구청장은 동력수상레저기구에 대한 압류등록의 촉탁이 있는 경우에는 해당 등록원부에 촉탁기관, 압류원인 및 압류등록일을 기재해야 한다.

545 수상레저사업 등록을 갱신하려는 자는 등록의 유효기간 종료일 며칠 전까지 수상레저사업 등록·갱신 신청서를 제출하여야 하는가?

 갑. 5일

을. 3일

병. 7일

정. 10일

> **해설** 수상레저사업 등록의 갱신(「수상레저안전법 시행규칙」 제34조 제2항)
> 수상레저사업의 등록을 갱신하려는 자는 해당 수상레저사업 등록의 유효기간이 끝나는 날의 5일 전까지 수상레저사업 등록갱신 신청서에 다음의 서류를 첨부하여 관할 해양경찰서장 또는 시장·군수·구청장에게 제출해야 한다.
> • 수상레저사업 등록증
> • 수상레저사업 등록 신청 시 제출한 서류에 변경 사항이 있을 경우 변경된 서류

546 다음 중 주취 중 조종 금지에 대한 내용으로 옳지 않은 것은?

갑. 술에 취하였는지 여부를 측정한 결과에 불복하는 사람에 대하여는 해당 본인의 동의 없이 혈액 채취 등의 방법으로 다시 측정할 수 있다.

을. 수상레저활동을 하는 자는 술에 취한 상태에서는 동력수상레저기구를 조종해서는 안 된다.

병. 「수상레저안전법」에서 말하는 술에 취한 상태는 「해상교통안전법」을 준용하고 있다.

정. 시·군·구 소속 공무원 중 수상레저안전업무에 종사하는 자는 수상레저활동을 하는 자가 술에 취하여 조종을 하였다고 인정할 만한 상당한 이유가 있는 경우에는 술에 취하였는지를 측정할 수 있다.

해설
주취 중 조종 금지(「수상레저안전법」제27조)
① 누구든지 술에 취한 상태(「해상교통안전법」에 따른 술에 취한 상태)에서 동력수상레저기구를 조종하여서는 아니 된다.
② 다음에 해당하는 사람(관계공무원)은 동력수상레저기구를 조종한 사람이 제1항을 위반하였다고 인정할 만한 상당한 이유가 있는 경우에는 술에 취하였는지를 측정할 수 있다. 이 경우 동력수상레저기구를 조종한 사람은 그 측정에 따라야 한다.
  • 경찰공무원
  • 시·군·구 소속 공무원 중 수상레저안전업무에 종사하는 사람
③ 관계공무원(근무복을 착용한 경찰공무원은 제외)이 술에 취하였는지 여부를 측정하는 때에는 그 권한을 표시하는 증표를 지니고 이를 해당 동력수상레저기구를 조종한 사람에게 제시하여야 한다.
④ 술에 취하였는지 여부를 측정한 결과에 불복하는 사람에 대해서는 본인의 동의를 받아 혈액채취 등의 방법으로 다시 측정할 수 있다.

547 동력수상레저기구의 등록사항 중 소유권의 변경 또는 용도의 변경 등과 같이 변경사항이 발생할 경우 며칠 이내에 변경등록을 신청해야 하는가?

갑. 7일 이내　　　　　　　　　　을. 15일 이내

병. 30일 이내　　　　　　　　　　정. 45일 이내

해설
변경등록의 신청 등(「수상레저기구의 등록 및 검사에 관한 법률 시행령」제7조 제1항)
동력수상레저기구의 등록 사항 중 변경이 있는 경우에는 그 소유자나 점유자는 그 변경이 발생한 날부터 30일 이내에 해양수산부령으로 정하는 바에 따라 시장·군수·구청장에게 변경등록을 신청해야 한다.

548 다음 중 1년 이하의 징역 또는 1,000만원 이하의 벌금으로 옳지 않은 것은?

갑. 수상레저사업 등록취소 후 또는 영업정지기간에 수상레저사업을 한 자

 을. 정원을 초과하여 사람을 태우고 수상레저기구를 조종한 자

병. 술에 취한 상태에서 동력수상레저기구를 조종한 자

정. 등록 또는 변경등록을 하지 아니하고 수상레저사업을 한 자

> **해설**
> 과태료의 부과기준(「수상레저안전법 시행령」 별표14)
> 정원을 초과하여 사람을 태우고 수상레저기구를 조종한 경우 과태료 60만원을 부과한다.

549 다음 중 1년 이하의 징역 또는 1,000만원 이하의 벌금에 해당하는 것은?

갑. 등록하지 아니하고 동력수상레저기구를 운항한 자

을. 종사자 교육을 받지 아니한 시험업무 종사자

 병. 조종면허를 받지 아니하고 동력수상레저기구를 조종한 자

정. 고의 또는 중대한 과실로 사실과 다르게 안전검사를 한 자

> **해설**
> 벌칙(「수상레저안전법」 제61조)
> 다음의 어느 하나에 해당하는 자는 1년 이하의 징역 또는 1천만원 이하의 벌금에 처한다.
> • 면허증을 빌리거나 빌려주거나 이를 알선한 자
> • 조종면허를 받지 아니하고 동력수상레저기구를 조종한 사람
> • 술에 취한 상태에서 동력수상레저기구를 조종한 사람
> • 술에 취한 상태라고 인정할 만한 상당한 이유가 있는데도 관계공무원의 측정에 따르지 아니한 사람
> • 약물복용 등으로 인하여 정상적으로 조종하지 못할 우려가 있는 상태에서 동력수상레저기구를 조종한 사람
> • 등록 또는 변경등록을 하지 아니하고 수상레저사업을 한 자
> • 수상레저사업 등록취소 후 또는 영업정지기간에 수상레저사업을 한 자

550 다음 중 6개월 이하의 징역 또는 500만원 이하의 벌금으로 옳지 않은 것은?

갑. 안전검사를 받지 아니하거나 검사에 합격하지 못한 동력수상레저기구를 운항한 자

을. 등록되지 아니하고 동력수상레저기구를 운항한 자

병. 약물복용 등으로 인하여 정상적으로 조종하지 못할 우려가 있는 상태에서 동력수상레저기구를 조종한 자

정. 안전을 위하여 필요한 조치를 하지 아니하거나 금지된 행위를 한 수상레저사업자와 그 종사자

> **해설** 벌칙(「수상레저안전법」 제61조 제5호)
> 약물복용 등으로 인하여 정상적으로 조종하지 못할 우려가 있는 상태에서 동력수상레저기구를 조종한 사람은 1년 이하의 징역 또는 1천만원 이하의 벌금에 처한다.

551 다음 중 6개월 이하의 징역 또는 500만원 이하의 벌금에 해당하는 행위로 옳은 것은?

갑. 정비·원상복구의 명령을 위반한 수상레저사업자

을. 수상레저사업 등록취소 후 또는 영업정지기간에 수상레저사업을 한 자

병. 동력수상레저기구를 취득한 날부터 1개월 이내에 등록신청을 하지 아니한 자

정. 동력수상레저기구의 변경등록을 하지 아니한 자

> **해설** 벌칙(「수상레저안전법」 제62조)
> 다음의 어느 하나에 해당하는 자는 6개월 이하의 징역 또는 500만원 이하의 벌금에 처한다.
> • 정비·원상복구의 명령을 위반한 수상레저사업자
> • 안전을 위하여 필요한 조치를 하지 아니하거나 금지된 행위를 한 수상레저사업자와 그 종사자
> • 영업구역이나 시간의 제한 또는 영업의 일시정지 명령을 위반한 수상레저사업자

552 다음 중 100만원 이하의 과태료에 해당하는 행위로 옳지 않은 것은?

갑. 수상레저활동 시간 외에 수상레저활동을 한 사람

을. 정원을 초과하여 조종한 사람

병. 휴업, 폐업 또는 재개업의 신고를 하지 아니한 수상레저사업자

정. 시정명령을 이행하지 아니한 자

> **해설** 과태료(「수상레저안전법」 제64조 제2항 제8호)
> 시정명령을 이행하지 아니한 사람에게는 50만원 이하의 과태료를 부과한다.

553 다음 중 50만원 이하의 과태료에 해당하는 행위로 옳지 않은 것은?

갑. 운항규칙 등을 준수하지 아니한 자

 을. 등록되지 아니하고 동력수상레저기구를 운항한 자

병. 수상레저기구 변경등록을 하지 아니한 자

정. 원거리 수상레저활동 신고를 하지 아니한 자

> **해설** 을 : 6개월 이하의 징역 또는 500만원 이하의 벌금
>
> **과태료**(「수상레저안전법」 제64조 제2항)
> 다음의 어느 하나에 해당하는 자에게는 50만원 이하의 과태료를 부과한다.
> • 제21조를 위반하여 운항규칙 등을 준수하지 아니한 사람
> • 제23조 제1항을 위반하여 원거리 수상레저활동 신고를 하지 아니한 사람
>
> **과태료**(「수상레저기구의 등록 및 검사에 관한 법률」 제32조 제2항)
> 다음의 어느 하나에 해당하는 자에게는 50만원 이하의 과태료를 부과한다.
> • 제9조를 위반하여 변경등록을 하지 아니한 자
> • 제13조 제2항을 위반하여 등록번호판을 부착하지 아니한 동력수상레저기구를 운항한 자

554 다음 중 100만원 이하의 과태료에 해당하는 행위로 옳지 않은 것은?

 갑. 안전장비를 비치 또는 보유하지 아니하고 동력수상레저기구를 운항한 자

을. 거짓이나 그 밖의 부정한 방법으로 동력수상레저기구 검사대행자로 지정을 받은 자

병. 고의 또는 중대한 과실로 사실과 다르게 안전검사를 한 자

정. 신고한 이용요금 외의 금품을 받거나 신고사항을 게시하지 아니한 수상레저사업자

> **해설** 갑 : 50만원 이하의 과태료 부과
>
> **과태료**(「수상레저안전법」 제64조 제1항 제6호)
> 신고한 이용요금 외의 금품을 받거나 신고사항을 게시하지 아니한 수상레저사업자에게는 100만원 이하의
> 과태료를 부과한다.
>
> **과태료**(「수상레저기구의 등록 및 검사에 관한 법률」 제32조 제1항)
> 다음의 어느 하나에 해당하는 자에게는 100만원 이하의 과태료를 부과한다.
> • 거짓이나 그 밖의 부정한 방법으로 제18조제1항에 따른 검사대행자로 지정을 받은 자
> • 제19조 제1항 제2호에 따라 고의 또는 중대한 과실로 사실과 다르게 안전검사를 한 자

555 다음 「수상레저안전법」상 위반 사례 중 가장 무거운 벌칙으로 옳은 것은?

갑. 등록되지 아니한 동력수상레저기구를 운항한 자

을. 술에 취한 상태라고 인정할 만한 상당한 이유가 있는데도 관계 공무원의 측정에 따르지 아니한 사람

병. 안전검사를 받지 아니하고 동력수상레저기구를 운항한 사람

정. 영업구역이나 시간의 제한을 위반한 수상레저사업자

> **해설** 벌칙(「수상레저안전법」 제61조)
> • 을 : 1년 이하의 징역 또는 1천만원 이하의 벌금
>
> 벌칙(「수상레저안전법」 제62조)
> • 정 : 6개월 이하의 징역 또는 500만원 이하의 벌금
>
> 벌칙(「수상레저기구의 등록 및 검사에 관한 법률」 제30조)
> • 갑·병 : 6개월 이하의 징역 또는 500만원 이하의 벌금

556 다음 중 50만원 이하의 과태료로 옳지 않은 것은?

갑. 일시정지나 면허증·신분증의 제시명령을 거부한 자

을. 보험 등에 가입하지 아니한 수상레저사업자

병. 시정명령을 이행하지 아니한 자

정. 조종면허가 취소된 자가 조종면허가 취소된 날로부터 7일 이내에 면허증을 반납하지 아니한 자

> **해설** 과태료(「수상레저안전법」 제64조 제1항 제9호)
> 보험 등에 가입하지 아니한 수상레저사업자에게는 100만원 이하의 과태료를 부과한다.

557 다음 중 50만원 이하의 과태료에 해당하는 행위로 옳지 않은 것은?

갑. 신고한 이용요금 외의 금품을 받거나 신고사항을 게시하지 아니한 수상레저사업자

을. 수상레저기구 변경등록을 하지 아니한 자

병. 수상레저기구의 말소등록의 최고를 받고 그 기간 이내에 이를 이행하지 아니한 자

정. 보험 등에 가입하지 아니한 자

> **해설** 과태료(「수상레저안전법」 제64조 제1항 제6호)
> 신고한 이용요금 외의 금품을 받거나 신고사항을 게시하지 아니한 수상레저사업자에게는 100만원 이하의 과태료를 부과한다.

558 다음 중 50만원 이하의 과태료로 옳지 않은 것은?

갑. 안전검사필증을 부착하지 아니한 자

을. 변경등록을 하지 아니한 자

병. 등록번호판을 부착하지 아니한 동력수상레저기구를 운항한 자

정. 시험운항허가증을 반납하지 아니한 자

> **해설** 과태료(「수상레저기구의 등록 및 검사에 관한 법률」 제32조 제1항 제2호)
> 등록번호판을 부착하지 아니한 동력수상레저기구를 운항한 자에게는 100만원 이하의 과태료를 부과한다.

559 해양경찰서장이 야간 수상레저활동 시간을 조정해야 하는 범위로 옳은 것은?

갑. 해지기 전 30분부터 23시까지

을. 해진 후부터 24시까지

병. 해진 후 30분부터 23시까지

정. 해진 후 30분부터 24시까지

> **해설** 야간 수상레저활동시간의 조정(「수상레저안전법 시행규칙」 제30조)
> 해양경찰서장이나 시장·군수·구청장은 해가 진 후 30분부터 24시까지의 범위에서 야간 수상레저활동의 시간을 조정해야 한다.

560 요트조종면허 실기시험에 대한 설명으로 옳지 않은 것은?

갑. 실기시험 진행 중에 감점 사항을 즉시 알리면 응시자를 불안하게 할 수 있으므로 감점사유 발생 시 채점표에 표시만 한다.

을. 실기시험이 끝난 후 응시자가 채점 내용의 확인을 요청하는 경우에 책임운영자 등이 해당 내용을 설명해야 한다.

병. 운항코스 시험은 충돌 위험이 있거나 진로를 방해할 수 있는 양식장, 항로표지 등이 없는 개방 수역에서 실시되어야 한다.

정. 입항 시 지정 계류석으로부터 50미터의 거리에서 5노트 이하로 속도를 낮추어야 한다.

 입항 시 지정 계류석으로부터 50미터의 거리에서 3노트 이하로 속도를 낮추어야 한다.

561 「선박의 입항 및 출항 등에 관한 법률」상 용어의 정의가 옳은 것은 모두 몇 개인가?

① "정박(碇泊)"이란 선박이 해상에서 닻을 바다 밑바닥에 내려놓고 운항을 멈추는 것
② "정류(停留)"란 선박이 운항을 중지하고 정박하거나 계류하는 것
③ "계류(繫留)"란 선박이 해상에서 일시적으로 운항을 멈추는 것
④ "계선(繫船)"이란 선박을 다른 시설에 붙들어 매어 놓는 것

갑. 1개   을. 2개
병. 3개   정. 4개

 정의(「선박의 입항 및 출항 등에 관한 법률」 제2조)
• "정박"이란 선박이 해상에서 닻을 바다 밑바닥에 내려놓고 운항을 멈추는 것을 말한다.
• "정류"란 선박이 해상에서 일시적으로 운항을 멈추는 것을 말한다.
• "계류"란 선박을 다른 시설에 붙들어 매어 놓는 것을 말한다.
• "계선"이란 선박이 운항을 중지하고 정박하거나 계류하는 것을 말한다.

562 무역항의 항로에 정박할 수 없는 경우로 옳지 않은 것은?

 갑. 도선선이 입항 선박들을 위해 대기 중인 경우

을. 해양수산부장관의 허가를 얻어 공사 중인 경우

병. 조타기 고장으로 선박 조종이 불가능한 경우

정. 인명구조에 종사하는 경우

> **해설** 항로에서의 정박 등 금지(「선박의 입항 및 출항 등에 관한 법률」 제11조)
> - 선장은 항로에 선박을 정박 또는 정류시키거나 예인되는 선박 또는 부유물을 내버려두어서는 아니 된다. 다만, 다음의 어느 하나(법 제6조 제2항)에 해당하는 경우는 그러하지 아니하다.
>   - 「해양사고의 조사 및 심판에 관한 법률」 제2조 제1호에 따른 해양사고를 피하기 위한 경우
>   - 선박의 고장이나 그 밖의 사유로 선박을 조종할 수 없는 경우
>   - 인명을 구조하거나 급박한 위험이 있는 선박을 구조하는 경우
>   - 제41조에 따른 허가를 받은 공사 또는 작업에 사용하는 경우
> - 제6조 제2항 제1호부터 제3호까지의 사유로 선박을 항로에 정박시키거나 정류시키려는 자는 그 사실을 관리청에 신고하여야 한다. 이 경우 제2호에 해당하는 선박의 선장은 「해상교통안전법」 제92조 제1항에 따른 조종불능선 표시를 하여야 한다.

563 「선박의 입항 및 출항 등에 관한 법률」상 우선피항선으로 볼 수 없는 것은?

갑. 주로 노와 삿대로 운전하는 선박

을. 예 선

 병. 예인선에 결합되어 운항하는 압항부선(押航艀船)

정. 총톤수 20톤 미만의 선박

> **해설** 정의(「선박의 입항 및 출항 등에 관한 법률」 제2조 제5호)
> "우선피항선"(優先避航船)이란 주로 무역항의 수상구역에서 운항하는 선박으로서 다른 선박의 진로를 피하여야 하는 다음의 선박을 말한다.
> - 「선박법」 제1조의2 제1항 제3호에 따른 부선(艀船)[예인선이 부선을 끌거나 밀고 있는 경우의 예인선 및 부선을 포함하되, 예인선에 결합되어 운항하는 압항부선(押航艀船)은 제외]
> - 주로 노와 삿대로 운전하는 선박
> - 예 선
> - 「항만운송사업법」 제26조의3 제1항에 따라 항만운송관련사업을 등록한 자가 소유한 선박
> - 「해양환경관리법」 제70조 제1항에 따라 해양환경관리업을 등록한 자가 소유한 선박 또는 「해양폐기물 및 해양오염퇴적물 관리법」 제19조 제1항에 따라 해양폐기물관리업을 등록한 자가 소유한 선박(폐기물 해양배출업으로 등록한 선박은 제외)
> - 가목부터 마목까지의 규정에 해당하지 아니하는 총톤수 20톤 미만의 선박

564 「선박의 입항 및 출항 등에 관한 법률」상 화재 시 경보방법으로 옳은 것은?

갑. 기적이나 사이렌을 단음(1초) 5회

~~을.~~ 기적이나 사이렌을 장음(4~6초) 5회

병. 기적이나 사이렌을 단음(1초) 3회, 장음(4~6초) 3회

정. 기적이나 사이렌을 단음(1초) 4회, 장음(4~6초) 4회

 화재 시 경보방법(「선박의 입항 및 출항 등에 관한 법률 시행규칙」 제29조)
- 화재를 알리는 경보는 기적(汽笛)이나 사이렌을 장음(4초에서 6초까지의 시간 동안 계속되는 울림)으로 5회 울려야 한다.
- 경보는 적당한 간격을 두고 반복하여야 한다.

565 「선박의 입항 및 출항 등에 관한 법률」에 의한 무역항에 대한 설명으로 가장 옳은 것은?

갑. 유람선이 상시 출입할 수 있는 항

을. 외국적 선박이 상시 출입할 수 있는 항

병. 내국적 선박이 상시 출입할 수 있는 항

~~정.~~ 국민경제와 공공의 이해에 밀접한 관계가 있고, 주로 외항선이 입항·출항하는 항만

 정의(「선박의 입항 및 출항 등에 관한 법률」 제2조 제1호)
"무역항"이란 국민경제와 공공의 이해(利害)에 밀접한 관계가 있고, 주로 외항선이 입항·출항하는 항만으로서 제3조 제1항에 따라 대통령령으로 정하는 항만을 말한다.

566 다음 빈칸 안에 들어갈 말로 옳은 것은?

> 「선박의 입항 및 출항 등에 관한 법률」상 모든 선박은 항로를 항행하는 위험물운송선박(급유선은 제외한다) 또는 (   )의 진로를 방해하지 않아야 한다.

갑. 조종불능선

~~을.~~ 흘수제약선

병. 조종제한선

정. 어로에 종사하고 있는 선박

 항로에서의 항법(「선박의 입항 및 출항 등에 관한 법률」 제12조 제1항 제5호)
모든 선박은 항로를 항행하는 위험물운송선박(선박 중 급유선 제외) 또는 「해상교통안전법」 흘수제약선(吃水制約船)의 진로를 방해하지 아니하여야 한다.

567 「선박의 입항 및 출항 등에 관한 법률」상 항로에서의 항법이 아닌 것은?

갑. 항로에서 다른 선박과 나란히 항행하지 아니할 것

을. 다른 선박과 마주칠 우려가 있는 경우에는 왼쪽으로 항행할 것

병. 다른 선박을 추월하지 아니할 것

정. 범선은 항로에서 지그재그 항행하지 아니할 것

> **해설** 항로에서 다른 선박과 마주칠 우려가 있는 경우에는 오른쪽으로 항행할 것
>
> 항로에서의 항법(「선박의 입항 및 출항 등에 관한 법률」 제12조 제1항)
> 모든 선박은 항로에서 다음의 항법에 따라 항행하여야 한다.
> - 항로 밖에서 항로에 들어오거나 항로에서 항로 밖으로 나가는 선박은 항로를 항행하는 다른 선박의 진로를 피하여 항행할 것
> - 항로에서 다른 선박과 나란히 항행하지 아니할 것
> - 항로에서 다른 선박과 마주칠 우려가 있는 경우에는 오른쪽으로 항행할 것
> - 항로에서 다른 선박을 추월하지 아니할 것. 다만, 추월하려는 선박을 눈으로 볼 수 있고 안전하게 추월할 수 있다고 판단되는 경우에는 「해상교통안전법」에 따른 방법으로 추월할 것
> - 항로를 항행하는 위험물운송선박(선박 중 급유선은 제외) 또는 「해상교통안전법」에 따른 흘수제약선(吃水制約船)의 진로를 방해하지 아니할 것
> - 「선박법」에 따른 범선은 항로에서 지그재그(Zigzag)로 항행하지 아니할 것

568 빈칸 안에 들어갈 알맞은 말로 옳은 것은?

> 무역항의 수상구역 등이나 수상구역 밖 (   )이내의 수면에 선박의 안전운항을 해칠 우려가 있는 흙·돌·나무·어구 등 폐기물을 버려서는 아니 된다.

갑. 10해리

을. 5해리

병. 10km

정. 5km

> **해설** 폐기물의 투기 금지 등(「선박의 입항 및 출항 등에 관한 법률」 제38조 제1항)
> 누구든지 무역항의 수상구역등이나 무역항의 수상구역 밖 10킬로미터 이내의 수면에 선박의 안전운항을 해칠 우려가 있는 흙·돌·나무·어구(漁具) 등 폐기물을 버려서는 아니 된다.

569 무역항의 항로에서 항법으로 옳지 않은 것은?

갑. 항로 안에서 병렬 항행금지

을. 위험물 적재선박, 흘수제약선의 진로방해 금지

병. 추월의 금지

정. 마주칠 때 좌측 항행

> **해설**
> 항로에서의 항법(「선박의 입항 및 출항 등에 관한 법률」 제12조 제1항 제3호)
> 항로에서 다른 선박과 마주칠 우려가 있는 경우에는 오른쪽으로 항행할 것

570 「선박의 입항 및 출항 등에 관한 법률」상 방파제부근에서의 항법설명 중 괄호안에 알맞은 것을 고르시오.

> 무역항의 수상구역등에 입항하는 선박이 방파제 입구 등에서 출항하는 선박과 마주칠 우려가 있는 경우에는 방파제 (   )에서 (   )하는 선박의 진로를 피하여야 한다.

갑. 밖, 출항   을. 안, 출항

병. 밖, 입항   정. 안, 입항

> **해설**
> 방파제 부근에서의 항법(「선박의 입항 및 출항 등에 관한 법률」 제13조)
> 무역항의 수상구역 등에 입항하는 선박이 방파제 입구 등에서 출항하는 선박과 마주칠 우려가 있는 경우에는 방파제 밖에서 출항하는 선박의 진로를 피하여야 한다.

571 빈칸 안에 들어갈 알맞은 말로 옳은 것은?

> 무역항의 수상구역 등에서 예인선은 한꺼번에 (   )척 이상을 예항하면 안 된다.

갑. 2척   을. 3척

병. 5척   정. 제한 없음

> **해설**
> 예인선의 항법 등(「선박의 입항 및 출항 등에 관한 법률 시행규칙」 제9조 제1항)
> 예인선이 무역항의 수상구역등에서 다른 선박을 끌고 항행하는 경우에는 다음에서 정하는 바에 따라야 한다.
> • 예인선의 선수(船首)로부터 피(被)예인선의 선미(船尾)까지의 길이는 200미터를 초과하지 아니할 것. 다만, 다른 선박의 출입을 보조하는 경우에는 그러하지 아니하다.
> • 예인선은 한꺼번에 3척 이상의 피예인선을 끌지 아니할 것

572 「선박의 입항 및 출항에 관한 법률」상 항법을 설명한 것이다. 빈칸 안에 들어갈 알맞은 말은?

> 선박이 무역항의 수상구역등에서 해안으로 길게 뻗어 나온 육지 부분, 부두, 방파제 등 인공 시설의 튀어나온 부분 또는 정박 중인 선박을 (㉠) 뱃전에 두고 항행할 때에는 부두 등에 접근하여 항행하고, 부두 등을 (㉡) 뱃전에 두고 항행할 때에는 멀리 떨어져서 항행하여야 한다.

갑. ㉠ 오른쪽 ㉡ 오른쪽   **을. ㉠ 오른쪽 ㉡ 왼쪽**
병. ㉠ 왼쪽 ㉡ 오른쪽   정. ㉠ 왼쪽 ㉡ 왼쪽

 부두 등 부근에서의 항법(「선박의 입항 및 출항 등에 관한 법률」 제14조)
선박이 무역항의 수상구역 등에서 해안으로 길게 뻗어 나온 육지 부분, 부두, 방파제 등 인공시설물의 튀어나온 부분 또는 정박 중인 선박(부두 등)을 오른쪽 뱃전에 두고 항행할 때에는 부두등에 접근하여 항행하고, 부두 등을 왼쪽 뱃전에 두고 항행할 때에는 멀리 떨어져서 항행하여야 한다.

573 다음 중 선박이 해상에서 일시적으로 운항을 정지한 상태인 것은?

갑. 정 박   **을. 정 류**
병. 계 류   정. 계 선

 정의(「선박의 입항 및 출항 등에 관한 법률」 제2조 제8호)
"정류"(停留)란 선박이 해상에서 일시적으로 운항을 멈추는 것을 말한다.

574 다음 중 선박이 운항을 중지하고 장기간 정박하거나 계류하는 것은?

갑. 정 박   을. 정 류
병. 계 류   **정. 계 선**

 정의(「선박의 입항 및 출항 등에 관한 법률」 제2조 제10호)
"계선"(繫船)이란 선박이 운항을 중지하고 정박하거나 계류하는 것을 말한다.

575 「선박의 입항 및 출항에 관한 법률」상 해양사고 등이 발생한 경우의 조치로 옳지 않은 것은?

갑. 원칙적으로 조치의무자는 조난선의 선장이다.

을. 조난선의 선장은 즉시 항로표지를 설치하는 등 필요한 조치를 하여야 한다.

병. 선박의 소유자 또는 임차인은 위험 예방조치비용을 위험 예방조치가 종료된 날부터 7일 이내에 지방 해양수산청장 또는 시·도지사에게 납부하여야 한다.

정. 조난선의 선장이 필요한 조치를 할 수 없을 때에는 해양수산부령으로 정하는 바에 따라 해양수산부장관에게 필요한 조치를 요청할 수 있다.

> **해설** 위험 예방조치 비용의 산정 및 납부(「선박의 입항 및 출항 등에 관한 법률 시행규칙」 제23조 제2항)
> 선박의 소유자 또는 임차인은 제1항에 따라 산정된 위험 예방조치 비용을 항로표지의 설치 등 위험 예방조치가 종료된 날부터 5일 이내에 지방해양수산청장 또는 시·도지사에게 납부하여야 한다.

576 다음 중 무역항의 수상구역 등의 항로에서의 항법으로 옳지 않은 것은?

갑. 선박은 항로에서 나란히 항행하지 못한다.

을. 선박이 항로에서 다른 선박과 마주칠 우려가 있는 경우에는 오른쪽으로 항행하여야 한다.

병. 선박은 항로에서 다른 선박을 추월해서는 안 된다.

정. 동력선이 입항할 때 무역항의 방파제의 입구 또는 입구 부근에서 출항하는 선박과 마주칠 우려가 있는 경우에는 출항하는 동력선이 방파제 안에서 입항하는 선박의 진로를 피해야 한다.

> **해설** 방파제 부근에서의 항법(「선박의 입항 및 출항 등에 관한 법률」 제13조)
> 역항의 수상구역등에 입항하는 선박이 방파제 입구 등에서 출항하는 선박과 마주칠 우려가 있는 경우에는 방파제 밖에서 출항하는 선박의 진로를 피하여야 한다.

577 「선박의 입항 및 출항 등에 관한 법률」상 예인선의 항법 설명 중 ( ) 안에 알맞은 것은?

> 1. 예인선의 선수로부터 피예인선의 선미까지의 길이는 (㉠)미터를 초과하지 아니할 것. 다만, 다른 선박의 출입을 보조하는 경우에는 그러하지 아니하다.
> 2. 예인선은 한꺼번에 (㉡)척 이상의 피예인선을 끌지 아니할 것

갑. ㉠ 100미터 ㉡ 2척
을. ㉠ 100미터 ㉡ 3척
병. ㉠ 200미터 ㉡ 2척
정. ㉠ 200미터 ㉡ 3척

해설 예인선 등의 항법(「선박의 입항 및 출항 등에 관한 법률 시행규칙」 제9조)
예인선이 무역항의 수상구역등에서 다른 선박을 끌고 항행하는 경우에는 다음에서 정하는 바에 따라야 한다.
• 예인선의 선수(船首)로부터 피(被)예인선의 선미(船尾)까지의 길이는 200미터를 초과하지 아니할 것. 다만, 다른 선박의 출입을 보조하는 경우에는 그러하지 아니하다.
• 예인선은 한꺼번에 3척 이상의 피예인선을 끌지 아니할 것

578 다음 중 「선박의 입항 및 출항 등에 관한 법률」상 무역항에서 예선업의 등록에 관한 내용으로 가장 옳은 것은?

갑. 예선업은 「선박법」에 의하여 해양수산부장관 또는 시·도지사에게 등록하여야 한다.
을. 예선업은 「해운법」에 의하여 해양수산부장관 또는 시·도지사에게 등록하여야 한다.
병. 예선업은 「항만법」에 의하여 해양수산부장관 또는 시·도지사에게 등록하여야 한다.
정. 예선업은 「선박의 입항 및 출항 등에 관한 법률」에 의하여 해양수산부장관 또는 시·도지사에게 등록하여야 한다.

해설 예선업의 등록 신청 등(「선박의 입항 및 출항 등에 관한 법률 시행규칙」 제10조 제1항)
예선업의 등록을 하려는 자는 예선업 등록신청서(전자문서를 포함한다)에 서류를 첨부하여 지방해양수산청장 또는 시·도지사에게 제출하여야 한다.

579 선박의 입항 및 출항에 관한 법률상 선박의 출입 통로로 이용하기 위하여 지정·고시한 수로를 나타내는 말로 옳은 것은?

갑. 협수로　　　　　　　　　　　　　을. 침 로
병. 지정로　　　　　　　　　　　　　정. 항 로

 정의(「선박의 입항 및 출항 등에 관한 법률」 제2조 제11호)
• "항로"란 선박의 출입 통로로 이용하기 위하여 제10조에 따라 지정·고시한 수로를 말한다.

580 무역항의 수상구역 등이나 수상구역 부근에서 선박의 항행을 방해하는 장애물을 발견한 경우 그 장애물을 소유자 또는 점유자에게 제거를 명할 수 있는 자로 옳은 것은?

갑. 해양수산부장관　　　　　　　　　을. 경찰서장
병. 시장·군수·구청장　　　　　　　정. 동 장

 장애물의 제거(「선박의 입항 및 출항 등에 관한 법률」 제40조 제1항)
관리청은 무역항의 수상구역등이나 무역항의 수상구역 부근에서 선박의 항행을 방해하거나 방해할 우려가 있는 물건(이하 "장애물")을 발견한 경우에는 그 장애물의 소유자 또는 점유자에게 제거를 명할 수 있다.

정의(「선박의 입항 및 출항 등에 관한 법률」 제2조 제2호의2)
관리청은 무역항의 수상구역 등에서 선박의 입항 및 출항 등에 관한 행정업무를 수행하는 행정관청으로 국가관리무역항은 해양수산부장관, 지방관리무역항은 시·도지사이다.

581 무역항의 수상구역 등이나 수상구역 부근에서 공사 또는 작업을 하려는 자가 허가를 받아야 하는 대상으로 옳은 것은?

갑. 해양수산부장관　　　　　　　　　을. 해양경찰청장
병. 해양경찰서장　　　　　　　　　　정. 시장·군수·구청장

 공사 등의 허가(「선박의 입항 및 출항 등에 관한 법률」 제41조 제1항)
무역항의 수상구역 등이나 무역항의 수상구역 부근에서 대통령령으로 정하는 공사 또는 작업을 하려는 자는 해양수산부령으로 정하는 바에 따라 관리청의 허가를 받아야 한다.

정의(「선박의 입항 및 출항 등에 관한 법률」 제2조 제2호의2)
관리청은 무역항의 수상구역 등에서 선박의 입항 및 출항 등에 관한 행정업무를 수행하는 행정관청으로 국가관리무역항은 해양수산부장관, 지방관리무역항은 시·도지사이다.

582 무역항의 수상구역 등에서 선박교통에 방해가 될 우려가 있는 행위로 옳지 않은 것은?

갑. 어로행위

을. 강력한 불빛

병. 공사 또는 작업

정. 어구의 이동

 해설

공사 등의 허가(「선박의 입항 및 출항 등에 관한 법률」 제41조 제1항)
무역항의 수상구역 등이나 무역항의 수상구역 부근에서 대통령령으로 정하는 공사 또는 작업을 하려는 자는 해양수산부령으로 정하는 바에 따라 관리청의 허가를 받아야 한다.

어로의 제한(「선박의 입항 및 출항 등에 관한 법률」 제44조)
누구든지 무역항의 수상구역 등에서 선박교통에 방해가 될 우려가 있는 장소 또는 항로에서는 어로(어구 등의 설치를 포함)를 하여서는 아니 된다.

불빛의 제한(「선박의 입항 및 출항 등에 관한 법률」 제45조 제1항)
누구든지 무역항의 수상구역 등이나 무역항의 수상구역 부근에서 선박교통에 방해가 될 우려가 있는 강력한 불빛을 사용하여서는 아니 된다.

583 「선박의 입항 및 출항 등에 관한 법률」상 무역항의 수상구역 등에서 선박 항행 최고속력을 지정할 것을 요청할 수 있는 자는?

갑. 시 장

을. 도지사

병. 해수부장관

정. 해양경찰청장

 해설

속력 등의 제한(「선박의 입항 및 출항 등에 관한 법률」 제17조 제2항)
해양경찰청장은 선박이 빠른 속도로 항행하여 다른 선박의 안전 운항에 지장을 초래할 우려가 있다고 인정하는 무역항의 수상구역 등에 대하여는 관리청에 무역항의 수상구역 등에서의 선박 항행 최고속력을 지정할 것을 요청할 수 있다.

정의(「선박의 입항 및 출항 등에 관한 법률」 제2조 제2호의2)
관리청은 무역항의 수상구역 등에서 선박의 입항 및 출항 등에 관한 행정업무를 수행하는 행정관청으로 국가관리무역항은 해양수산부장관, 지방관리무역항은 시ㆍ도지사이다.

584 해상교통안전법상 선박의 항행안전을 확보하기 위하여 한쪽 방향으로만 항행할 수 있도록 되어 있는 일정한 범위의 수역은 무엇인가?

갑. 분리선

을. 연안 통로대

병. 항로지정제도

정. 통항로

 정의(「해상교통안전법」 제2조 제16호)
"통항로(通航路)"란 선박의 항행안전을 확보하기 위하여 한쪽 방향으로만 항행할 수 있도록 되어 있는 일정한 범위의 수역을 말한다.

585 「선박의 입항 및 출항 등에 관한 법률」상 선박은 무역항의 수상구역 등의 장소에는 정박하거나 정류하지 못하는데, 이에 대해 예외적으로 무역항 수상구역 등에서 선박이 정박하거나 정류할 수 있는 사유로 옳지 않은 것은?

갑. 해양사고를 피하기 위한 경우

을. 허가를 받은 공사 또는 작업에 사용하는 경우

병. 인명을 구조하거나 급박한 위험이 있는 선박을 구조하는 경우

정. 무역항을 효율적으로 운영하기 위하여 필요하다고 판단되는 경우

 정박의 제한 및 방법 등(「선박의 입항 및 출항 등에 관한 법률」 제6조 제2항)
다음의 경우에는 정박하거나 정류할 수 있다.
• 해양사고를 피하기 위한 경우
• 선박의 고장이나 그 밖의 사유로 선박을 조종할 수 없는 경우
• 인명을 구조하거나 급박한 위험이 있는 선박을 구조하는 경우
• 허가를 받은 공사 또는 작업에 사용하는 경우

586 「선박의 입항 및 출항 등에 관한 법률」상 무역항을 출항한 선박이 피난, 수리 또는 그 밖의 사유로 출항 후 몇 시간 이내에 귀항하는 경우에는 관리청에 서면 또는 전자적 방법으로 제출하여야 하는가?

갑. 12시간　　　　　　　　　　　　　　을. 24시간

병. 36시간　　　　　　　　　　　　　　정. 48시간

> **해설** 출입신고(「선박의 입항 및 출항 등에 관한 법률 시행령」 제2조 제3호)
> 무역항을 출항한 선박이 피난, 수리 또는 그 밖의 사유로 출항 후 12시간 이내에 출항한 무역항으로 귀항하는 경우에는 그 사실을 적어 서면 또는 전자적 방법으로 관리청에 제출할 것

587 선박의 입항 및 출항 등에 관한 법률상 무역항의 수상구역 등에 계선하려는 자가 신고하여야 하는 선박의 총톤수로 옳은 것은?

갑. 10톤　　　　　　　　　　　　　　을. 20톤

병. 30톤　　　　　　　　　　　　　　정. 100톤

> **해설** 선박의 계선 신고 등(「선박의 입항 및 출항 등에 관한 법률」 제7조 제1항)
> 총톤수 20톤 이상의 선박을 무역항의 수상구역등에 계선하려는 자는 해양수산부령으로 정하는 바에 따라 관리청에 신고하여야 한다.

588 「해상교통안전법」에서 정하고 있는 항로에서의 금지행위로 옳지 않은 것은?

갑. 선박의 방치　　　　　　　　　　　을. 어망의 설치

병. 어구의 투기　　　　　　　　　　　정. 폐기물의 투기

> **해설** 항로 등의 보전(「해상교통안전법」 제33조 제1항)
> 누구든지 항로에서 다음의 어느 하나에 해당하는 행위를 하여서는 아니 된다.
> • 선박의 방치
> • 어망 등 어구의 설치나 투기

589 「선박의 입항 및 출항 등에 관한 법률」상 수로의 보전을 설명한 내용 중 옳지 않은 것은 모두 몇 개인가?

> ○ 누구든지 무역항의 수상구역 등이나 무역항의 수상구역 밖 5km 이내의 수면에 선박의 안전운항을 해칠 우려가 있는 흙·돌·나무·어구(漁具) 등 폐기물을 버려서는 아니 된다.
> ○ 관리청은 무역항의 수상구역 등이나 무역항의 수상구역 부근에서 선박의 항행을 방해하거나 방해할 우려가 있는 물건을 발견한 경우에는 그 장애물의 소유자 또는 점유자에게 제거를 명할 수 있다.
> ○ 무역항의 수상구역 등이나 무역항의 수상구역 부근에서 해양수산부령으로 정하는 공사 또는 작업을 하려는 자는 관리청에 신고하여야 한다.
> ○ 무역항의 수상구역 등에서 선박경기 등 대통령령으로 정하는 행사를 하려는 자는 관리청의 허가를 받아야 한다.
> ○ 누구든지 무역항의 수상구역 등에서 선박교통에 방해가 될 우려가 있는 장소 또는 항로에서는 어로(어구 등의 설치를 제외한다)를 하여서는 아니 된다.

갑. 1개
을. 2개
병. 3개
정. 4개

 해설
○ 「선박의 입항 및 출항 등에 관한 법률」 제38조 제1항에 의하면 누구든지 무역항의 수상구역등이나 무역항의 수상구역 밖 10킬로미터 이내의 수면에 선박의 안전운항을 해칠 우려가 있는 흙·돌·나무·어구(漁具) 등 폐기물을 버려서는 아니 된다.
○ 「선박의 입항 및 출항 등에 관한 법률」 제41조 제1항에 의하면 무역항의 수상구역 등이나 무역항의 수상구역 부근에서 대통령령으로 정하는 공사 또는 작업을 하려는 자는 해양수산부령으로 정하는 바에 따라 관리청의 허가를 받아야 한다.
○ 「선박의 입항 및 출항 등에 관한 법률」 제44조에 의하면 누구든지 무역항의 수상구역 등에서 선박교통에 방해가 될 우려가 있는 장소 또는 항로에서는 어로(어구 등의 설치를 포함)를 하여서는 아니 된다.

590 선박의 입항 및 출항 등에 관한 법률상 무역항의 수상구역 안에서 다른 선박의 장음 5회의 기적 또는 사이렌 소리를 울린다면, 어떤 상황인가?

갑. 선박이 출항을 하고 있다.
을. 여객선의 비상소집 신호이다.
병. 선박에 화재가 발생하여 화재를 알리고 있다.
정. 선박이 정박하기 위하여 정박지로 향하고 있다.

해설
화재 시 경보방법(「선박의 입항 및 출항 등에 관한 법률 시행규칙」 제29조 제1항)
화재를 알리는 경보는 기적(汽笛)이나 사이렌을 장음(4초에서 6초까지의 시간 동안 계속되는 울림)으로 5회 울려야 한다.

591 「해상교통안전법」상 용어 정의와 관련하여 다음 빈칸 안에 들어갈 말로 옳은 것은?

> 거대선(巨大船)이란 길이 (㉠) 이상의 선박을 말하고, 고속여객선이란 시속 (㉡) 이상으로 항행하는 여객선을 말한다.

갑. ㉠ 100m ㉡ 10노트   을. ㉠ 100m ㉡ 15노트
병. ㉠ 200m ㉡ 10노트   정. ㉠ 200m ㉡ 15노트

 정의(「해상교통안전법」 제2조)
• "거대선"(巨大船)이란 길이 200미터 이상의 선박을 말한다.
• "고속여객선"이란 시속 15노트 이상으로 항행하는 여객선을 말한다.

592 「해상교통안전법」상 용어의 정의에 대한 설명이다. 옳은 것은 모두 몇 개인가?

> ㉠ 통항로란 통항분리수역의 육지 쪽 경계선과 해안 사이의 수역을 말한다.
> ㉡ 항로지정제도란 선박이 통항하는 항로, 속력 및 그 밖에 선박 운항에 관한 사항을 지정하는 제도를 말한다.
> ㉢ 연안통항대란 서로 다른 방향으로 진행하는 통항로를 나누는 선 또는 일정한 폭의 수역을 말한다.
> ㉣ 통항분리제도란 선박의 충돌을 방지하기 위하여 통항로를 설정하거나 그 밖의 적절한 방법으로 한쪽 방향으로만 항행할 수 있도록 항로를 분리하는 제도를 말한다.

갑. 1개   을. 2개
병. 3개   정. 4개

 정의(「해상교통안전법」 제2조)
• "통항로"(通航路)란 선박의 항행안전을 확보하기 위하여 한쪽 방향으로만 항행할 수 있도록 되어 있는 일정한 범위의 수역을 말한다.
• "항로지정제도"란 선박이 통항하는 항로, 속력 및 그 밖에 선박 운항에 관한 사항을 지정하는 제도를 말한다.
• "통항분리제도"란 선박의 충돌을 방지하기 위하여 통항로를 설정하거나 그 밖의 적절한 방법으로 한쪽 방향으로만 항행할 수 있도록 항로를 분리하는 제도를 말한다.
• "연안통항대"(沿岸通航帶)란 통항분리수역의 육지 쪽 경계선과 해안 사이의 수역을 말한다.

593 「해상교통안전법」상 해양수산부장관은 해상교통량이 아주 많은 해역이나 거대선, 위험화물운반선, 고속여객선 등의 통항이 잦은 해역으로서 대형 해양사고가 발생할 우려가 있는 해역(이하 "교통안전특정해역"이라 한다)을 설정할 수 있는데 다음 중 교통안전특정해역으로 옳지 않은 것은?

갑. 인천구역   을. 포항구역

병. 목포구역   정. 여수구역

교통안전특정해역의 범위(「해상교통안전법 시행령」 별표1)
교통안전특정해역은 인천구역, 부산구역, 울산구역, 포항구역, 여수구역으로 나뉜다.

594 다음 중 「해상교통안전법」에 따른 선박의 "항행 중"에 해당하는 것은?

갑. 안벽에 계류 중인 상태   을. 표류 중인 상태

병. 정박 중인 상태   정. 얹혀 있는 상태

정의(「해상교통안전법」 제2조 제19호)
"항행 중"이란 선박이 다음의 어느 하나에 해당하지 아니하는 상태를 말한다.
- 정박(碇泊)
- 항만의 안벽(岸壁) 등 계류시설에 매어 놓은 상태[계선부표(繫船浮標)나 정박하고 있는 선박에 매어 놓은 경우를 포함]
- 얹혀 있는 상태

595 「해상교통안전법」에 따른 거대선이란 길이 몇 미터 이상의 선박을 말하는가?

갑. 50미터   을. 100미터

병. 150미터   정. 200미터

정의(「해상교통안전법」 제2조 제5호)
"거대선"(巨大船)이란 길이 200미터 이상의 선박을 말한다.

596 선박의 입항 입항 및 출항 등에 관한 법률상 출입 신고가 제외되는 선박이 아닌 것은?

갑. 총톤수 10톤 어선

을. 해양사고 구조에 사용되는 선박

병. 국내항 간을 운항하는 모터보트

정. 항만의 효율성을 위하여 해양수산부령으로 정하는 선박

> **해설** 출입신고(「선박의 입항 및 출항 등에 관한 법률」 제4조 제1항)
> 무역항의 수상구역등에 출입하려는 선박의 선장(이하 이 조에서 "선장"이라 함)은 대통령령으로 정하는 바에 따라 관리청에 신고하여야 한다. 다만, 다음의 선박은 출입 신고를 하지 아니할 수 있다.
> • 총톤수 5톤 미만의 선박
> • 해양사고구조에 사용되는 선박
> • 「수상레저안전법」 제2조 제3호에 따른 수상레저기구 중 국내항 간을 운항하는 모터보트 및 동력요트
> • 그 밖에 공공목적이나 항만 운영의 효율성을 위하여 해양수산부령으로 정하는 선박

597 항행 중인 동력선이 서로 상대의 시계 안에 있는 경우, 기관을 후진하고 있는 경우의 기적신호로 옳은 것은?

갑. 장음 1회 을. 단음 1회

병. 단음 2회 정. 단음 3회

> **해설** 조종신호와 경고신호(「해상교통안전법」 제99조 제1항)
> 항행 중인 동력선이 서로 상대의 시계 안에 있는 경우에 이 법에 따라 그 침로를 변경하거나 그 기관을 후진하여 사용할 때에는 다음의 구분에 따라 기적신호를 행하여야 한다.
> • 침로를 오른쪽으로 변경하고 있는 경우 : 단음 1회
> • 침로를 왼쪽으로 변경하고 있는 경우 : 단음 2회
> • 기관을 후진하고 있는 경우 : 단음 3회

598 「해상교통안전법」에서 정하고 있는 해양레저활동 금지구역에서의 제한되는 레저행위로 옳지 않은 것은?

갑. 「수상레저기구의 등록 및 검사에 관한 법률」에 따른 수상레저활동

을. 「수중레저활동의 안전 및 활성화 등에 관한 법률」에 따른 수중레저활동

병. 「마리나항만의 조성 및 관리 등에 관한 법률」에 따른 마리나선박을 이용한 유람, 스포츠 또는 여가 행위

정. 「낚시관리 및 육성법」에 따른 고기잡이, 관광 또는 그 밖의 유락 행위

> **해설**
>
> **항로 등의 보전(「해상교통안전법」 제33조 제3항)**
> 누구든지 「항만법」에 따른 항만의 수역 또는 어항의 수역 중 대통령령으로 정하는 수역에서는 해상교통의 안전에 장애가 되는 스킨다이빙, 스쿠버다이빙, 윈드서핑 등 대통령령으로 정하는 행위를 하여서는 아니 된다.
>
> **해상교통장애행위(「해상교통안전법 시행령」 제14조 제3항)**
> 법 제33조 제3항 본문에서 "스킨다이빙, 스쿠버다이빙, 윈드서핑 등 대통령령으로 정하는 행위"란 다음의 어느 하나에 해당하는 행위를 말한다.
> • 「수상레저기구의 등록 및 검사에 관한 법률」에 따른 수상레저활동
> • 「수중레저활동의 안전 및 활성화 등에 관한 법률」에 따른 수중레저활동
> • 「마리나항만의 조성 및 관리 등에 관한 법률」에 따른 마리나선박을 이용한 유람, 스포츠 또는 여가 행위
> • 「유선 및 도선 사업법」에 따른 유선사업에 사용되는 선박을 이용한 고기잡이, 관광 또는 그 밖의 유락(遊樂) 행위

599 다음 중 선박의 왼쪽에 설치하는 현등의 색깔로 옳은 것은?

갑. 녹 색

<u>을</u>. 적 색

병. 황 색

정. 백 색

 등화의 종류(「해상교통안전법」 제86조)

선박의 등화는 다음과 같다.

- 마스트등 : 선수와 선미의 중심선상에 설치되어 225도에 걸치는 수평의 호(弧)를 비추되, 그 불빛이 정선수 방향에서 양쪽 현의 정횡으로부터 뒤쪽 22.5도까지 비출 수 있는 흰색 등(燈)
- 현등 : 정선수 방향에서 양쪽 현으로 각각 112.5도에 걸치는 수평의 호를 비추는 등화로서 그 불빛이 정선수 방향에서 좌현 정횡으로부터 뒤쪽 22.5도까지 비출 수 있도록 좌현에 설치된 붉은색 등과 그 불빛이 정선수 방향에서 우현 정횡으로부터 뒤쪽 22.5도까지 비출 수 있도록 우현에 설치된 녹색 등
- 선미등 : 135도에 걸치는 수평의 호를 비추는 흰색 등으로서 그 불빛이 정선미 방향으로부터 양쪽 현의 67.5도까지 비출 수 있도록 선미 부분 가까이에 설치된 등
- 예선등(曳船燈) : 선미등과 같은 특성을 가진 황색 등
- 전주등(全周燈) : 360도에 걸치는 수평의 호를 비추는 등화. 다만, 섬광등(閃光燈)은 제외한다.
- 섬광등 : 360도에 걸치는 수평의 호를 비추는 등화로서 일정한 간격으로 1분에 120회 이상 섬광을 발하는 등
- 양색등(兩色燈) : 선수와 선미의 중심선상에 설치된 붉은색과 녹색의 두 부분으로 된 등화로서 그 붉은색과 녹색 부분이 각각 현등의 붉은색 등 및 녹색 등과 같은 특성을 가진 등
- 삼색등(三色燈) : 선수와 선미의 중심선상에 설치된 붉은색·녹색·흰색으로 구성된 등으로서 그 붉은색·녹색·흰색의 부분이 각각 현등의 붉은색 등과 녹색 등 및 선미등과 같은 특성을 가진 등

600 선박의 음향신호 중 장음은 어느 정도 계속되는 소리를 말하는가?

갑. 1초

을. 2~3초

병. 3~4초

<u>정</u>. 4~6초

 기적의 종류(「해상교통안전법」 제97조)

"기적"이란 다음의 구분에 따라 단음과 장음을 발할 수 있는 음향신호장치를 말한다.

- 단음 : 1초 정도 계속되는 고동소리
- 장음 : 4초부터 6초까지의 시간 동안 계속되는 고동소리

601 「해상교통안전법」상 좁은 수로에서의 항법에 대한 설명 중 옳은 것으로만 묶인 것은?

⊙ 좁은 수로 등을 따라 항행하는 선박은 항행의 안전을 고려하여 될 수 있으면 좁은 수로 등의 중간에서 항행하여야 한다.

ⓒ 길이 20미터 미만의 선박이나 범선은 좁은 수로 등의 안쪽에서만 안전하게 항행할 수 있는 다른 선박의 통행을 방해하여서는 아니 된다.

ⓒ 수로 관리를 위해 운항하는 선박은 좁은 수로 등의 안쪽에서 항행하고 있는 다른 선박의 통항을 방해하여서는 아니 된다.

ⓔ 선박이 좁은 수로 등의 안쪽에서만 안전하게 항행할 수 있는 다른 선박의 통항을 방해하게 되는 경우에는 좁은 수로 등을 횡단하여서는 아니 된다.

갑. ⊙, ⓒ
을. ⓒ, ⓒ
병. ⓒ, ⓔ
정. ⓒ, ⓔ

좁은 수로 등(「해상교통안전법」 제74조)
• 좁은 수로나 항로를 따라 항행하는 선박은 항행의 안전을 고려하여 될 수 있으면 좁은 수로 등의 오른편 끝 쪽에서 항행하여야 한다.
• 길이 20미터 미만의 선박이나 범선은 좁은 수로 등의 안쪽에서만 안전하게 항행할 수 있는 다른 선박의 통행을 방해하여서는 아니 된다.
• 어로에 종사하고 있는 선박은 좁은 수로 등의 안쪽에서 항행하고 있는 다른 선박의 통항을 방해하여서는 아니 된다.
• 선박이 좁은 수로 등의 안쪽에서만 안전하게 항행할 수 있는 다른 선박의 통항을 방해하게 되는 경우에는 좁은 수로 등을 횡단하여서는 아니 된다.

602 상대보트의 추월신호에 대하여 동의할 때의 자선의 음향 신호로 옳은 것은?

갑. 장음 – 단음 - 단음
을. 장음 – 장음 – 단음
병. 단음 – 장음 – 장음 – 단음
정. 장음 – 단음 – 장음 – 단음

조종신호와 경고신호(「해상교통안전법」 제99조 제4항 제3호)
앞지르기당하는 선박이 다른 선박의 앞지르기에 동의할 경우에는 장음 1회, 단음 1회의 순서로 2회에 걸쳐 동의의사를 표시할 것

603 「해상교통안전법」상 안전관리체계에 대한 인증심사의 종류로 옳지 않은 것은?

갑. 최초인증심사

을. 갱신인증심사

병. 중간인증심사

정. 특별인증심사

 인증심사(「해상교통안전법」제49조 제1항)

선박소유자는 안전관리체제를 수립·시행하여야 하는 선박이나 사업장에 대하여 다음의 구분에 따라 해양수산부장관으로부터 안전관리체제에 대한 인증심사를 받아야 한다.
- 최초인증심사 : 안전관리체제의 수립·시행에 관한 사항을 확인하기 위하여 처음으로 하는 심사
- 갱신인증심사 : 선박안전관리증서 또는 안전관리적합증서의 유효기간이 끝난 때에 하는 심사
- 중간인증심사 : 최초인증심사와 갱신인증심사 사이 또는 갱신인증심사와 갱신인증심사 사이에 해양수산부령으로 정하는 시기에 행하는 심사
- 임시인증심사 : 최초인증심사를 받기 전에 임시로 선박을 운항하기 위하여 다음의 어느 하나에 대하여 하는 심사
  - 새로운 종류의 선박을 추가하거나 신설한 사업장
  - 개조 등으로 선종이 변경되거나 신규로 도입한 선박
- 수시인증심사 : 위의 인증심사 외에 선박의 해양사고 및 외국항에서의 항행정지 예방 등을 위하여 해양수산부령으로 정하는 경우에 선박 또는 사업장에 대하여 하는 심사

604 보트나 부이에서 적백색 사선이 있는 깃발을 흔들고 있을 때, 깃발의 의미로 옳은 것은?

갑. 스쿠버 다이빙을 하고 있다.

을. 낚시를 하고 있다.

병. 수상스키를 타고 있다.

정. 모터보트 경기를 하고 있다.

 다이빙 깃발(Diver Down Flag)

공식적인 깃발은 아니지만 국제적으로 가장 흔히 사용되는 다이빙 깃발이다.

알파기(Alpha Flag)

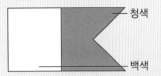

국제해양법에 의해 만들어진 통신 수단으로 '다이버가 수중에 있으니 속도를 줄이고 피해가라'는 의미이다.

605 다음 중 「해상교통안전법」상 해상교통의 장애가 되는 스쿠버 다이빙, 윈드서핑 등 대통령령으로 정하는 행위를 하여서는 아니 되는 수역을 정하여 고시하여야 하는 자로 옳은 것은?

갑. 해양경찰청장

을. 해양수산부장관

병. 해양경찰서장

정. 시·도지사

 해설

항로 등의 보전(「해상교통안전법」 제33조 제3항)
누구든지 항만의 수역 또는 어항의 수역 중 대통령령으로 정하는 수역에서는 해상교통의 안전에 장애가 되는 스킨다이빙, 스쿠버다이빙, 윈드서핑 등 대통령령으로 정하는 행위를 하여서는 아니 된다.

해상교통장애행위(「해상교통안전법 시행령」 제14조 제1항)
법 제33조 제3항 본문에서 "대통령령으로 정하는 수역"이란 해상안전 및 해상교통 여건 등을 고려하여 해양경찰서장이 정하여 고시하는 수역을 말한다.

606 「해상교통안전법」상 선박은 연안통항대에 인접한 통항분리수역의 통항로를 안전하게 통과할 수 있는 경우에는 연안통항대를 따라 항행하여서는 아니 된다. 이에 대한 예외로서 연안통항대를 따라 항행할 수 있는 선박으로 옳지 않은 것은?

갑. 길이 20m 미만의 선박

을. 어로에 종사하고 있는 선박

병. 고속 여객선

정. 인접한 항구로 입항·출항하는 선박

해설

통항분리제도(「해상교통안전법」 제75조 제4항)
선박은 연안통항대에 인접한 통항분리수역의 통항로를 안전하게 통과할 수 있는 경우에는 연안통항대를 따라 항행하여서는 아니 된다. 다만, 다음 선박의 경우에는 연안통항대를 따라 항행할 수 있다.
• 길이 20미터 미만의 선박
• 범 선
• 어로에 종사하고 있는 선박
• 인접한 항구로 입항·출항하는 선박
• 연안통항대 안에 있는 해양시설 또는 도선사의 승하선 장소에 출입하는 선박
• 급박한 위험을 피하기 위한 선박

제4과목

607 해상에서 발생한 조난선박 통보의 내용 중 필수 정보로 옳지 않은 것은?

갑. 선종 또는 선명

을. **기관의 종류 및 마력**

병. 조난위치

정. 침로와 속력

 선박 기관의 종류 및 마력은 외관상 확인하기 어렵다.

해양사고신고 절차 등(「해상교통안전법 시행규칙」 제32조 제1항)
선장 또는 선박소유자는 해양사고가 발생한 경우에는 다음의 사항을 관할 해양경찰서장 또는 지방해양수산청장에게 신고하여야 한다.
• 해양사고의 발생일시 및 발생장소
• 선박의 명세
• 사고개요 및 피해상황
• 조치사항
• 그 밖에 해양사고의 처리 및 항행안전을 위하여 해양수산부장관이 필요하다고 인정하는 사항

608 「해상교통안전법」상 통항분리수역 항행 시 준수사항 중 옳은 것으로만 묶인 것은?

> ㉠ 통항로 안에서는 정하여진 진행방향으로 항행할 것
> ㉡ 통항로 부근 연안해역 안전을 위해 분리선이나 분리대에 될 수 있으면 붙어서 항행할 것
> ㉢ 통항로의 출입 시에는 출입구를 통할 것
> ㉣ 부득이 통항로의 옆쪽으로 출입하는 경우, 그 통항로 진행방향에 대하여 직각으로 출입할 것

갑. ㉠, ㉡

을. **㉠, ㉢**

병. ㉡, ㉢

정. ㉢, ㉣

 통항분리제도(「해상교통안전법」 제75조 제2항)
선박이 통항분리수역을 항행하는 경우에는 다음의 사항을 준수하여야 한다.
• 통항로 안에서는 정하여진 진행방향으로 항행할 것
• 분리선이나 분리대에서 될 수 있으면 떨어져서 항행할 것
• 통항로의 출입구를 통하여 출입하는 것을 원칙으로 하되, 통항로의 옆쪽으로 출입하는 경우에는 그 통항로에 대하여 정하여진 선박의 진행방향에 대하여 될 수 있으면 작은 각도로 출입할 것

607 을 608 을 **정답**

609 해상교통여건 등을 고려하여 지정 고시하는 수역에서 모터보트 등을 이용 해양 레저활동을 하고자 할 때 허가권자로 옳은 것은?

갑. 해양수산부장관

을. 해양경찰청장

병. 지방해양수산청장

정. **해양경찰서장**

 항로 등의 보전(「해상교통안전법」 제33조 제3항)
누구든지 항만의 수역 또는 어항의 수역 중 대통령령으로 정하는 수역에서는 해상교통의 안전에 장애가 되는 스킨다이빙, 스쿠버다이빙, 윈드서핑 등 대통령령으로 정하는 행위를 하여서는 아니 된다. 다만, 해상 교통안전에 장애가 되지 아니한다고 인정되어 해양경찰서장의 허가를 받은 경우와 신고한 체육시설업과 관련된 해상에서 행위를 하는 경우에는 그러하지 아니하다.

해양레저활동의 허가(「해상교통안전법 시행령」 제15조 제1항)
법 제33조 제3항 단서에 따라 해양경찰서장의 허가를 받으려는 사람은 구명설비 등 안전에 필요한 장비를 갖추고 해양수산부령으로 정하는 바에 따라 관할 해양경찰서장에게 허가신청서를 제출해야 한다.

610 「해상교통안전법」상 통항분리수역에서의 항행방법에 대한 설명 중 옳지 않은 것은?

갑. 선박은 연안통항대에 인접한 통항분리수역의 통항로를 안전하게 통과할 수 있는 경우에는 연안 통항대를 따라 항행하여서는 아니 된다.

을. 길이 20미터 미만의 선박, 범선 등은 연안통항대를 따라 항행할 수 있다.

병. 통항분리수역에서 어로에 종사하고 있는 선박은 통항로를 따라 항행하는 다른 선박의 항행을 방해하여서는 아니 된다.

정. **통항분리수역 안에서 항행 안전을 유지하기 위한 작업을 하는 선박(조종성능제한 없음)은 통항 분리 수역의 출입구 부근에 정박할 수 있다.**

 통항분리제도(「해상교통안전법」 제75조 제8항)
선박은 통항분리수역과 그 출입구 부근에 정박(정박하고 있는 선박에 매어 있는 것을 포함)하여서는 아니 된다. 다만, 해양사고를 피하거나 인명이나 선박을 구조하기 위하여 부득이하다고 인정되는 사유가 있는 경우에는 그러하지 아니하다.

611 「해상교통안전법」상 선박의 등화에 대한 설명 중 옳지 않은 것은?

갑. 전주등이란 360도에 걸치는 수평의 호를 비추는 등화(섬광등은 제외)

을. 예선등이란 선미등과 같은 특성을 가진 흰색 등

병. 섬광등이란 360도에 걸치는 수평의 호를 비추는 등화로서 일정한 간격으로 1분에 120회 이상 섬광을 발하는 등

정. 선미등이란 135도에 걸치는 수평의 호를 비추는 흰색 등으로서 그 불빛이 정선미 방향으로부터 양쪽현의 67.5도까지 비출 수 있도록 선미 부분 가까이에 설치된 등

 등화의 종류(「해상교통안전법」 제86조 제4호)
예선등 : 선미등과 같은 특성을 가진 황색 등

---

612 「해상교통안전법」상 통항 우선권에 대한 설명 중 옳은 것은? (다른 예외적인 사항은 고려하지 않는다)

갑. 항행 중인 동력선 < 어로에 종사하고 있는 선박 < 범선 < 흘수제약선 < 조종불능선

을. 항행 중인 동력선 < 범선 < 어로에 종사하고 있는 선박 < 조종불능선 < 흘수제약선

병. 항행 중인 동력선 < 범선 < 어로에 종사하고 있는 선박 < 흘수제약선 < 조종불능선

정. 항해 중인 동력선 < 어로에 종사하고 있는 선박 < 범선 < 조종불능선 < 흘수제약선

 선박 사이의 책무(「해상교통안전법」 제83조)
수상항공기, 수면비행선박 < 항행 중인 동력선 < 항행 중인 범선 < 어로에 종사하고 있는 선박 < 흘수제약선 < 조종불능선, 조종제한선

---

613 「해상교통안전법」상 가항수역의 수심 및 폭과 선박의 흘수와의 관계에 비추어 볼 때 진로에서 벗어날 수 있는 능력이 매우 제한되어 있는 동력선은?

갑. 조종불능선　　　　　　　　　　을. 조종제한선
병. 범선　　　　　　　　　　　　　정. 흘수제약선

 정의(「해상교통안전법」 제2조 제12호)
"흘수제약선(吃水制約船)"이란 가항(可航)수역의 수심 및 폭과 선박의 흘수와의 관계에 비추어 볼 때 그 진로에서 벗어날 수 있는 능력이 매우 제한되어 있는 동력선을 말한다.

614 「해상교통안전법」상 상호시계 내에 있는 2척의 동력선의 마주치는 상태에서의 항법에 대한 설명 중 옳지 않은 것은?

갑. 2척의 동력선이 마주치거나 거의 마주치게 되어 충돌의 위험이 있을 때에는 각 동력선은 서로 다른 선박의 좌현 쪽을 지나갈 수 있도록 침로를 우현 쪽으로 변경하여야 한다.

을. 야간에 2개의 상대 선박의 양쪽 현등을 볼 수 있는 경우 마주치는 상태에 있는 경우이다.

병. 주간에 2척의 선박의 마스트가 선수에서 선미까지 일직선이 되거나 거의 일직선이 되는 경우 마주치는 상태에 있는 경우이다.

정. 선박은 마주치는 상태에 있는지가 분명하지 아니한 경우에는 정확한 정보 판단을 위해 침로와 속력을 유지하여야 한다.

 마주치는 상태(「해상교통안전법」 제79조)
• 2척의 동력선이 마주치거나 거의 마주치게 되어 충돌의 위험이 있을 때에는 각 동력선은 서로 다른 선박의 좌현 쪽을 지나갈 수 있도록 침로를 우현 쪽으로 변경하여야 한다.
• 선박은 다른 선박을 선수 방향에서 볼 수 있는 경우로서 다음의 어느 하나에 해당하면 마주치는 상태에 있다고 보아야 한다.
  – 밤에는 2개의 마스트등을 일직선으로 또는 거의 일직선으로 볼 수 있거나 양쪽의 현등을 볼 수 있는 경우
  – 낮에는 2척의 선박의 마스트가 선수에서 선미까지 일직선이 되거나 거의 일직선이 되는 경우
• 선박은 마주치는 상태에 있는지가 분명하지 아니한 경우에는 마주치는 상태에 있다고 보고 필요한 조치를 취하여야 한다.

615 다음 중 선박이 통항하는 항로, 속력 및 그 밖에 선박 운항에 관한 사항을 지정하는 제도를 뜻하는 말로 옳은 것은?

갑. 선박교통관제   을. 항로지정제도
병. 연안통항대   정. 분리선

 정의(「해상교통안전법」 제2조 제18호)
"항로지정제도"란 선박이 통항하는 항로, 속력 및 그 밖에 선박 운항에 관한 사항을 지정하는 제도를 말한다.

616 「해상교통안전법」에서 말하는 선박의 폭을 나타낸 설명으로 옳은 것은?

갑. 선박 길이의 종방향 외판의 외면으로부터 반대쪽 외판의 외면 사이의 최대 수평거리

을. 선박 길이의 횡방향 외판의 내면으로부터 반대쪽 외판의 내면 사이의 최대 수평거리

병. 선박 길이의 횡방향 외판의 외면으로부터 반대쪽 외판의 외면 사이의 최대 수평거리

정. 선박 길이의 횡방향 외판의 외면으로부터 반대쪽 외판의 외면 사이의 최대 수직거리

 정의(「해상교통안전법」 제2조 제21호)
"폭"이란 선박 길이의 횡방향 외판의 외면으로부터 반대쪽 외판의 외면 사이의 최대 수평거리를 말한다.

617 통항분리수역의 육지 쪽 경계선과 해안 사이의 수역을 뜻하는 말로 옳은 것은?

갑. 통항분리제도   을. 분리선

병. 연안통항대   정. 항로지정제도

 정의(「해상교통안전법」 제2조 제24호)
"연안통항대"란 통항분리수역의 육지 쪽 경계선과 해안 사이의 수역을 말한다.

618 「해상교통안전법」상 앞지르기 항법에 대한 설명 중 옳지 않은 것은?

갑. 선박은 스스로 다른 선박을 앞지르기하고 있는지 분명하지 아니한 경우에는 앞지르기 하는 배로 보고 필요한 조치를 취하여야 한다.

을. 다른 선박의 양쪽 현의 정횡으로부터 22.5도를 넘는 뒤쪽에서 그 선박을 앞지르는 선박은 앞지르기하는 배로 보고 필요한 조치를 취하여야 한다.

병. 야간에는 앞 선박의 선미등만 볼 수 있고 어느 쪽의 현등도 볼 수 없는 경우, 뒤 선박은 앞지르기 하는 배로 보고 필요한 조치를 취하여야 한다.

정. 추월하면서 2척 선박 사이의 방위 변화가 생겨 앞 선박의 양쪽 정횡으로부터 22.5도 이내가 되는 경우 추월상황은 종료된다.

앞지르기(「해상교통안전법」 제78조 제4항)
앞지르기하는 경우 2척의 선박 사이의 방위가 어떻게 변경되더라도 앞지르기하는 선박은 앞지르기가 완전히 끝날 때까지 앞지르기당하는 선박의 진로를 피하여야 한다.

619 「해상교통안전법」상 항행 중이나 정박 중에 있지 않은 도선선이 표시해야 하는 등화로서 옳은 것은? (다른 예외적인 사정은 고려하지 않는다.)

갑. 마스트의 꼭대기나 그 부근에 수직선 위아래쪽에 흰색 전주등 각 1개

을. 마스트의 꼭대기나 그 부근에 수직선 위아래쪽에 붉은색 전주등 각 1개

병. 마스트의 꼭대기나 그 부근에 수직선 위쪽에는 흰색 전주등, 아래쪽에는 붉은색 전주등 각 1개

정. 마스트의 꼭대기나 그 부근에 수직선 위쪽에는 붉은색 전주등, 아래쪽에는 흰색 전주등 각 1개

> **[해설]** 도선선(「해상교통안전법」 제94조 제1항 제1호)
> 도선업무에 종사하고 있는 선박은 다음의 등화나 형상물을 표시하여야 한다.
> • 마스트의 꼭대기나 그 부근에 수직선 위쪽에는 흰색 전주등, 아래쪽에는 붉은색 전주등 각 1개

620 「해상교통안전법」상 선박은 다른 선박과의 충돌을 피하기 위하여 적절하고 효과적인 동작을 취하거나 당시의 상황에 알맞은 거리에서 선박을 멈출 수 있도록 항상 안전한 속력으로 항행하여야 하는데, 다음 중 안전한 속력을 결정할 때 고려해야 할 사항으로 옳지 않은 것은?

갑. 해상교통량의 밀도

을. 레이더의 특성 및 성능

병. 선박의 운항가능 거리

정. 바람·해면 및 조류의 상태와 항행장애물의 근접상태

> **[해설]** 안전한 속력(「해상교통안전법」 제71조 제2항)
> 안전한 속력을 결정할 때에는 다음의 사항을 고려하여야 한다.
> • 시계의 상태
> • 해상교통량의 밀도
> • 선박의 정지거리·선회성능, 그 밖의 조종성능
> • 야간의 경우에는 항해에 지장을 주는 불빛의 유무
> • 바람·해면 및 조류의 상태와 항행장애물의 근접상태
> • 선박의 흘수와 수심과의 관계
> • 레이더의 특성 및 성능
> • 해면상태·기상, 그 밖의 장애요인이 레이더 탐지에 미치는 영향
> • 레이더로 탐지한 선박의 수·위치 및 동향

621 「해상교통안전법」 제83조(선박 사이의 책무)에 의해 가장 우선적인 피항의무가 있는 선박으로 옳은 것은?

갑. 항행 중인 동력   을. 범 선
병. 수상항공기   정. 수면에서 항행 중인 수면비행선박

 수면에서 항행 중인 수면비행선박은 동력선으로 취급한다.

선박 사이의 책무(「해상교통안전법」 제83조 제7항)
수상항공기는 될 수 있으면 모든 선박으로부터 충분히 떨어져서 선박의 통항을 방해하지 아니하도록 하되, 충돌할 위험이 있는 경우에는 이 법에서 정하는 바에 따라야 한다.

---

622 제한된 시계에서의 항법에 대한 설명 중 옳지 않은 것은 몇 개인가?

> ㉠ 제한된 시계에서의 항법은 시계가 제한된 수역 또는 그 부근을 항행하고 있는 선박이 서로 시계 안에 있지 아니한 경우에 적용한다.
> ㉡ 모든 선박은 시계가 제한된 그 당시의 사정과 조건에 적합한 안전한 속력으로 항행하여야 한다.
> ㉢ 레이더만으로 다른 선박이 있는 것을 탐지한 선박은 해당 선박과 얼마나 가까이 있는지 또는 충돌할 위험이 있는지를 판단하여야 한다.
> ㉣ 피항동작이 침로를 변경하는 것만으로 이루어질 경우에는 다른 선박이 자기 선박의 양쪽 현의 정횡 앞쪽에 있는 경우 좌현 쪽으로 침로를 변경하는 행위는 피하여야 한다.

갑. 없 음   을. 1개
병. 2개   정. 3개

 제한된 시계에서 선박의 항법(「해상교통안전법」 제84조)
• 이 조는 시계가 제한된 수역 또는 그 부근을 항행하고 있는 선박이 서로 시계 안에 있지 아니한 경우에 적용한다.
• 모든 선박은 시계가 제한된 그 당시의 사정과 조건에 적합한 안전한 속력으로 항행하여야 하며, 동력선은 제한된 시계 안에 있는 경우 기관을 즉시 조작할 수 있도록 준비하고 있어야 한다.
• 레이더만으로 다른 선박이 있는 것을 탐지한 선박은 해당 선박과 얼마나 가까이 있는지 또는 충돌할 위험이 있는지를 판단하여야 한다. 이 경우 해당 선박과 매우 가까이 있거나 그 선박과 충돌할 위험이 있다고 판단한 경우에는 충분한 시간적 여유를 두고 피항동작을 취하여야 한다.
• 피항동작이 침로의 변경을 수반하는 경우에는 될 수 있으면 다음의 동작은 피하여야 한다.
　- 다른 선박이 자기 선박의 양쪽 현의 정횡 앞쪽에 있는 경우 좌현 쪽으로 침로를 변경하는 행위(앞지르기당하고 있는 선박에 대한 경우는 제외)
　- 자기 선박의 양쪽 현의 정횡 또는 그곳으로부터 뒤쪽에 있는 선박의 방향으로 침로를 변경하는 행위

623 「해상교통안전법」상 음향신호설비와 관련하여 빈칸 안에 들어갈 숫자의 합으로 옳은 것은?

> 길이 (㉠)m 이상의 선박은 기적 1개를, 길이 (㉡)m 이상의 선박은 기적 1개 및 호종(號鐘) 1개를 갖추어 두어야 하며, 길이 100m 이상의 선박은 이에 덧붙여 호종과 혼동되지 아니하는 음조와 소리를 가진 징을 갖추어 두어야 한다.

갑. 30

을. 32

병. 34

정. 36

 음향신호설비(「해상교통안전법」 제98조 제1항)
길이 12미터 이상의 선박은 기적 1개를, 길이 20미터 이상의 선박은 기적 1개 및 호종(號鐘) 1개를 갖추어 두어야 하며, 길이 100미터 이상의 선박은 이에 덧붙여 호종과 혼동되지 아니하는 음조와 소리를 가진 징을 갖추어 두어야 한다.

624 항행 중인 동력선이 표시해야 하는 등화에 대한 설명 중 가장 옳지 않은 것은?

갑. 항행 중인 동력선은 마스트등, 현등, 선미등을 표시하여야 한다.

을. 수면에 떠 있는 상태로 항행 중인 선박은 마스트등, 현등, 선미등에 덧붙여 홍색의 섬광등 1개를 표시하여야 한다.

병. 길이 12미터 미만의 동력선은 흰색 전주등 1개와 현등 1쌍을 표시할 수 있다.

정. 길이 7미터 미만이고 최대속력이 7노트 미만인 동력선은 흰색 전주등 1개만을 표시할 수도 있다.

항행 중인 동력선(「해상교통안전법」 제88조 제2항)
수면에 떠 있는 상태로 항행 중인 선박은 마스트등, 현등, 선미등에 덧붙여 사방을 비출 수 있는 황색의 섬광등 1개를 표시하여야 한다.

625 항행장애물을 발생시킨 선박의 선장, 선박소유자 등이 보고해야 하는 사항으로 옳지 않은 것은?

갑. 선박의 명세에 관한 사항

을. 화물소유자의 성명 및 주소

병. 항행장애물의 위치에 관한 사항

정. 항행장애물의 크기에 관한 사항

> **해설**
> **항행장애물의 보고(「해상교통안전법」제24조 제1항)**
> 다음의 어느 하나에 해당하는 항행장애물을 발생시킨 선박의 선장, 선박소유자 또는 선박운항자(이하 "항행장애물제거책임자")는 해양수산부령으로 정하는 바에 따라 해양수산부장관에게 지체 없이 그 항행장애물의 위치와 제26조에 따른 위험성 등을 보고하여야 한다.
> • 떠다니거나 침몰하여 다른 선박의 안전운항 및 해상교통질서에 지장을 주는 항행장애물
> • 「항만법」제2조 제1호에 따른 항만의 수역, 「어촌・어항법」제2조 제3호에 따른 어항의 수역, 「하천법」 제2조 제1호에 따른 하천의 수역(이하 "수역등")에 있는 시설 및 다른 선박 등과 접촉할 위험이 있는 항행장애물

626 항행 중인 범선 등이 표시해야 하는 등화에 대한 설명 중 빈칸 안에 들어갈 말로 옳은 것은?

> 1. 항행 중인 범선은 (①), (②)을 표시하여야 한다.
> 2. 항행 중인 길이 20미터 미만의 범선은 (①), (②)를 대신하여 마스트의 꼭대기나 그 부근의 가장 잘 보이는 곳에 (③)를 표시할 수 있다.

갑. ① 마스트등 1개 ② 현등 1쌍 ③ 삼색등 1개

을. ① 마스트등 1개 ② 선미등 1개 ③ 양현등 1개

병. ① 현등 1쌍 ② 선미등 1개 ③ 삼색등 1개

정. ① 전주등 1개 ② 현등 1쌍 ③ 삼색등 1개

> **해설**
> **항행 중인 범선 등(「해상교통안전법」제90조)**
> • 항행 중인 범선은 현등 1쌍, 선미등 1개를 표시하여야 한다.
> • 항행 중인 길이 20미터 미만의 범선은 현등 1쌍, 선미등 1개를 대신하여 마스트의 꼭대기나 그 부근의 가장 잘 보이는 곳에 삼색등 1개를 표시할 수 있다.

627 빈칸 안에 들어갈 숫자로 옳은 것은?

> 누구든지 수역 등 또는 수역 등의 밖으로부터 (   )킬로미터 이내의 수역에서 선박 등을 이용하여 수역 등이나 항로를 점거하거나 차단하는 행위를 함으로써 선박 통항을 방해하여서는 아니 된다.

갑. 5
을. 10
병. 2
정. 12

 수역 등 및 항로의 안전 확보(「해상교통안전법」 제34조 제1항)
누구든지 수역 등 또는 수역 등의 밖으로부터 10킬로미터 이내의 수역에서 선박 등을 이용하여 수역 등이나 항로를 점거하거나 차단하는 행위를 함으로써 선박 통항을 방해하여서는 아니 된다.

628 「해상교통안전법」에서 말하는 술에 취한 상태의 기준으로 옳은 것은?

갑. 혈중알코올농도 0.05퍼센트 이상
을. 혈중알코올농도 0.03퍼센트 이상
병. 혈중알코올농도 0.07퍼센트 이상
정. 혈중알코올농도 0.02퍼센트 이상

 술에 취한 상태에서의 조타기 조작 등 금지(「해상교통안전법」 제39조 제4항)
술에 취한 상태의 기준은 혈중알코올농도 0.03퍼센트 이상으로 한다.

629 선박은 다른 선박과의 충돌을 피하기 위해 적절하고 효과적인 동작을 취하거나 당시의 상황에 알맞은 거리에서 선박을 멈출 수 있도록 어떠한 속력으로 항행하여야 하는가?

갑. 안전한 속력
을. 최소속력
병. 최대속력
정. 편안한 속력

안전한 속력(「해상교통안전법」 제71조 제1항)
선박은 다른 선박과의 충돌을 피하기 위하여 적절하고 효과적인 동작을 취하거나 당시의 상황에 알맞은 거리에서 선박을 멈출 수 있도록 항상 안전한 속력으로 항행하여야 한다.

630 「해상교통안전법」상 항행 중인 동력선이 서로 상대의 시계 안에 있는 경우 그 침로를 변경하거나 그 기관을 후진하여 사용할 때의 기적신호로 옳은 것은?

> • 침로를 오른쪽으로 변경하고 있는 경우 – (㉠)
> • 침로를 왼쪽으로 변경하고 있는 경우 – (㉡)
> • 기관을 후진하고 있는 경우 – (㉢)

갑. ㉠ 단음 1회 ㉡ 단음 2회 ㉢ 단음 3회
을. ㉠ 단음 2회 ㉡ 단음 1회 ㉢ 단음 3회
병. ㉠ 단음 1회 ㉡ 단음 2회 ㉢ 장음 3회
정. ㉠ 단음 2회 ㉡ 단음 1회 ㉢ 장음 3회

 조종신호와 경고신호(「해상교통안전법」 제99조 제1항)
항행 중인 동력선이 서로 상대의 시계 안에 있는 경우에 이 법의 규정에 따라 그 침로를 변경하거나 그 기관을 후진하여 사용할 때에는 다음의 구분에 따라 기적신호를 행하여야 한다.
• 침로를 오른쪽으로 변경하고 있는 경우 : 단음 1회
• 침로를 왼쪽으로 변경하고 있는 경우 : 단음 2회
• 기관을 후진하고 있는 경우 : 단음 3회

631 「해상교통안전법」상 항로표지, 해저전선 또는 해저파이프라인의 부설·보수·인양 작업을 하는 선박을 무엇이라고 하는가?

갑. 조종제한선   을. 조종불능선
병. 흘수제약선   정. 위험물운반선

 정의(「해상교통안전법」 제2조 제11호)
"조종제한선"(操縱制限船)이란 다음의 작업과 그 밖에 선박의 조종성능을 제한하는 작업에 종사하고 있어 다른 선박의 진로를 피할 수 없는 선박을 말한다.
• 항로표지, 해저전선 또는 해저파이프라인의 부설·보수·인양 작업
• 준설(浚渫)·측량 또는 수중 작업
• 항행 중 보급, 사람 또는 화물의 이송 작업
• 항공기의 발착(發着)작업
• 기뢰(機雷)제거작업
• 진로에서 벗어날 수 있는 능력에 제한을 많이 받는 예인(曳引)작업

632 「해상교통안전법」상 서로 상대의 시계 안에 있는 선박이 접근하고 있을 경우에는 하나의 선박이 다른 선박의 의도 또는 동작을 이해할 수 없거나 다른 선박이 충돌을 피하기 위하여 충분한 동작을 취하고 있는지 분명하지 아니한 때의 신호(의문신호)의 방법으로 옳은 것은?

갑. 단음 1회, 장음 1회의 순서로 재빨리 울려 그 사실을 표시하여야 한다.

을. 장음 1회, 단음 1회의 순서로 재빨리 울려 그 사실을 표시하여야 한다.

병. 단음을 5회 이상 재빨리 울려 그 사실을 표시하여야 한다.

정. 장음을 5회 이상 재빨리 울려 그 사실을 표시하여야 한다.

 조종신호와 경고신호(「해상교통안전법」 제99조 제5항)
서로 상대의 시계 안에 있는 선박이 접근하고 있을 경우에는 하나의 선박이 다른 선박의 의도 또는 동작을 이해할 수 없거나 다른 선박이 충돌을 피하기 위하여 충분한 동작을 취하고 있는지 분명하지 아니한 경우에는 그 사실을 안 선박이 즉시 기적으로 단음을 5회 이상 재빨리 울려 그 사실을 표시하여야 한다.

633 「해상교통안전법」상 음향신호설비와 관련된 설명 중 빈칸 안의 숫자의 합으로 옳은 것은?

> 길이 (   )미터 이상의 선박은 기적 1개를, 길이 (   )미터 이상의 선박은 기적 1개 및 호종 1개를 갖추어 두어야 하며, 길이 (   )미터 이상의 선박은 이에 덧붙여 호종과 혼동되지 아니하는 음조와 소리를 가진 징을 갖추어 두어야 한다.

갑. 82

을. 132

병. 170

정. 232

 음향신호설비(「해상교통안전법」 제98조 제1항)
길이 12미터 이상의 선박은 기적 1개를, 길이 20미터 이상의 선박은 기적 1개 및 호종 1개를 갖추어 두어야 하며, 길이 100미터 이상의 선박은 이에 덧붙여 호종과 혼동되지 아니하는 음조와 소리를 가진 징을 갖추어 두어야 한다.

634 항행 중인 예인선이 표시해야 하는 등화와 형상물에 대한 설명 중 빈칸 안에 들어갈 말로 옳은 것은? (다른 예외적인 사정은 고려하지 않는다)

> 예인선열의 길이가 (㉠)를 초과하면 가장 잘 보이는 곳에 (㉡)의 형상물 1개를 표시하여야 한다.

갑. ㉠ 100m ㉡ 마름모꼴　　　　　　　**을.** ㉠ 200m ㉡ 마름모꼴
병. ㉠ 100m ㉡ 원통형　　　　　　　정. ㉠ 200m ㉡ 원통형

항행 중인 예인선(「해상교통안전법」 제89조 제1항 제5호)
동력선이 다른 선박이나 물체를 끌고 있는 경우에는 다음의 등화나 형상물을 표시하여야 한다.
• 예인선열의 길이가 200미터를 초과하면 가장 잘 보이는 곳에 마름모꼴의 형상물 1개

635 빈칸 안에 들어갈 말로 옳은 것은?

> 동력선은 제한된 시계 안에 있는 경우 (　　)을 즉시 조작할 수 있도록 준비하고 있어야 한다.

갑. 통 신　　　　　　　　　　　을. 타 기
병. 기 관　　　　　　　　　　　정. 신호기

제한된 시계에서 선박의 항법(「해상교통안전법」 제84조 제2항)
모든 선박은 시계가 제한된 그 당시의 사정과 조건에 적합한 안전한 속력으로 항행하여야 하며, 동력선은 제한된 시계 안에 있는 경우 기관을 즉시 조작할 수 있도록 준비하고 있어야 한다.

636 「해상교통안전법」에서 규정하고 있는 등화와 형상물이 적용되는 날씨로 옳은 것은?

갑. 모든 날씨　　　　　　　　　을. 안개주의보 이상
병. 풍랑주의보　　　　　　　　　정. 야 간

적용(「해상교통안전법」 제85조 제1항)
이 절(제4절 등화와 형상물)은 모든 날씨에서 적용한다.

637 「해상교통안전법」상 선박의 등화(현등)에 대한 설명이다. 빈칸 안에 들어갈 말로 옳은 것끼리 짝지어진 것은?

> 현등이란 정선수 방향에서 양쪽 현으로 각각 112.5도에 걸치는 수평의 호를 비추는 등화로서 그 불빛이 정선수 방향에서 좌현 정횡으로부터 뒤쪽 22.5도까지 비출 수 있도록 좌현에 설치된 (㉠) 등과 그 불빛이 정선수 방향에서 우현 정횡으로부터 뒤쪽 22.5도까지 비출 수 있도록 우현에 설치된 (㉡)등

갑. ㉠ 붉은색, ㉡ 녹색
을. ㉠ 녹색, ㉡ 붉은색
병. ㉠ 붉은색, ㉡ 황색
정. ㉠ 녹색, ㉡ 붉은색

등화의 종류(「해상교통안전법」 제86조 제2호)
현등 : 정선수 방향에서 양쪽 현으로 각각 112.5도에 걸치는 수평의 호를 비추는 등화로서 그 불빛이 정선수 방향에서 좌현 정횡으로부터 뒤쪽 22.5도까지 비출 수 있도록 좌현에 설치된 붉은색 등과 그 불빛이 정선수 방향에서 우현 정횡으로부터 뒤쪽 22.5도까지 비출 수 있도록 우현에 설치된 녹색 등

638 선수와 선미의 중심선상에 설치된 붉은색과 녹색의 두 부분으로 된 등화로서 그 붉은색과 녹색 부분이 각각 현등의 붉은색 등 및 녹색 등과 같은 특성을 가진 등으로 옳은 것은?

갑. 예선등   을. 섬광등
병. 양색등   정. 삼색등

등화의 종류(「해상교통안전법」 제86조 제7호)
양색등 : 선수와 선미의 중심선상에 설치된 붉은색과 녹색의 두 부분으로 된 등화로서 그 붉은색과 녹색 부분이 각각 현등의 붉은색 등 및 녹색 등과 같은 특성을 가진 등

639 예인선열의 길이가 200미터 미만인 항행 중인 예인선이 표시해야 할 마스트등의 개수로 옳은 것은?

갑. 2개 을. 3개

병. 1개 정. 4개

 항행 중인 예인선(「해상교통안전법」 제89조 제1항 제1호)
동력선이 다른 선박이나 물체를 끌고 있는 경우에는 다음의 등화나 형상물을 표시하여야 한다.
• 앞쪽에 표시하는 마스트등을 대신하여 같은 수직선 위에 마스트등 2개. 다만, 예인선의 선미로부터 끌려
가고 있는 선박이나 물체의 뒤쪽 끝까지 측정한 예인선열의 길이가 200미터를 초과하면 같은 수직선
위에 마스트등 3개를 표시하여야 한다.

640 50미터 미만의 동력선이 표시하여야 하는 등화로 옳은 것은?

갑. 마스트등 1개, 현등 1쌍

을. 마스트등 2개, 현등 1쌍

병. 마스트등 1개, 선미등 1개

정. 마스트등 1개, 현등 1쌍, 선미등 1개

 항행 중인 동력선(「해상교통안전법」 제88조 제1항)
항행 중인 동력선은 다음의 등화를 표시하여야 한다.
• 앞쪽에 마스트등 1개와 그 마스트등보다 뒤쪽의 높은 위치에 마스트등 1개. 다만, 길이 50미터 미만의
동력선은 뒤쪽의 마스트등을 표시하지 아니할 수 있다.
• 현등 1쌍(길이 20미터 미만의 선박은 이를 대신하여 양색등을 표시할 수 있음. 이하 이 절에서 같음)
• 선미등 1개

641 다음 중 끌려가고 있는 선박이나 물체가 표시하여야 하는 등화로 옳은 것은?

갑. 현등 1쌍 을. 현등 1쌍, 마스트등 1개

병. 현등 1쌍, 선미등 1개 정. 현등 1쌍, 예인등 1개

 항행 중인 예인선(「해상교통안전법」 제89조 제3항)
끌려가고 있는 선박이나 물체는 다음의 등화나 형상물을 표시하여야 한다.
• 현등 1쌍
• 선미등 1개
• 예인선열의 길이가 200미터를 초과하면 가장 잘 보이는 곳에 마름모꼴의 형상물 1개

639 갑 640 정 641 병 **정답**

642 항행 중인 범선은 현등과 선미등에 덧붙여 마스트 꼭대기나 그 부근에 전주등 2개를 표시할 수 있는데 그 등화의 색깔로 옳은 것은?

갑. 위 – 붉은색, 아래 – 녹색   을. 위 – 황색, 아래 – 흰색
병. 위 – 붉은색, 아래 – 흰색   정. 위 – 녹색, 아래 – 붉은색

> **해설** 항행 중인 범선 등(「해상교통안전법」 제90조 제3항)
> 항행 중인 범선은 현등과 선미등에 덧붙여 마스트의 꼭대기나 그 부근의 가장 잘 보이는 곳에 전주등 2개를 수직선의 위아래에 표시할 수 있다. 이 경우 위쪽의 등화는 붉은색, 아래쪽의 등화는 녹색이어야 하며, 이 등화들은 제2항에 따른 삼색등과 함께 표시하여서는 아니 된다.

643 트롤망어로에 종사하는 선박이 항행에 관계없이 수직선에 표시하여야 하는 등화의 색깔로 옳은 것은?

갑. 위 – 붉은색, 아래 – 녹색   을. 위 – 녹색, 아래 – 흰색
병. 위 – 녹색, 아래 – 붉은색   정. 위 – 흰색, 아래 – 붉은색

> **해설** 어선(「해상교통안전법」 제91조 제1항 제1호)
> 항망이나 그 밖의 어구를 수중에서 끄는 트롤망어로에 종사하는 선박은 항행에 관계없이 다음의 등화나 형상물을 표시하여야 한다.
> • 수직선 위쪽에는 녹색, 그 아래쪽에는 흰색 전주등 각 1개 또는 수직선 위에 2개의 원뿔을 그 꼭대기에서 위아래로 결합한 형상물 1개

644 다음 중 조종불능선이 수직으로 표시하여야 하는 전주등의 색깔로 옳은 것은?

갑. 위 – 붉은색, 아래 – 붉은색   을. 위 – 붉은색, 아래 – 흰색
병. 위 – 녹색, 아래 – 붉은색   정. 위 – 흰색, 아래 – 황색

> **해설** 조종불능선과 조종제한선(「해상교통안전법」 제92조 제1항)
> 조종불능선은 다음의 등화나 형상물을 표시하여야 한다.
> • 가장 잘 보이는 곳에 수직으로 붉은색 전주등 2개
> • 가장 잘 보이는 곳에 수직으로 둥근꼴이나 그와 비슷한 형상물 2개
> • 대수속력이 있는 경우에는 제1호와 제2호에 따른 등화에 덧붙여 현등 1쌍과 선미등 1개

제4과목

645 해상교통안전법상 선박의 등화의 종류 중 선수와 선미의 중심선상에 설치되어 225도에 걸치는 수평의 호(弧)를 비추되, 그 불빛이 정선수 방향에서 양쪽 현의 정횡으로부터 뒤쪽 22.5도까지 비출 수 있는 흰색 등은 무엇인가?

갑. 현 등

을. 마스트등

병. 선미등

정. 전주등

 등화의 종류(「해상교통안전법」 제86조 제1호)
마스트등 : 선수와 선미의 중심선상에 설치되어 225도에 걸치는 수평의 호(弧)를 비추되, 그 불빛이 정선수 방향에서 양쪽 현의 정횡으로부터 뒤쪽 22.5도까지 비출 수 있는 흰색 등(燈)

646 다음 중 흘수제약선이 표시하여야 하는 형상물로 옳은 것은?

갑. 마름모꼴 1개

을. 원형 1개

병. 원통형 1개

정. 원뿔형 1개

 흘수제약선(「해상교통안전법」 제93조)
흘수제약선은 동력선의 등화에 덧붙여 가장 잘 보이는 곳에 붉은색 전주등 3개를 수직으로 표시하거나 원통형의 형상물 1개를 표시할 수 있다.

647 다음 중 「해상교통안전법」상 해양수산부장관의 허가를 받지 않고 보호수역에 입역할 수 있는 사유로 가장 옳지 않은 것은?

갑. 선박 조종이 불가능한 경우

을. 인명을 구조하는 경우

병. 위험이 있는 선박을 구조하는 경우

정. 해양사고를 예방하기 위한 경우

 보호수역의 입역(「해상교통안전법」 제6조 제1항)
다음의 하나에 해당하면 해양수산부장관의 허가를 받지 아니하고 보호수역에 입역할 수 있다.
• 선박의 고장이나 그 밖의 사유로 선박 조종이 불가능한 경우
• 해양사고를 피하기 위하여 부득이한 사유가 있는 경우
• 인명을 구조하거나 또는 급박한 위험이 있는 선박을 구조하는 경우
• 관계 행정기관의 장이 해상에서 안전 확보를 위한 업무를 하는 경우
• 해양시설을 운영하거나 관리하는 기관이 그 해양시설의 보호수역에 들어가려고 하는 경우

648 엎혀 있는 선박이 정박선이 표시하여야 하는 등화에 덧붙여 가장 잘 보이는 곳에 표시하여야 하는 등화로 옳은 것은?

갑. 수직으로 붉은색의 전주등 1개   <mark>을. 수직으로 붉은색의 전주등 2개</mark>
병. 수평으로 붉은색의 전주등 2개   정. 수직으로 황색의 전주등 2개

 정박선과 엎혀 있는 선박(「해상교통안전법」 제95조 제4항)
엎혀 있는 선박은 정박선이 표시하여야 하는 등화를 표시하여야 하며, 이에 덧붙여 가장 잘 보이는 곳에 다음 각 호의 등화나 형상물을 표시하여야 한다.
• 수직으로 붉은색의 전주등 2개
• 수직으로 둥근꼴의 형상물 3개

649 선박의 음향신호 중 단음이 의미하는 고동소리의 길이로 옳은 것은?

<mark>갑. 1초 정도</mark>   을. 2~3초 정도
병. 2초 정도   정. 3초 정도

 기적의 종류(「해상교통안전법」 제97조)
"기적"(汽笛)이란 다음의 구분에 따라 단음(短音)과 장음(長音)을 발할 수 있는 음향신호장치를 말한다.
• 단음 : 1초 정도 계속되는 고동소리
• 장음 : 4초부터 6초까지의 시간 동안 계속되는 고동소리

650 선박이 좁은 수로 등에서 서로 상대의 시계 안에 있는 경우 다른 선박의 우현 쪽으로 추월할 때 기적 신호로 옳은 것은?

갑. 장음 1회, 단음 1회   을. 장음 1회, 단음 2회
<mark>병. 장음 2회, 단음 1회</mark>   정. 장음 2회, 단음 2회

조종신호와 경고신호(「해상교통안전법」 제99조 제4항 제1호)
선박이 좁은 수로 등에서 서로 상대의 시계 안에 있을 때 다른 선박의 우현 쪽으로 앞지르기하려는 경우에는 장음 2회와 단음 1회의 순서로 의사를 표시해야 한다.

651 좁은 수로 등의 굽은 부분이나 장애물 때문에 다른 선박을 볼 수 없는 수역에 접근하는 선박이 울려야 하는 기적신호로 옳은 것은?

갑. 장음 2회   을. 장음 3회

 병. 장음 1회   정. 단음 7회

> **해설** 조종신호와 경고신호(「해상교통안전법」 제99조 제6항)
> 좁은 수로 등의 굽은 부분이나 장애물 때문에 다른 선박을 볼 수 없는 수역에 접근하는 선박은 장음으로 1회의 기적신호를 울려야 한다.

652 시계가 제한된 수역이나 그 부근에 있는 항행 중인 동력선이 대수속력이 있는 경우 울려야 하는 기적 신호로 옳은 것은?

 갑. 2분을 넘지 않는 간격으로 장음 1회   을. 2분을 넘지 않는 간격으로 장음 2회

병. 3분을 넘지 않는 간격으로 장음 1회   정. 3분을 넘지 않는 간격으로 장음 2회

> **해설** 제한된 시계 안에서의 음향신호(「해상교통안전법」 제100조 제1항 제1호)
> 시계가 제한된 수역이나 그 부근에서 항행 중인 동력선은 대수속력이 있는 경우에는 밤낮에 관계없이 2분을 넘지 아니하는 간격으로 장음을 1회 울려야 한다.

653 다음 중 「해상교통안전법」상 해양경찰청 소속 경찰공무원이 선박 운항자에 대하여 반드시 술에 취하였는지를 측정하여야 하는 경우로 옳은 것은?

 갑. 해양사고가 발생한 경우

을. 술에 취한 상태에서 도선을 하였다고 인정할 만한 충분한 이유가 있는 경우

병. 다른 선박의 안전운항을 해치거나 해칠 우려가 있는 등 해상교통의 안전과 위험방지를 위하여 필요하다고 인정되는 경우

정. 술에 취한 상태에서 조타기를 조작하거나 조작할 것을 지시하였다고 인정할 만한 충분한 이유가 있는 경우

> **해설** 술에 취한 상태에서의 조타기 조작 등 금지(「해상교통안전법」 제39조 제2항)
> 해양경찰청 소속 경찰공무원은 해양사고가 발생한 경우 운항자 또는 도선사가 술에 취하였는지 측정할 수 있으며, 해당 운항자 또는 도선사는 해양경찰청 소속 경찰공무원의 측정 요구에 따라야 한다.

654 해상교통안전법상 선박이 좁은 수로 등에서 서로 상대의 시계 안에 있는 경우 다른 선박의 좌현쪽으로 앞지르기하는 경우의 기적신호는?

갑. 장음 2회와 단음 1회 　　　　　　　　을. 장음 2회와 단음 2회

병. 장음 1회와 단음 2회 　　　　　　　　정. 장음 1회와 단음 1회

 조종신호와 경고신호(「해상교통안전법」제99조 제4항 제3호)
앞지르기당하는 선박이 다른 선박의 앞지르기에 동의할 경우에는 장음 1회, 단음 1회의 순서로 2회에 걸쳐 동의의사를 표시할 것

655 해상교통안전법상 선박이 항행 중인 상태로 옳은 것은?

갑. 정 박

을. 계류시설에 매어 놓은 상태

병. 항해 중 기관을 정지한 상태

정. 모래에 얹혀있는 상태

 정의(「해상교통안전법」제2조 제19호)
"항행 중"이란 선박이 다음의 어느 하나에 해당하지 아니하는 상태를 말한다.
• 정박(碇泊)
• 항만의 안벽(岸壁) 등 계류시설에 매어 놓은 상태[계선부표(繫船浮標)나 정박하고 있는 선박에 매어 놓은 경우를 포함]
• 얹혀 있는 상태

656 해상교통안전법상 누구든지 보호수역에 입역(入域)하기 위하여 누구의 허가를 받아야 하는가?

갑. 해양경찰청장 　　　　　　　　　　을. 도지사

병. 시 장 　　　　　　　　　　　　　정. 해양수산부장관

 보호수역의 설정 및 입역허가(「해상교통안전법」제5조 제2항)
누구든지 보호수역에 입역하기 위하여는 해양수산부장관의 허가를 받아야 하며, 해양수산부장관은 해양시설의 안전 확보에 지장이 없다고 인정하거나 공익상 필요하다고 인정하는 경우 보호수역의 입역을 허가할 수 있다.

657 다음 중 「해양환경관리법」의 적용을 받는 선박으로 옳지 않은 것은?

갑. 입항 중인 외국적 크루즈요트

을. 인천 외항에서 작업 중인 모래채취선

병. 한강에서 유람 중인 모터보트

정. 해수욕장에서 운항 중인 모터보트

 적용범위(「해양환경관리법」 제3조)

① 이 법은 다음의 해역·수역·구역 및 선박·해양시설 등에서의 해양환경관리에 관하여 적용한다.
  - 「영해 및 접속수역법」에 따른 영해 및 대통령령이 정하는 해역
  - 「배타적 경제수역 및 대륙붕에 관한 법률」 제2조에 따른 배타적 경제수역
  - 제15조의 규정에 따른 환경관리해역
  - 「해저광물자원 개발법」 제3조의 규정에 따라 지정된 해저광구
② 제1항 각 호의 해역·수역·구역 밖에서 「선박법」 제2조의 규정에 따른 대한민국 선박(이하 "대한민국 선박")에 의하여 행하여진 해양오염의 방지에 관하여는 이 법을 적용한다.
③ 대한민국선박 외의 선박(이하 "외국선박")이 제1항 각 호의 해역·수역·구역 안에서 항해 또는 정박하고 있는 경우에는 이 법을 적용한다.

---

658 선박으로부터 기름을 배출하는 경우의 요건으로 옳지 않은 것은?

갑. 선박의 항해 중 해양수산부령에서 정한 해역, 처리기준 및 방법에 따라 배출하는 경우

을. 배출액 중의 기름 성분이 0.0015퍼센트(15ppm) 이하일 것

병. 기름오염방지설비의 작동 중에 배출할 것

정. 해진 후 배출할 것

 선박으로부터의 기름 배출(「선박에서의 오염방지에 관한 규칙」 제9조)

선박으로부터 기름을 배출하는 경우에는 다음의 요건에 모두 적합하게 배출하여야 한다.
  - 선박(시추선 및 플랫폼을 제외한다)의 항해 중에 배출할 것
  - 배출액 중의 기름 성분이 0.0015퍼센트(15ppm) 이하일 것
  - 기름오염방지설비의 작동 중에 배출할 것

---

659 다음 중 「해양환경관리법」 제정 목적으로 옳지 않은 것은?

갑. 선박, 해양시설, 해양공간 등 해양오염물질을 발생시키는 발생원을 관리함

을. 기름 및 유해액체물질 등 해양오염물질의 배출을 규제함

병. 해양오염을 예방, 개선, 대응, 복원하는 데 필요한 사항을 정함

정. 하천·호소(湖沼) 등 공공수역의 물 환경을 적정하게 관리·보전함

목적(「해양환경관리법」 제1조)
이 법은 선박, 해양시설, 해양공간 등 해양오염물질을 발생시키는 발생원을 관리하고, 기름 및 유해액체물질 등 해양오염물질의 배출을 규제하는 등 해양오염을 예방, 개선, 대응, 복원하는 데 필요한 사항을 정함으로써 국민의 건강과 재산을 보호하는 데 이바지함을 목적으로 한다.

660 다음 중 「해양환경관리법」에서 정의하는 "폐기물"로 옳은 것은?

갑. 분 뇨   을. 포장유해물질
병. 폐 유   정. 폐 산

폐유는 기름, 폐산은 유해액체물질에 해당한다.

정의(「해양환경관리법」 제2조 제4호)
"폐기물"이라 함은 해양에 배출되는 경우 그 상태로는 쓸 수 없게 되는 물질로서 해양환경에 해로운 결과를 미치거나 미칠 우려가 있는 물질(기름, 유해액체물질, 포장유해물질을 제외)을 말한다.

661 다음 중 해양환경관리법에서 정의하는 "기름"으로 옳지 않은 것은?

갑. 원 유   을. 폐 유
병. 석유가스   정. 선저폐수

정의(「해양환경관리법」 제2조 제5호)
"기름"이라 함은 「석유 및 석유대체연료 사업법」에 따른 원유 및 석유제품(석유가스를 제외)과 이들을 함유하고 있는 액체상태의 유성혼합물(이하 "액상유성혼합물") 및 폐유를 말한다.

662 "기름여과장치"란 기름이 섞여 있는 폐수의 유분함유량을 얼마 이하로 처리하여 배출할 수 있는 해양 오염방지설비를 말하는가?

갑. 15ppm   을. 150ppm
병. 15%   정. 150%

정의(「선박에서의 오염방지에 관한 규칙」 제2조 제23호)
"기름여과장치"란 기름이 섞여있는 폐수를 유분함유량 0.0015퍼센트(15ppm)이하로 처리하여 배출할 수 있는 해양오염방지설비를 말한다.

663 유해액체물질의 분류 중 해양에 배출되는 경우 해양자원 또는 인간의 건강에 경미한 위해를 끼치는 것으로서 해양배출을 일부 제한하여야 하는 유해액체물질로 옳은 것은?

갑. X류 물질

을. Y류 물질

 병. Z류 물질

정. 잠정평가물질

해설 유해액체물질의 분류(「선박에서의 오염방지에 관한 규칙」 제3조 제1항)
「해양환경관리법」 제2조 제7호에서 유해액체물질은 다음의 물질을 말한다.

- X류 물질 : 해양에 배출되는 경우 해양자원 또는 인간의 건강에 심각한 위해를 끼치는 것으로서 해양배출을 금지하는 유해액체물질
- Y류 물질 : 해양에 배출되는 경우 해양자원 또는 인간의 건강에 위해를 끼치거나 해양의 쾌적성 또는 해양의 적합한 이용에 위해를 끼치는 것으로서 해양배출을 제한하여야 하는 유해액체물질
- Z류 물질 : 해양에 배출되는 경우 해양자원 또는 인간의 건강에 경미한 위해를 끼치는 것으로서 해양배출을 일부 제한하여야 하는 유해액체물질
- 잠정평가물질 : 분류되어 있지 아니한 액체물질로서 산적(散積)운송하기 위해 신청이 있는 경우에 평가하는 물질

---

664 오염물질 배출 중 해양환경개선부담금 부과 면제의 경우로 옳지 않은 것은?

갑. 전쟁, 천재지변 또는 그 밖의 불가항력에 의하여 발생한 경우

을. 제3자의 고의만으로 발생한 경우로 선박 또는 해양시설의 설치·관리에 하자가 없는 경우

병. 영해 및 배타적 경제수역 밖에서 배출된 오염물질이 같은 해역·수역 안으로 유입되지 아니한 경우

정. 육상에서 처리가 곤란하여 해양수산부장관이 지정한 해역에 오염물질을 배출하는 경우

 해설 해양환경개선부담금(「해양환경관리법」 제19조 제2항)
오염물질의 배출행위가 다음의 어느 하나에 해당하는 경우에는 부담금을 부과하지 아니한다.

- 전쟁, 천재지변 또는 그 밖의 불가항력에 의하여 발생한 경우
- 제3자의 고의만으로 발생한 경우. 다만, 선박 또는 해양시설의 설치·관리에 하자가 없는 경우로 한정한다.
- 해역·수역 밖에서 발생한 경우로서 대통령령으로 정하는 경우

선박 등에 대한 해양환경개선부담금의 산정(「해양환경관리법 시행령」 제25조의2 제4항)
법 제19조 제2항 제3호에서 "대통령령으로 정하는 경우"란 해역·수역 밖에서 배출된 오염물질이 같은 해역·수역 안으로 유입되지 아니한 경우를 말한다.

---

665 선박 안에서 발생하는 폐기물 중 해양에 배출 가능한 폐기물로 옳지 않은 것은?

 갑. 플라스틱 생수병

을. 음식찌꺼기

병. 해양환경에 유해하지 않은 화물잔류물

정. 선박 내 거주구역에서 목욕, 세탁, 설거지 등으로 발생하는 중수

> **해설** 선박 안에서 발생하는 폐기물의 배출해역별 처리기준 및 방법(「선박에서의 오염방지에 관한 규칙」 별표3)
> 1. 선박 안에서 발생하는 폐기물의 처리
>   • 다음의 폐기물을 제외하고 모든 폐기물은 해양에 배출할 수 없다.
>   – 음식찌꺼기
>   – 해양환경에 유해하지 않은 화물잔류물
>   – 선박 내 거주구역에서 목욕, 세탁, 설거지 등으로 발생하는 중수(화장실 오수 및 화물구역 오수는 제외)
>   – 어업활동 중 혼획된 수산동식물 또는 어업활동으로 인해 선박으로 유입된 자연기원물질

666 분쇄되거나 연마되지 않은 음식찌꺼기를 해양에 배출할 수 있는 해역으로 옳은 것은?

갑. 영해기선으로부터 3해리 이상

을. 영해기선으로부터 3해리 이내

 병. 영해기선으로부터 12해리 이상

정. 영해기선으로부터 12해리 이내

> **해설** 선박 안에서 발생하는 폐기물의 배출해역별 처리기준 및 방법(「선박에서의 오염방지에 관한 규칙」 별표3 제1호 나목)
> 가목에서 배출 가능한 폐기물을 해양에 배출하려는 경우에는 영해기선으로부터 가능한 한 멀리 떨어진 곳에서 항해 중에 버리되, 다음의 해역에 버려야 한다.
> • 음식찌꺼기는 영해기선으로부터 최소한 12해리 이상의 해역. 다만, 분쇄기 또는 연마기를 통하여 25mm 이하의 개구(開口)를 가진 스크린을 통과할 수 있도록 분쇄되거나 연마된 음식찌꺼기의 경우 영해기선으로부터 3해리 이상의 해역에 버릴 수 있다.

667 분뇨처리장치를 설치한 선박이 분뇨를 배출할 수 없는 해역으로 옳은 것은?

갑. 영해기선으로부터 3해리 이내 해역

을. 수산자원 보호구역과 보호수면

병. 영해기선으로부터 12해리 넘는 해역

정. 출항하여 육지로부터 10해리 떨어진 해역

> **해설** 선박 안의 일상생활에서 생기는 분뇨의 배출해역별 처리기준 및 방법(「선박에서의 오염방지에 관한 규칙」
> 별표2 제2호)
> 분뇨처리장치를 설치한 선박은 다음의 해역에서 분뇨를 배출하여서는 아니 된다.
> • 「국토의 계획 및 이용에 관한 법률」 제40조에 따른 수산자원 보호구역
> • 「수산자원관리법」 제46조에 따른 보호수면 및 같은 법 제48조에 따른 수산자원관리수면

---

668 수상레저기구(요트)에서 항해 중 발생한 선저폐수 처리 방법 중 옳은 것은?

갑. 대부분이 물이므로 펌프를 이용하여 해상에 배출한다.

을. 기름여과장치를 통해 항해 중 배출한다.

병. 배출액 중의 기름 성분이 0.015퍼센트(150ppm)이면 된다.

정. 기관을 멈추고, 해상에 정지한 상태로 배출한다.

> **해설** 선박으로부터의 기름 배출(「선박에서의 오염방지에 관한 규칙」 제9조)
> 선박으로부터 기름을 배출하는 경우에는 다음의 요건에 모두 적합하게 배출하여야 한다.
> • 선박(시추선 및 플랫폼을 제외)의 항해 중에 배출할 것
> • 배출액 중의 기름 성분이 0.0015퍼센트(15ppm) 이하일 것
> • 기름오염방지설비의 작동 중에 배출할 것

---

669 총톤수 20톤 미만의 수상레저기구(요트)에서 항해 중 발생한 플라스틱, 비닐 등 폐기물의 처리
방법 중 옳은 것은?

갑. 비닐봉투에 모았다가 정박 시 부두에 내려놓는다.

을. 항해 중 잘게 잘라 해상에 조금씩 버린다.

병. 분리수거하여 육상에 폐기물처리업자에게 인계한다.

정. 종이봉투에 모았다가 영해기선 3해리 밖에서 버린다.

> **해설** 선박 및 해양시설에서의 오염물질의 수거 · 처리(「해양환경관리법」 제37조 제2항 제4호)
> 총톤수 20톤 미만의 소형선박 소유자는 해당 선박 또는 해양시설에서 발생하는 물질을 해양수산부령으로
> 정하는 바에 따라 「폐기물관리법」 제25조 제8항에 따른 폐기물처리업자로 하여금 수거 · 처리하게 할 수
> 있다.

667 을 668 을 669 병 **정답**

670 총톤수 12톤의 요트에서 갖추어야 하는 폐유저장용기 저장용량으로 옳은 것은?

갑. 20ℓ

을. 40ℓ

병. 60ℓ

정. 80ℓ

 기름오염방지설비 설치 및 폐유저장용기 비치기준(「선박에서의 오염방지에 관한 규칙」 별표7)

3. 폐유저장용기의 비치기준

　가. 기관구역용 폐유저장용기

대상선박	저장용량(ℓ)
총톤수 5톤 이상 10톤 미만의 선박	20
총톤수 10톤 이상 30톤 미만의 선박	60
총톤수 30톤 이상 50톤 미만의 선박	100
총톤수 50톤 이상 100톤 미만으로서 유조선이 아닌 선박	200

671 선박 내 거주구역에서 발생하는 중수를 해상에 배출할 수 있는 해역으로 옳은 것은?

갑. 국토의 계획 및 이용에 관한 법률에 따른 수산자원보호구역

을. 영해 및 접속수역법에 따른 내수

병. 수산자원관리법에 따른 보호수면 및 수산자원관리수면

정. 농수산물 품질관리법에 따른 지정해역 및 주변해역

 내수 구역은 중수를 배출할 수 있다.

선박 안에서 발생하는 폐기물의 배출해역별 처리기준 및 방법(「선박에서의 오염방지에 관한 규칙」 별표3 제1호)

• 선박 내 거주구역에서 발생하는 중수는 아래 해역을 제외한 모든 해역에서 배출할 수 있다.

－「국토의 계획 및 이용에 관한 법률」 제40조에 따른 수산자원보호구역

－「수산자원관리법」 제46조에 따른 보호수면 및 같은 법 제48조에 따른 수산자원관리수면

－「농수산물 품질관리법」 제71조에 따른 지정해역 및 같은 법 제73조 제1항에 따른 주변해역

672 다음 중 선박오염물질기록부(기름기록부, 폐기물기록부)의 보존기간으로 옳은 것은?

갑. 최종기재를 한 날부터 2년

을. 최초기재를 한 날부터 3년

병. 최종기재를 한 날부터 3년

정. 최초기재를 한 날부터 1년

 선박오염물질기록부의 관리(「해양환경관리법」 제30조 제2항)
선박오염물질기록부의 보존기간은 최종기재를 한 날부터 3년으로 하며, 그 기재사항·보존방법 등에 관하여 필요한 사항은 해양수산부령으로 정한다.

673 선박 안에서 발생하는 폐기물의 처리 요건을 승무원과 여객에게 작성·고지하는 안내표시판을 게시해야 하는 선박으로 옳은 것은?

갑. 길이 12m 이상의 선박

을. 길이 12m 미만의 선박

병. 총톤수 100톤 이상의 선박

정. 총톤수 100톤 미만의 선박

 선박 안에서 발생하는 폐기물의 배출해역별 처리기준 및 방법(「선박에서의 오염방지에 관한 규칙」 별표3 제4호)
길이 12m 이상의 모든 선박은 제1호 및 제3호에 따른 폐기물의 처리 요건을 승무원과 여객에게 한글과 영문(국제항해를 하는 선박으로 한정)으로 작성·고지하는 안내표시판을 잘 보이는 곳에 게시하여야 한다.

674 폐기물을 수용시설 또는 다른 선박에 배출할 때 폐기물기록부에 작성하여야 하는 사항으로 옳지 않은 것은?

갑. 배출일시

을. 수용시설의 명칭

병. 배출된 폐기물의 종류

정. 선박소유자의 성명

 선박오염물질기록부의 기재사항 등(「선박에서의 오염방지에 관한 규칙」 제24조 제1항)
폐기물을 수용시설 또는 다른 선박에 배출할 때 다음의 사항을 폐기물기록부에 적어야 한다.
• 배출일시
• 항구, 수용시설 또는 선박의 명칭
• 배출된 폐기물의 종류
• 폐기물 종류별 배출량(단위는 미터톤)
• 작업책임자의 서명

675 요트의 항해 중에 발생한 생활쓰레기를 처리하는 방법으로 옳은 것은?

갑. 항해가 끝난 후 입항하여 부두에 내려놓는다.

을. 쓰레기의 양이 적을 바다에 버린다.

병. 항해가 끝난 후 입항하여 해양환경공단에 연락하여 수거처리 한다.

정. 항해가 끝난 후 입항하여 인근 해양경찰서에 처리를 요청한다.

 선박에서 발생한 오염물질은 오염물질 저장시설 운영자에게 처리하여야 한다.

사업(「해양환경관리법」 제97조 제1항 제2호)
공단은 해양환경개선을 위해 다음의 사업을 수행한다.
• 오염물질의 수거·처리를 위한 사업
• 오염물질 저장시설의 설치·운영 및 수탁관리
• 오염물질의 배출방지를 위한 선박의 인양·예인
• 해양환경 관련 시험·조사·연구·설계·개발 및 공사감리

676 다음 중 선박직원법의 적용을 받는 선박의 해양오염방지관리인이 될 수 없는 사람은?

갑. 1항사　　　　　　　　　　　　　을. 통신장

병. 2항사　　　　　　　　　　　　　정. 1기사

 해양오염방지인 및 그 대리자의 자격(「해양환경관리법 시행령」 별표5 제1호)
선장·통신장 및 통신사는 선박 해양오염방지관리인이 될 수 없다.

677 선박 내 폐기물관리계획서를 비치하고 계획을 수행할 수 있는 책임자를 임명해야 하는 선박으로 옳은 것은?

갑. 총톤수 100톤 미만의 선박

을. 총톤수 50톤 미만의 선박

병. 최대승선인원 15명 미만의 선박

정. 최대승선인원 15명 이상의 선박

 해설 선박 안에서 발생하는 폐기물의 배출해역별 처리기준 및 방법(「선박에서의 오염방지에 관한 규칙」 별표3 제5호)

총톤수 100톤 이상의 선박과 최대승선인원 15명 이상의 선박은 선원이 실행할 수 있는 폐기물관리계획서를 비치하고 계획을 수행할 수 있는 책임자를 임명하여야 한다. 이 경우 폐기물관리계획서에는 선상 장비의 사용방법을 포함하여 쓰레기의 수집, 저장, 처리 및 처분의 절차가 포함되어야 한다.

678 다음 중 선박에서 오염물질의 방제ㆍ방지를 위해 갖추어 두어야 할 자재ㆍ약제로 옳지 않은 것은?

갑. 해양유류오염확산차단장치　　　　을. 유처리제

병. 생물정화제제　　　　　　　　　　정. 유흡착재

해설 선박의 자재ㆍ약제 비치기준(「선박에서의 오염방지에 관한 규칙」 별표30)

선박 안에 갖추어야 하는 자재ㆍ약제는 해양유류오염확산차단장치AㆍBㆍC형, 유처리제ㆍ유흡착재ㆍ유겔화제 등이 있다.

679 요트의 항해 중에 인근 선박에서 기름을 해상에 배출하는 장면을 목격하였다. 이에 대한 설명으로 옳지 않은 것은?

갑. 선박의 이름과 위치를 확인하여 VTS에 연락한다.

을. 신고할 경우 해코지를 당할 수 있으므로 무시한다.

병. 신고할 경우 오염물질의 수량에 따라 신고포상금을 받을 수 있다.

정. 해양환경보호를 위해 해당 장면을 촬영하여 119에 신고한다.

해설 범죄의 신고의 경우, 신고자의 익명을 철저히 보장하여 해코지당할 우려가 없으며, 목격자는 신고의 의무가 있다.

680 분뇨를 외부배출관 설치 없이 수용시설로 배출할 수 있는 대상으로 옳지 않은 것은?

갑. 시추선 및 플랫폼　　　　　　　　을. 선박의 길이가 24미터 미만인 선박
병. 수상레저기구　　　　　　　　　　정. 최대승선인원이 16명 미만인 선박

 해설 분뇨오염방지설비의 대상선박·종류 및 설치기준(「선박에서의 오염방지에 관한 규칙」 제14조 제2항 제2호)
분뇨를 수용시설로 배출할 수 있도록 외부배출관을 설치할 것. 다만, 다음의 어느 하나에 해당하는 선박으로서 외부배출관을 사용하지 아니하고 분뇨를 수용시설로 배출할 수 있는 경우에는 외부배출관을 설치하지 아니할 수 있다.
• 시추선 및 플랫폼
• 선박의 길이가 24미터 미만인 선박
• 수상레저기구

681 다음 중 기름의 해양오염비상계획서를 비치해야 하는 선박으로 옳은 것은?

갑. 총톤수 200톤의 유조선
을. 총톤수 300톤의 유조선 외의 선박
병. 최대승선인원 16명 이상의 요트
정. 모든 군함 및 경찰용 선박

 해설 선박해양오염비상계획서 비치대상 등(「선박에서의 오염방지에 관한 규칙」 제25조 제1항 제1호)
기름의 해양오염비상계획서를 갖추어 두어야 하는 선박
• 총톤수 150톤 이상의 유조선
• 총톤수 400톤 이상의 유조선 외의 선박(군함, 경찰용 선박 및 국내항해에만 사용하는 부선은 제외)
• 시추선 및 플랫폼

682 평소 요트 등 수상레저기구를 운항하며 해양환경에 대한 관심이 많아졌다. 해양환경 보전을 위한 실천 사항으로 옳지 않은 것은?

갑. 해양경찰에서 운영하는 명예해양환경감시원에 가입한다.
을. 수상레저기구에서 발생하는 쓰레기를 적법하게 관리 및 처리한다.
병. 요트 관리 중에 실수로 기름이 해상에 유출될 경우 신고하지 않아도 된다.
정. 선박 내 오염방지 설비를 주기적으로 점검한다.

 해설 본인의 선박에서 오염물질이 유출되더라도 해양오염신고는 반드시 해야 한다.

683 요트의 항해 중에 발생한 폐유를 선박에 비치한 폐유저장용기에 저장하였다. 폐유의 처리 방법으로 옳은 것은?

갑. 항해가 끝난 후 입항하여 부두에 내려놓는다.

을. 폐유의 양이 적으므로 모았다가 부두에 한 번에 내려놓는다.

병. 항해가 끝난 후 입항하여 해양환경공단에 연락하여 수거처리 한다.

정. 항해가 끝난 후 입항하여 인근 해양경찰서에 처리를 요청한다.

> **해설** 사업(「해양환경관리법」 제97조 제1항 제2호)
> 선박에서 발생한 오염물질은 오염물질 저장시설 운영자에게 처리하여야 한다.

684 선박에서 발생하는 오염물질로 오염물질저장시설의 설치·운영자, 유창청소업자, 폐기물처리업자에게 수거·처리하게 하여야 하는 물질로 옳지 않은 것은?

갑. 기름, 유해액체물질, 포장유해물질의 화물잔류물

을. 포장유해물질과 그 포장용기

병. 합성로프, 합성어망, 플라스틱으로 만들어진 쓰레기봉투를 포함한 모든 플라스틱제품

정. 기름여과장치를 통과한 선박 기관실 선저폐수

> **해설** 기름여과장치를 통과한 기름성분 15ppm 이하의 선저폐수는 해상에 배출 가능하다.
>
> **선박으로부터의 기름 배출**(「선박에서의 오염방지에 관한 규칙」 제9조)
> 선박으로부터 기름을 배출하는 경우에는 다음의 요건에 모두 적합하게 배출하여야 한다.
> • 선박(시추선 및 플랫폼을 제외)의 항해 중에 배출할 것
> • 배출액 중의 기름 성분이 0.0015퍼센트(15ppm) 이하일 것
> • 기름오염방지설비의 작동 중에 배출할 것

685 영해기선으로부터 3해리 이상의 해역에 버릴 수 있는 음식찌꺼기의 크기로 옳은 것은?

갑. 25mm 이하 　　　　　　　　　　　　을. 25mm 이상

병. 50mm 이하 　　　　　　　　　　　　정. 50mm 이상

선박 안에서 발생하는 폐기물의 배출해역별 처리기준 및 방법(「선박에서의 오염방지에 관한 규칙」 별표3)
배출 가능한 폐기물을 해양에 배출하려는 경우에는 영해기선으로부터 가능한 한 멀리 떨어진 곳에서 항해
중에 버리되, 다음의 해역에 버려야 한다.
• 음식찌꺼기는 영해기선으로부터 최소한 12해리 이상의 해역. 다만, 분쇄기 또는 연마기를 통하여 25mm
이하의 개구를 가진 스크린을 통과할 수 있도록 분쇄되거나 연마된 음식찌꺼기의 경우 영해기선으로부
터 3해리 이상의 해역에 버릴 수 있다.

686 빈칸 안에 들어갈 말로 옳은 것은?

> 선박을 해체하고자 하는 자는 선박의 해체작업과정에서 오염물질이 배출되지 아니하도록 작업계
> 획을 수립하여 작업개시 (　　) 전까지 해양경찰청장에게 신고하여야 한다.

갑. 7일 　　　　　　　　　　　　을. 10일
병. 14일 　　　　　　　　　　　　정. 21일

선박해체의 신고 등(「해양환경관리법」 제111조 제1항)
선박을 해체하고자 하는 자는 선박의 해체작업과정에서 오염물질이 배출되지 아니하도록 해양수산부령으
로 정하는 바에 따라 작업계획을 수립하여 작업개시 7일 전까지 해양경찰청장에게 신고하여야 한다.

687 해양에서의 대기오염방지 규제에 대한 설명으로 옳지 않은 것은?

갑. 대기오염물질의 배출을 특별히 규제하는 조치가 필요한 해역을 "배출규제해역"이라 한다.

을. 대기오염방지를 위해 선박 연료유의 황함유량 기준을 배출규제해역은 0.1퍼센트(무게), 그 밖의 해역은 0.5퍼센트(무게)로 정하였다.

병. 선박의 소유자는 대기오염물질의 배출을 방지하거나 감축하기 위한 "대기오염방지설비"를 설치해야 한다.

정. 선박의 항해 시간이 1시간 미만의 경우 연료유 황 함유량 기준을 지키지 않아도 된다.

> **해설** 선박배출 규제해역의 지정 등(「항만지역등 대기질 개선에 관한 특별법」 제10조 제2항)
> 선박의 소유자는 배출규제해역에서 대통령령으로 정하는 황함유량 기준을 초과하는 연료유를 사용해서는 아니 된다.

688 선박에서 오염물질이 배출된 경우 선박의 선장, 원인 행위를 한 사람을 "방제의무자"라고 하는데, 방제의무자의 조치사항으로 옳지 않은 것은?

갑. 선박의 안전을 위해 오염물질의 추가 배출

을. 배출된 오염물질의 확산방지 및 제거

병. 배출된 오염물질의 수거 및 처리

정. 오염물질의 배출방지

> **해설** 오염물질이 배출된 경우의 방제조치(「해양환경관리법」 제64조 제1항)
> 방제의무자는 배출된 오염물질에 대하여 대통령령이 정하는 바에 따라 다음에 해당하는 조치(이하 "방제조치")를 하여야 한다.
> • 오염물질의 배출방지
> • 배출된 오염물질의 확산방지 및 제거
> • 배출된 오염물질의 수거 및 처리

689 대변소가 설치된 승선정원 16명 이상인 수상레저기구에서의 분뇨처리 방법이 적절하지 않은 것은?

갑. 분뇨저장탱크를 설치하여 정박 시 육상으로 반출한다.

을. 분뇨를 수용시설로 배출이 가능하여 외부배출관은 설치하지 않았다.

병. 선박이 4노트 이상 항해 중 분뇨마쇄소독장치를 통해 영해기선 3해리 이내의 해역에서 배출한다.

정. 분뇨저장탱크에 보관하여 정박 후 야간에 서서히 항내 배출한다.

 선박 안의 일상생활에서 생기는 분뇨의 배출해역별 처리기준 및 방법(「선박에서의 오염방지에 관한 규칙」 별표2 제3호)

분뇨마쇄소독장치 또는 분뇨저장탱크를 설치한 선박은 항만구역에서 분뇨를 배출하여서는 아니 된다.

690 다음 중 선박의 해양오염방지관리인을 교육하는 기관으로 가장 옳은 곳은?

갑. 국립환경인재개발원　　　　　　　　　　　을. 해양환경교육원

병. 한국해양수산연수원　　　　　　　　　　　정. 해양수산인재개발원

 해양환경교육원은 해양환경공단 산하 교육기관이다.

교육·훈련 대상자 등(「해양환경관리법 시행규칙」 제78조 제3항)

해양환경공단 이사장은 해양오염방지관리인의 자격 관련 교육·훈련을 받은 자에게 이수증을 내어 주어야 한다.

691 고의로 선박 또는 해양시설로부터 기름·유해액체물질·포장유해물질을 배출한 자가 받을 수 있는 벌칙으로 옳은 것은?

갑. 5년 이하의 징역 또는 5천만원 이하의 벌금

을. 3년 이하의 징역 또는 3천만원 이하의 벌금

병. 1년 이하의 징역 또는 1천만원 이하의 벌금

정. 1천만원 이하의 과태료

> **해설** 벌칙(「해양환경관리법」 제126조 제1호)
> 선박 또는 해양시설로부터 기름·유해액체물질·포장유해물질을 배출한 자는 5년 이하의 징역 또는 5천만원 이하의 벌금에 처한다.

692 해상이동업무 통신의 우선순위를 순서대로 올바르게 나열한 것은?

갑. 조난통신-긴급통신-안전통신-비상통신

을. 조난통신-비상통신-긴급통신-안전통신

병. 조난통신-안전통신-비상통신-긴급통신

정. 조난통신-안전통신-긴급통신-비상통신

> **해설** 통신의 우선순위(「무선국의 운용 등에 관한 규정」 제15조 제1항)
> 해상이동업무에 있어서의 통신의 우선순위는 다음과 같다.
> - 조난통신
> - 긴급통신
> - 안전통신
> - 그 밖의 통신

693 조난호출에 응답한 선박이 송신하여야 하는 사항과 관계 없는 것은?

갑. 구조에 필요한 사항

을. 자국의 위치

병. 조난선박을 향하여 진행하는 속도

정. 자국의 선박 책임자 성명

 조난통보에 대한 응답(「무선국의 운용 등에 관한 규정」 제45조 제2항)
응답한 선박은 그 선박의 책임자 지시를 받아 지체없이 다음의 사항을 순차로 송신하여야 한다.
- 자국의 명칭
- 자국의 위치
- 조난선박을 향하여 진행하는 속도와 이에 도착할 때까지의 개략시간
- 기타 구조에 필요한 사항

694 의무선박국의 디지털선택호출장치 기능 확인 시기로 옳은 것은?

갑. 항행 중 1회 이상

을. 항행 중 매일 1회 이상

병. 항행 중 매주 1회 이상

정. 항행 중 매월 1회 이상

 디지털선택호출장치 등의 기능 확인(「무선국의 운용 등에 관한 규정」 제24조)
디지털선택호출장치, 디지털선택호출전용수신기를 설치한 의무선박국은 그 선박의 항행 중 매일 1회 이상 그 기능을 확인하여야 한다.

695 조난선박국이 그 선체를 포기하고자 하는 경우, 송신설비는 어떤 상태로 두는 것이 바람직한가?

갑. 전파를 계속 발시하는 상태로 둔다.

을. 파기절차에 따라 즉시 파기한다.

병. 모든 전원을 OFF하여 감전사고를 예방한다.

정. 송신장치와 송신안테나의 연결을 끊는다.

전파의 계속발사(「무선국의 운용 등에 관한 규정」 제50조)
조난선박국은 그 선체를 포기하고자 하는 때에는 그 송신설비를 계속하여 전파를 발사하는 상태로 두어야 한다.

696 다음 중 평수구역을 항해구역으로 하는 선박이 설치해야 할 무선설비로 옳은 것은?

갑. 중단파대 무선설비(무선전화 및 디지털선택호출장치)

을. 네비텍스수신기(NAVTEX)

병. 레이더트랜스폰더(SART)

정. 초단파대 무선설비(무선전화 및 디지털선택호출장치)

• 갑 : 국제항해에 취항하는 총톤수 300톤 미만의 선박이 설치해야 할 무선설비
• 을 : 총톤수 300톤 이상의 선박이 설치해야 할 무선설비
• 병 : 총톤수 300톤 이상의 선박이 설치해야 할 무선설비

무선설비의 설치기준(「선박안전법 시행규칙」 별표30 가목)
평수구역을 항해구역으로 하는 선박 : 초단파대 무선설비(무선전화 및 디지털선택호출장치)

697 과학기술정보통신부 장관으로부터 주파수 사용승인을 받은 무선국의 주파수 사용승인의 유효기간은 몇 년 이내로 정하는가?

갑. 5년 이내

을. 7년 이내

병. 10년 이내

정. 15년 이내

 주파수 사용승인 및 무선국 개설허가의 유효기간(「전파법」 제22조 제1항)
주파수 사용승인의 유효기간은 10년 이내의 범위에서, 무선국 개설허가의 유효기간은 7년 이내의 범위에서 대통령령으로 각각 정하며, 그 기간이 끝나면 재승인이나 재허가를 할 수 있다.

698 조난통신에 관한 설명으로 가장 옳지 않은 것은?

갑. 항무용 VHF 무선설비의 국제 조난 청취 주파수는 채널 16번(156.8Mhz)이다.

을. 국제 조난 처리 절차에서 가장 먼저 해야 할 일은 조난경보(Distress Alert)를 발신하는 것이다.

병. 디지털 선택호출(Digital Selective Calling) 기능을 사용하여 조난경보가 발신된다.

정. 항무용 VHF 무선설비의 경우 조난경보(Distress Alert)는 채널 16번(156.8Mhz)을 사용하여 통달거리에 있는 무선국을 자동으로 호출하게 된다.

 채널 70번(156.525MHz)은 DSC에 의한 조난경보 및 안전 호출에 사용되며, 채널 16번(156.8MHz)은 SAR 조정 통신 및 현장통신을 포함하여 무선전화에 의한 조난 및 안전 통신에 이용된다.

699 항해하는 선박에 기상 및 항행경보 등 선박의 안전항해와 관련된 해사안전정보를 제공하는 설비로
옳은 것은?

갑. 네비텍스수신기(NAVTEX)

을. 디지털선택호출장치(DSC)

병. 초단파대양방향무선전화장치(VHF)

정. 협대역직접인쇄전신장치(NBDP)

> **해설** 정의[「국립전파연구원고시」 제2021-20호(해상업무용 무선설비의 기술기준) 제3조]
> • 디지털선택호출장치란 중파대・단파대・중단파대 또는 초단파대의 무선전화설비 등에 부가하여 선박
> 국과 해안국 또는 선박국 상호간 일반호출・조난호출・그룹호출・개별호출 등 각종 호출을 자동으로
> 수행하는 기능을 가진 장치를 말한다.
> • 협대역직접인쇄전신장치란 선박국과 해안국 또는 선박국 상호간에 있어서 중단파 또는 단파대의 주파수
> 를 이용하여 조난통신・안전통신 또는 일반텔렉스 통신을 목적으로 한 송수신 장치를 말한다.
> • 초단파대양방향무선선화장치란 초단파대에서 선박의 조난 시 조난선박, 생존정(구명정・구명뗏목 등
> 생존에 필요한 구명장비를 말한다), 구조선박 상호간에 통신하기 위한 장치를 말한다.
> • 네비텍스수신기(NAVTEX)는 항해하는 선박에 기상 및 항행경보 등 선박의 안전항해와 관련된 해사안전
> 정보를 제공하는 설비로 제공되는 서비스는 자동수신 된다.

700 다음 중 무선통신의 원칙에 위배되는 것으로 옳은 것은?

갑. 무선통신에 사용하는 용어는 가능한 한 간명해야 한다.

을. 무선통신의 내용은 필요 최소한의 사항으로 이루어져야 한다.

병. 송신은 정확히 해야 하며, 오류가 있을 경우 수신국에서 정정한다.

정. 자국의 호출부호, 호출명칭 및 표지부호를 붙여 그 출처를 명확하게 하여야 한다.

> **해설** 무선통신의 원칙(「무선국의 운용 등에 관한 규정」 제3조 제4항)
> 무선통신을 하는 때에는 정확하게 송신을 하여야 하며, 오류를 인지한 때에는 즉시 정정하여야 한다.

PART

2

실기시험 필수 가이드

끝까지 책임진다! 시대에듀!

QR코드를 통해 도서 출간 이후 발견된 오류나 개정법령, 변경된 시험 정보, 최신기출문제, 도서 업데이트 자료 등이 있는지 확인해 보세요! 시대에듀 합격 스마트 앱을 통해서도 알려 드리고 있으니 구글 플레이나 앱 스토어에서 다운받아 사용하세요. 또한, 파본 도서인 경우에는 구입하신 곳에서 교환해 드립니다.

01 실기시험 운항코스 및 유의사항

01 실기시험 운항코스

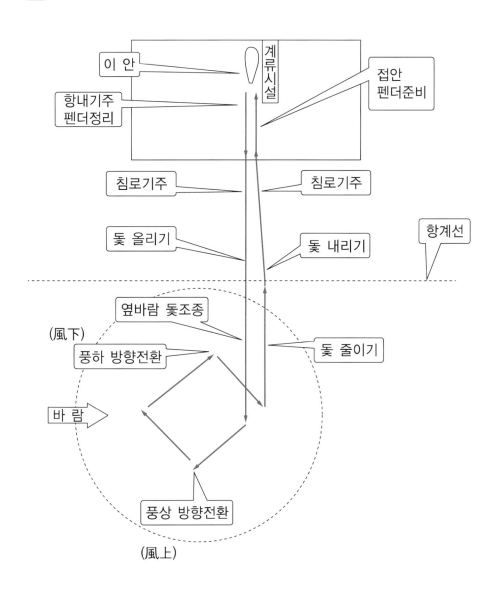

02 유의사항

① 생활쓰레기, 목재, 폐어망, 폐로프 등은 수시로 시험상 주변에 유입될 수 있다. 항해 중 발생한 사고는 틸러를 잡고 있던 스키퍼의 책임이므로 주의해야 한다.

② 시험선의 지휘권은 스키퍼에게 있다. 큰 소리로 크루들이 들을 수 있도록 지시하여야 한다.

③ 접안과 이안 시 펜더는 크루(Crew)가 담당하게 된다. 선수는 바우맨(Bowman)이, 선미는 윈치맨(Winchman)이 담당한다.

④ 바우맨은 항해 중 견시의 임무도 담당한다. 스키퍼가 들을 수 있게 큰 소리로 말하되 스키퍼의 시야를 가려서는 안 된다.

⑤ 모든 응시생이 돌아가면서 스키퍼 임무를 평가받는다.

⑥ 시험 중에는 시험관이 감점사항을 말하지 않는다. 시험이 끝난 후 채점내용의 확인을 요구할 수 있다.

02　세부 과정 및 채점기준

01　세부 과정 및 채점기준

① 출발 전 점검 및 확인

　㉠ 묶기 평가
- 클리트(Cleat) 묶기
- 클로브(Clove) 묶기
- 8자 묶기
- 바우라인(Bowline) 묶기

> **TIP** 클리트 묶기와 클로브 묶기의 경우 이후 평가에서도 사용되니 정확하게 숙지하고 있어야 한다.

세부 내용	감 점	채점 요령
1) 8자 묶기를 하지 못한 때 2) 바우라인(Bowline) 묶기를 하지 못한 때 3) 클로브(Clove) 묶기를 하지 못한 때 4) 클리트(Cleat) 묶기를 하지 못한 때	3	각 세부 내용에 대하여 2회까지 채점할 수 있다.

　㉡ 구명조끼 착용 상태 평가

> **TIP** 다리끈을 포함한 모든 끈을 꽉 조여서 착용하여야 한다.

세부 내용	감 점	채점 요령
구명조끼를 착용하지 않았거나 올바르게 착용하지 아니한 경우(구명조끼 착용 불량)	4	세부 내용에 대하여 1회만 채점한다.

ⓒ 출발준비 평가

- 승선 전 시험관이 응시자들에게 임무를 부여
  - 스키퍼(Skipper)
  - 스타보드 윈치맨(Starboard Winchman)
  - 포트 윈치맨(Port Winchman)
  - 바우맨(Bowman)
- 응시자들은 부여받은 임무에 해당하는 위치로 이동

세부 내용	감 점	채점 요령
1) 분담된 임무에 해당하는 위치를 선정하지 못한 때 (위치 선정 불량) 2) 출발 전 전후좌우 물표 및 장애물을 확인하지 아니한 때 (ⓢ출항 전 안전 확인)	4	각 세부 내용에 대하여 1회만 채점한다.

※ ⓢ는 스키퍼(Skipper)를, ⓒ는 크루(Crew)를 의미한다

② 출발 및 기주

㉠ 이안 평가

- 시험관이 이안하라고 할 경우 스키퍼는 크루가 들을 수 있도록 "이안준비"라고 지시
- 스키퍼는 레버, 엔진시동, 사방을 살피고 이상유무를 보고한 다음 크루에게 이안을 명령
- 크루가 배를 밀고 승선하여 계류줄과 펜더를 정리하고 나면 "이안완료"라고 보고

> **TIP** 스키퍼는 눈으로만 준비사항을 확인하는 것이 아닌 손짓을 하며 큰 목소리로 자신이 확인해야 하는 사항을 알고 있다는 것을 시험관에게 어필해야 한다.

세부 내용	감 점	채점 요령
스키퍼(Skipper)가 크루(Crew)에게 지시를 하지 않거나 부정확하게 또는 시험관이 들을 수 없을 정도의 작은 목소리로 지시한 때(ⓢ지휘 불량)	4	세부 내용에 대하여 1회만 채점한다.
1) 요트의 선체가 직접 계류장과 부딪친 때(ⓢ계류장 충격) 2) 이안 후 펜더(Fender)를 달고 운항한 때(ⓒ펜더 달고 운항) 3) 이안 후 계류줄을 정리하지 않고 운항한 때(ⓒ계류줄 미정리) 4) 출항준비 지시 후 계류줄을 걷지 않는 등 준비상태가 불량한 때(ⓒ출항준비 불량) 5) 2회 이상 이안 시도 후에도 계류장을 벗어나지 못한 때 (ⓢ2회 이상 이안 곤란)	3	각 세부 내용에 대하여 2회까지 채점할 수 있다.
1) 엔진 시동을 걸지 못한 때(ⓢ엔진시동 미숙) 2) 엔진 시동 중 레버 조작을 잘못하여 엔진이 정지한 때 (ⓢ레버 조작 불량) 3) 레버를 급히 조작함으로써 급하게 발진한 때 (ⓢ레버 급조작, 급출발)	4	각 세부 내용에 대하여 1회만 채점한다.

ⓛ 기주 평가

• 시험관이 임의의 각도(45°, 90°, 180° 중 1개)를 지정하여 변침하라고 지시

• 스키퍼는 15초 이내에 변침 후 "변침완료"라고 보고

• 시험관이 침로 유지하라고 할 경우 15초 이상 침로 유지

세부 내용	감 점	채점 요령
항내 기주 시 규정 속도를 초과한 때 (Ⓢ항내 기주 5노트 초과)	4	가) 세부 내용에 대하여 2회까지 채점할 수 있다. 나) 시험관은 해당 시험장의 제한속도를 응시자에게 제시해야 한다. 다) 바람이나 충돌위험 회피 등의 사유로 시험관의 지시에 따라 속력을 초과한 경우를 제외한다.
1) 지시된 침로를 15초 이내에 ±5° 이내로 유지하지 못한 때 (Ⓢ지정 침로 ± 5° 초과) 2) 변침 후 침로를 ± 5° 이내에서 유지하지 못한 때(Ⓢ침로 유지 불량)	4	가) 각 세부 내용에 대하여 3회까지 채점할 수 있다. 나) 변침은 좌현·우현을 달리하여 3회 실시하고, 변침 범위는 45°, 90° 및 180° 내외로 각 1회 실시해야 하며, 나침반으로 변침 방위를 평가한다. 다) 변침 후 15초 이상 침로를 유지하는지 확인해야 한다.

ⓒ 범주 평가

• 태킹(Tacking)

– 스키퍼가 "태킹준비"라고 크루들에게 지시

– 풍상쪽 윈치맨은 집시트를 윈치에 시계방향으로 2회 감고, 풍하쪽 윈치맨은 집시트를 클리트에서 풀어 손으로 잡음

– 준비 완료되면 스키퍼는 "태킹"이라고 말하면서 틸러를 조종해 요트를 풍상쪽으로 돌림

– 집세일이 펄럭이면 풍하쪽 윈치맨은 집시트를 풀고, 풍상쪽 윈치맨은 집시트를 당겨서 클리트에 고정

– 바우맨은 집세일이 펼쳐지면 풍상쪽으로 이동

– 선체가 45° 방향의 클로스 홀드(Close Hauled)가 되었을 경우 스키퍼는 틸러를 중앙으로 위치시키며 "태킹완료"라고 보고

– 시험관이 침로유지를 지시할 경우 15초 이상 유지

> **TIP** 집시트를 윈치에 감을 때 반드시 시계방향으로 감아야 한다.

세부 내용	감 점	채점 요령
1) 스키퍼의 태킹준비 지시에 따른 필요한 동작을 하지 않은 때 (ⓒ준비동작 불량) 2) 스키퍼의 태킹 지시에 따라 필요한 동작을 하지 않거나 민첩하게 동작하지 아니한 때(ⓒ태킹동작 불량) 3) 태킹 후 위치 선정이 불량한 때(ⓒ위치 선정 불량) 4) 태킹 후 돛의 조절 또는 시트 상태가 불량한 때 (ⓒ돛 또는 시트 상태 불량)	3	가) 본 과제 평가 시 바람이 없어 범주가 불가능한 경우에는 기주에 의하여 범주를 평가할 수 있다. 나) 각 세부 내용에 대하여 3회까지 채점할 수 있다.

세부 내용	감 점	채점 요령
1) 태킹이 이루어지지 않거나 태킹이 지나쳐 클로스 리치(Close Reach) 이상 회전한 때(Ⓢ태킹 불량) 2) 필요한 지시를 생략하거나 부정확하게 또는 작은 목소리로 지시한 때(Ⓢ태킹 지휘 불량) 3) 태킹 후 침로 및 지정 침로를 유지하지 못한 때 (Ⓢ태킹 후 침로 유지 불량) 4) 태킹 후 위치 이동이 불량한 때(Ⓢ위치 이동 불량)	4	각 세부 내용에 대하여 2회까지 채점할 수 있다.

• 자이빙(Gybing)
- 스키퍼가 "자이빙준비"라고 크루에게 지시
- 풍상쪽 원치맨은 집시트를 원치에 시계방향으로 2회 감고, 풍하쪽 원치맨은 집시트를 클리트에서 풀어 손으로 잡음
- 준비 완료되면 스키퍼는 "자이빙"이라고 말하면서 틸러를 조종해 요트를 풍하쪽으로 돌림
- 요트가 데드런(Dead Run) 상태가 되면 풍상쪽 원치맨은 집시트를 풀고, 풍하쪽 원치맨은 집시트를 당겨서 클리트에 고정
- 바우맨은 집세일이 펼쳐지면 풍상쪽으로 이동
- 스키퍼는 틸러를 중앙으로 위치시켜 선체를 러닝상태로 유지하고 "자이빙완료"라고 보고
- 시험관이 침로유지를 지시할 경우 15초 이상 유지

> **TIP** 집시트를 클리트에 고정할 때 태킹의 경우에는 바짝 당겨서 고정해야 하지만, 자이빙의 경우 바람을 안을 수 있도록 조절하는 것이 좋다.

세부 내용	감 점	채점 요령
1) 스키퍼의 자이빙준비 지시에 따른 필요한 동작을 하지 아니한 때(Ⓒ준비 동작 불량) 2) 스키퍼의 자이빙 지시에 따라 필요한 동작을 하지 않거나 민첩하게 동작하지 아니한 때(Ⓒ자이빙 동작 불량) 3) 자이빙 후 위치 선정이 불량한 때(Ⓒ위치 선정 불량) 4) 자이빙 후 돛의 조절 또는 시트 상태가 불량한 때 (Ⓒ돛 또는 시트 상태 불량)	3	각 세부 내용에 대하여 3회까지 채점할 수 있다.
1) 자이빙이 이루어지지 않거나 자이빙이 지나쳐 브로드 리치(Broad Reach) 이상 회전한 때(Ⓢ방향 전환 불량) 2) 필요한 지시를 생략하거나, 부정확하게 또는 작은 목소리로 지시한 때(Ⓢ자이빙 지휘 불량) 3) 자이빙 후 침로 및 지정 침로를 유지하지 못한 때 (Ⓢ자이빙 후 침로 유지 불량) 4) 방향 전환 후 위치 이동이 불량한 때(Ⓢ위치 이동 불량)	4	각 세부 내용에 대하여 2회까지 채점할 수 있다.

ㄹ) 입항 평가
- 스키퍼가 "접안준비"라고 크루에게 지시
- 크루는 펜더를 내리고 계류줄을 준비하여 내릴 준비
- 배가 접안위치에 도달하면 크루는 계류장에 내려서 비트에 계류줄을 묶고 줄을 정리
- 크루들이 임무를 완료하면 스키퍼는 레버중립, 엔진시동 오프 후 "접안완료"라고 보고

> **TIP** 계류줄을 비트에 묶을 때는 클리트 묶기로 묶는다.

세부 내용	감점	채점 요령
1) 지정 계류석으로부터 50미터의 거리에서 3노트 이하로 속도를 낮추지 않거나 접안 위치에서 변속기어를 중립으로 하지 않은 때(Ⓢ50미터 전방 3노트 초과, 변속기어 미중립) 2) 계류장과 선체가 직접 부딪친 때(Ⓢ계류장 충돌) 3) 시험선과 계류장이 2미터 이내의 거리로 평행이 되게 접안하지 못한 때(Ⓢ접안 불량)	4	각 세부 내용에 대하여 1회까지 채점할 수 있다.
1) 계류해야 할 위치에 계류하지 못한 때(Ⓢ계류 위치 부적절) 2) 계류줄을 묶는 방법이 틀리거나 풀리기 쉽게 묶은 때(Ⓒ결색 불량)	3	각 세부 내용에 대하여 1회까지 채점할 수 있다.
1) 펜더를 요트 접안 현의 적당한 높이에 달지 못한 때(Ⓒ펜더 높이 부적절) 2) 펜더에 달린 로프의 묶은 부분이 느슨하거나 풀린 때(Ⓒ펜더 묶인 상태 부적절)	3	각 세부 내용에 대하여 1회까지 채점할 수 있다.
로프를 제대로 정리하지 아니한 때(Ⓒ계류 후 로프 정리 불량)	3	세부 내용에 대하여 2회까지 채점할 수 있다.

많이 보고 많이 겪고 많이 공부하는 것은 배움의 세 기둥이다.

- 벤자민 디즈라엘리 -

부록

———

■ 국제신호기

■ 일기도, 해도 약어, 등질

끝까지 책임진다! 시대에듀!

QR코드를 통해 도서 출간 이후 발견된 오류나 개정법령, 변경된 시험 정보, 최신기출문제, 도서 업데이트
자료 등이 있는지 확인해 보세요! 시대에듀 합격 스마트 앱을 통해서도 알려 드리고 있으니 구글 플레이나
앱 스토어에서 다운받아 사용하세요. 또한, 파본 도서인 경우에는 구입하신 곳에서 교환해 드립니다.

01 문자기

A 알파(Alpah)	잠수부를 내리고 있습니다. 미속으로 충분히 피해 주세요	**N** 노벰버(November)	No(부정 / 방금 부저는 부정의 의미로 이해해 주십시오)
B 브라보(Bravo)	① 위험물을 하역 중입니다. ② 위험물을 운송 중입니다.	**O** 오스카(Oscar)	사람이 바다에 빠졌습니다.
C 찰리(Charlie)	Yes(긍정 / 방금 부저는 긍정의 의미로 이해해 주십시오)	**P** 파파(Papa)	① (항내에서) 본선은 출항하려 하므로 전원 귀선해 주시기 바랍니다. ② (해상으로) 본선의 어망이 장애물에 걸리고 있습니다.
D 델타(Delta)	피해주세요. 조종이 어렵습니다.	**Q** 퀘벡(Quebec)	본선의 건강상태는 양호합니다. 검역·교통 허가서를 교부해 주세요.
E 에코(Echo)	진로를 오른쪽으로 바꾸고 있습니다.	**R** 로미오(Romeo)	수신했습니다.
F 폭스트롯(Foxtrot)	조종할 수 없습니다. 통신해 주십시오.	**S** 시에라(Sierra)	본선의 기관은 후진 중입니다.
G 골프(Golf)	① 수로 안내인(도선사)이 필요합니다. ② 어망 중입니다.	**T** 탱고(Tango)	본선을 피해 주세요.
H 호텔(Hotel)	수로 안내인(도선사)을 태우고 있습니다.	**U** 유니폼(Uniform)	당신의 진로에 위험요소가 있습니다.

I 인디아(India)	진로를 왼쪽으로 바꾸고 있습니다.	**V** 빅터(Victor)	원조를 부탁합니다.
J 줄리엣(Juliett)	화재 중으로 위험화물을 적재하고 있습니다. 충분히 피해 주세요.	**W** 위스키(Whiskey)	의료 원조를 부탁합니다.
K 킬로(Kilo)	당신과 통신하고 싶습니다.	**X** 엑스레이(X-ray)	운항을 중지하고 신호에 주의해 주세요.
L 리마(Lima)	당신이 곧 정선(항해 정지)해 주었으면 합니다.	**Y** 양키(Yankee)	본선의 닻이 고정되어 있지 않습니다.
M 마이크(Mike)	본선은 정선(정지)하고 있습니다.	**Z** 줄루(Zulu)	① 예인선을 주세요. ② 투망 중입니다.

02 숫자기

	1 UNAONE		6 SOXISIX
	2 BISSOTWO		7 SETTESEVEN
	3 TERRATHREE		8 OKTOEIGHT
	4 KARTEFOUR		9 NOVENINE
	5 PANTAFIVE		0 NADAZERO

03 대표기

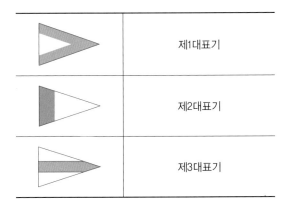

	제1대표기
	제2대표기
	제3대표기

04 응답기

	응답기

부록   일기도, 해도 약어, 등질

01 전선의 일기도 부호표

종류	일기도에 그리는 부호(단색)
한랭전선	▲ ▲ ▲
발생하는 한랭전선	▲ · ▲ · ▲
소멸하는 한랭전선	▲ + ▲ + ▲
온난전선	⌒ ⌒ ⌒
발생하는 온난전선	⌒ · ⌒ · ⌒
소멸하는 온난전선	⌒ + ⌒ + ⌒
폐색전선	⌒▲ ⌒▲ ⌒▲
정체전선	⌒▽ ⌒▽ ⌒▽
발생하는 정체전선	⌒▽ · ⌒▽ · ⌒▽
소멸하는 정체전선	⌒▽ + ⌒▽ + ⌒▽

02 해도의 주요 약어

약 어	의 미	약 어	의 미	약 어	의 미
G	항 만	Thoro	협수로	I	섬, 제도
Pass	항로, 수로	In	강어귀, 포	Str	해 협
Anch	묘지(錨地)	B	만	Entr	입 구
Rk	암 석	Chan	수로, 수도	Chy	굴 뚝
Rd, Rds	정박지	Hbr, P	항	Tr	탑
Est	하 구	Pt, Hd	갑, 곶	Mt	산 악
Grd	해 저	S	모 래	M	개 펄
G	자 갈	Rk, rky	바 위	Co	산 호
Sh	조개껍데기	Cl	점 토	St	돌
Oz	연한 진흙	Wd	해조(바닷말)	Sp	해 변
fne	가 는	C	거 친	sft	부드러운
hrd	단단한	w	백색(의)	bl	흑색(의)
vl	황색의	g · y	회색(의)	Ldg, Lts	도 등
Lt	등	Bn	등입표	R	홍 색
bu	청 색	g	녹 색	Irreg	불규칙등
Temp	가 등	OBSC	잘 안 보이는 등	Occas	임시등

03 등 질

등질은 항로표지 등화와 일반 등화를 식별하기 위하여 정해진 등광의 발사상태로 주로 주기나 등(燈)색으로 구분한다.

① 부동등(F) : 등색, 광력이 변하지 않고 지속되는 등화로서 부동백광, 부동홍광, 부동녹광 등이 있으며, 일정한 방향에 강력한 빛을 발하여 도등 역할을 하는 방향등이 있음

② 섬광등(Fl) : 일정간격으로 1회의 섬광을 내며, 암간이 명간보다 긴 등화(암간 > 명간)

③ 명암등(Occ) : 명간이 암간보다 길거나 같은 등화

④ 호광등(Alt) : 지속적으로 등색이 교체되는 등화로서 홍백, 녹백, 홍록색을 주로 사용

⑤ 군섬광등(Gp, Fl) : 섬광등으로서 1주기 동안 2회 이상의 섬광을 발하는 등화

⑥ 급섬광등(Qk, Fl) : 1분에 60회 이상의 섬광을 발하는 등화

⑦ 단속 급섬광등(I, Qk, Fl) : 급섬광등의 일종으로 중간에 끊어지고 다시 이어지는 등화

⑧ **군명암등**(Gp, Occ) : 명암등의 일종으로 1주기 동안 2회 이상 꺼지며, 명간 총합이 암간 총합보다 길거나 같음

⑨ **섬호광등**(Alt, Fl) : 섬광등으로서 등색이 교체되는 등화

⑩ **군섬호광등**(Alt, Gp, Fl) : 군섬광등으로서 등색이 교체되는 등화

⑪ **명암호광등**(Alt, Occ) : 명암등으로 광색이 바뀌는 등화

⑫ **군명암호광등**(Alt, Gp, Occ) : 군명암등이면서 광색이 바뀌는 등화

⑬ **연성부동 단섬광등**(F, Fl) : 약한 부동등 중에서 보다 강한 섬광으로 교체되는 등화

⑭ **연성부동 군섬광등**(F, Gp, Fl) : 약한 부동등 중에서 보다 강한 군섬광을 발하는 등화

⑮ **연성부동 섬호광등**(Alt, F, Fl) : 연성부동 섬광등이며 등색이 교체되는 등화

⑯ **연성부동 군섬호광등**(Alt, F, Gp, Fl) : 연성부동 군섬광등으로서 등색이 교체되는 등화

    ㉠ 주기 : 등질이 반복되는 시간, 초(sec)로 표시

    ㉡ 등색 : 백, 홍, 녹이 주로 쓰임(W, R, G)

    ㉢ 등대높이 : 평균수면상에서 등화 중심까지 높이를 m 또는 ft로 표시

    ㉣ 점등시간 : 유인등대(일몰시부터 일출시까지), 무인등대(항시 점등)

2025 시대에듀 답만 외우는 동력수상레저기구 요트조종면허시험(필기+실기) 문제은행 700제

개정3판1쇄 발행	2025년 03월 05일 (인쇄 2025년 01월 08일)
초 판 발 행	2021년 08월 05일 (인쇄 2021년 06월 23일)
발 행 인	박영일
책 임 편 집	이해욱
편 저	동력수상레저기구 연구소
편 집 진 행	박종옥 · 장민영
표지디자인	박종우
편집디자인	김기화 · 채현주
발 행 처	(주)시대고시기획
출 판 등 록	제10-1521호
주 소	서울시 마포구 큰우물로 75 [도화동 538 성지 B/D] 9F
전 화	1600-3600
팩 스	02-701-8823
홈 페 이 지	www.sdedu.co.kr
I S B N	979-11-383-8618-0 (13550)
정 가	21,000원

2025년에도 시대에듀 수상레저 시리즈와
시험의 물살을 힘차게 가르자!

2025 시대에듀 답만 외우는 동력수상레저기구
일반조종면허 1·2급(필기+실기) 문제은행 700제

- 공개 문제 700제 수록
- 최신 개정법령 완벽 반영
- 실기시험 필수 가이드 수록
- 정답과 해설이 한눈에 보이는 구성

2025 시대에듀 답만 외우는 동력수상레저기구
요트조종면허시험(필기+실기) 문제은행 700제

- 최신 개정법령 완벽 반영
- 전체 시험 및 실기시험 필수 가이드 수록
- 정답과 해설이 한눈에 보이는 구성
- 실제 항해 시 필요한 부록 수록

2024 시대에듀 문제만 보고 합격하기!
소형선박조종사 1,900제

- 2024년 시험대비 최신 개정법령 완벽 반영
- 진짜 핵심만 담은 과목별 핵심이론
- 합격의 정석 5개년(2019~2023) 기출 1,900문제 수록
- 과년도(2015~2018) 기출문제 PDF 무료 제공
- 최종모의고사 2회분 무료 제공

❖ 도서의 이미지 및 구성은 달라질 수 있습니다.

필기시험부터 보디빌딩, 골프 실기·구술까지

시대에듀와 함께하면 무조건 합격합니다!

스포츠지도사 시리즈

❖ 상기도서의 이미지와 구성은 변경될 수 있습니다.

나는 이렇게 합격했다

자격명: 위험물산업기사
구분: 합격수기
작성자: 배*상

나는 할 수 있다
69년생 50중반 직장인 입니다. 요즘
자격증을 2개 정도는 가지고 입사하는 젊은 친구들에게
일을 시키고 지시하는 역할이지만 정작 제 자신에게 부족한 점
이 많다는 것을 느꼈기 때문에 자격증을 따야겠다고
결심했습니다. 처음 시작할 때는 과연 되겠
냐? 하는 의문과 걱정 **합격은** 이 한 가득이었지만
시대에듀 인강 **시대에듀** 을 우연히 접하게
되었고 잘 차려 진 밥상과 같은 커
리큘럼은 뒤늦게 시 작한 늦깍이 수험 생이었던 저를
합격의 길 로 인도해 주었습니다. 직장생활을
하면서 취득했기에 더욱 기뻤습니다.
감사합니다!
❤